공원의 탄생

일러두기

1. 번역 원본은 미국 국회도서관, 뉴욕시 공원국 홈페이지 등 공공기관에서 공유되는 자료를 주요 대상으로 삼았다. 또한, 옴스테드재단이 1972년부터 진행하고 있는 '프레더릭 로 옴스테드 문헌 프로젝트(The Frederick Law Olmsted Papers Project)'의 내용과 주석을 참고했다.
2. 글을 작성한 연도가 확실하지 않은 경우, 옴스테드재단에서 제시하는 연도를 따랐다.
3. 주석은 모두 편역자가 새롭게 작성한 것이다.
4. 본문 중 [대괄호] 표시는 이해를 돕기 위해 편역자가 보충한 내용이다.
5. 원문에서 이탤릭체로 되어 있는 부분은 이 책에서도 이탤릭체로 표기했다.
6. 기술적 발전으로 인해 현대에 더 이상 사용되지 않는 개념이나 물건, 혹은 새롭게 이름이 생긴 수단이나 물건의 경우 최대한 본래 의미에 근접하도록 번역했으며, 필요하다고 판단되는 경우 주석을 달았다.
7. 도량형은 미터법으로 환산하지 않고 야드파운드법을 쓴 원문 그대로 표기했다.
   참고로 1피트는 약 30센티미터, 1마일은 약 1.6킬로미터, 1에이커는 약 4,000제곱미터이다.
8. 참고문헌이 영문인 경우 원제와 한국어 제목을 병기했다. 해당 문헌의 한국어판이 있는 경우 이를 참고했다.
9. 본문에 실린 이미지들은 내용 이해를 돕기 위해 편역자가 찾아 삽입하고 해설을 달았다. 원문에 삽입되었던 이미지들은 해상도가 낮아 쓰지 않았으며, 가능한 한 대체 이미지를 찾아 넣었다.

센트럴파크 조경가
옴스테드의 기록

공원의 탄생

프레더릭 로 옴스테드

신명진 지음·편역

한뼘책방

차례

1부

조경가
프레더릭 로 옴스테드

선천적인 감각과 적성을 지닌 사람이 적절한 교육과 훈련을 받고 나서 그의
창의적인 능력 또는 설계 기술을 사람들이 더 훌륭한 경치를 즐길 수 있도록
사용한다면 (…) 그 작업의 본질에서 핵심이 되는 것을 부르기 위한 적확한
용어는 '조경가 landscape architect'일 것입니다.[1]

센트럴파크의 설계자, 도시공원의 이론가, 국립공원의 옹호자, 북미 조경의 아버지

도시에 있는 공원, 그리고 도시 '한복판에' 있는 공원.

얼핏 쉽게 넘어갈 수도 있는 이 전제는 실제 도시계획에 들어가는 수만
가지 요소를 고려했을 때 전혀 당연하지 않다. 부동산, 교통, 도시개발
과정에 '공원'이라는 요소가 하나의 인프라로서 삽입된 데에는 분명한
계기가 존재한다. 어느 시점, 어느 지점에서 개발의 유혹을 떨쳐 낸, 혹은
개발의 전진기지로서 공원을 내세운 분명한 사건이 있었다. 혹자는 유럽
왕실 소유의 녹지가 대중에게 개방된 사례를 들어 그 정확한 시작점에

---

1 Frederick Law Olmsted (1839) "Lectures to Architecture Students, Notes and Fragments, circa 1880 to 1890 [건축과 학생들을 위한 연설문, 노트와 글, 1880년에서 1890년까지]," *Frederick Law Olmsted Papers: Speeches and Writings File*, 1839 to 1903. [Manuscript/Mixed Material] 미국 국회도서관, https://www.loc.gov/item/mss351210496/.

관해 토론할 수도 있겠지만,[2] 21세기 대한민국에 살고 있는 우리에게 익숙한 '중앙 공원'의 개념과 형태, 그에서 비롯한 공원의 중요성에 대한 인식은 뉴욕 맨해튼의 센트럴파크와 좀 더 밀접한 연관성을 지니고 있다. 그리고 이처럼 센트럴파크를 필두로 미국의 도시공원을 이야기하려면 '북미 조경의 아버지'라고 불리는 프레더릭 로 옴스테드(Frederick Law Olmsted, Sr. 이하 옴스테드, 1822~1903)를 빼놓을 수 없다.

19세기 맨해튼 한복판에 문을 연 센트럴파크는 당시 사회적 요구에 따라 조성된 필연적인 공간이다. 또한 맨해튼 미드타운 지역의 본격적인 도시개발과 더불어 앞으로 다가올 도시의 확장을 염두에 둔, 북미 도시 사회의 문제점을 타파하고자 노력한 흔적이기도 하다. 아직 인프라가 충분히 정비되지도 않았고, 심지어 어떤 시설이 필요할지를 몸소 경험하며 배워 가던 도시. 대륙을 가로지르는 철도, 일거리와 좀 더 나은 삶을 위해 지방에서 도시로 이주하는 사람들, 배를 타고 엘리스섬을 통과해 미국 땅을 밟는 유럽 이민자, 한없이 높아지는 인구 밀도와 그에 따른 생활 환경, 그 결과로서 위생과 환경의 걷잡을 수 없는 악화, 콜레라와 결핵 등 전염병의 계속된 창궐, 산업은 물론 인권, 사회상이 빠르게 변화하며 국가의 미래를 두고 갈등이 빚어지던 미국 내외부의 정치까지. 19세기 중후반 뉴욕은 그야말로 아수라장, 혹은 엄청난 것이 벌어질 수 있는 일촉즉발의 조건이었다고 해도 과언이 아닐 것이다.[3]

---

2 17세기 중반, 영국 찰스 1세가 왕실 사냥터였던 런던의 하이드파크를 대중에게 개방했고, 18세기 말 무렵에는 런던의 왕실 소유 녹지 대부분이 대중에게 개방된 상황이었다. 서유럽 대도시의 근대적 발전과 이에 따른 도시공원의 발전에 대해서는 다음을 참고: 황주영 (2014) 「근대적 발명품으로서의 도시공원: 19세기 후반 런던과 파리를 중심으로」, 서울대학교 대학원 박사학위논문; Colta Ives (2018) *Public Parks, Private Gardens: Paris to Provence*. New York: Metropolitan Museum of Art.

3 많은 연구자가 19세기 중후반 미국과 뉴욕의 발전 양상을 조망한 바 있다. 다음을 참고: 기도 요시유키 (2024) 『남북전쟁의 시대: 19세기』. 이용빈 옮김. 파주: 한울아카데미; 월터 리히트 (2004) 『19세기 미국 산업화의 과정과 의미』. 류두하 옮김. 서울: 한국문화사. 또한, 19세기 뉴욕의 역사는 많은 연구자와 작가들의 탐구 대상이 되어 왔다. 19세기 뉴욕의 전반적인 상황을 역사적으로 다룬 책은 다음을 참고: Edwin G. Burrows (1998) *Gotham: a history of New York City to 1898*. Oxford, New York: Oxford University Press; Russel Shorto (2005) *The Island at the*

즉, 센트럴파크는 19세기 후반 미국의 사회상을 기반으로 한 실험적 도시정책이자 사회복지의 실천 사례라고 볼 수 있다.

센트럴파크의 기반이 된 도시공원운동은 1851년 뉴욕시의 공원법 제정으로 이어졌고, 잇따라 1853년에는 센트럴파크 조례가 제정되었다. 수십 년간 옴스테드를 연구해 온 찰스 베버리지에 따르면 옴스테드와 그의 조경사무소는 이 도시공원운동을 "문명의 자기 보존을 위한 본능"[4]을 보여 주는 단적인 사례라고 여겼다. 도시공원운동, 정확히는 공원법 제정을 하기까지 수많은 사람들이 신문과 잡지의 지면을 통해 '유럽에서 볼 수 있는 것과 같은 공공의 공원'을 요구했기 때문이다. 예를 들어 「뉴욕 이브닝 포스트」의 유명 편집장 윌리엄 컬런 브라이언트는 1844년 7월 3일 자에 기고한 「새로운 도시공원」이라는 글에서 다음과 같이 주장했다.

한여름 더위가 닥치면 어떤 이들은 지방의 그늘진 휴양지를 향해 이 도시를 떠나고, 다른 이들은 호보컨이나 뉴브라이튼과 같이 우리 도시의 아름다운 변두리로 짧은 소풍을 떠난다. 만약 도시계획을 세우는 데에 우리의 막대한 세금을 쓰는 정부 인사들이 제 몫을 한다면, 수많은 시민들이 도시를 벗어나지 않고도 닿을 수 있는 장소에 이 후덥지근한 오후를 그늘막 아래에서 여유롭게 보낼 수 있는 넓은 공간을 마련할 수도 있을 것이다. (…) 우리는 이 섬 전체를 진흙덩이 데크로 두르는 데 한창이다. 데크 없이 순수하게 파도가 치고 물에

Center of the World. Westminster: Knopf Doubleday Publishing Group. 이에 더해 과학사, 의학사 분야에서도 19세기 미국의 의학적 인식의 발전이 도시 위생 및 공공성 분야와 맞물리며 일어났고, 이에 더해 도시에 직접적인 개입을 할 수 있었다는 연구가 발표된 바 있다. 이에 대해서는 다음을 참고: Gregg Mitman (2005) "In Search of Health: Landscape and Disease in American Environmental History," *Environmental History* 10(2): 184-210; Karen R. Jones (2022) "Green Lungs and Green Liberty: The Modern City Park and Public Health in an Urban Metabolic Landscape," *Social History of Medicine*, 35(4): 1200-1222.

4   Frederick Law Olmsted, "Introduction," in C. E. Beveridge and C. F. Hoffman, eds. *Frederick Law Olmsted Papers, Supplementary Writings on Public Parks, Parkways, and Park Systems*. Baltimore: Johns Hopkins University Press, p. 59.

닿는 바위가 본래의 픽처레스크한 아름다움으로서 남아 있는 작은 해안가라도 볼 수 있다면 행복할 것이다. 상업은 섬 해안을 조금씩 잠식해 들어가고 있으며, 건강과 여가를 위해 우리를 구출할 생각이 있다면 지금 당장 조치를 취해야 할 것이다.[5]

공원 조성 전부터 최근까지 수많은 갈등[6]이 이어졌음에도 불구하고, 센트럴파크는 150년 가까이 그 자리에서 여전히 뉴욕의 가장 위대한 랜드마크로 남아 있다. 내부 시설은 일부 현대화되고 확장과 변경을 맞이했지만, 우리가 알고 있는 센트럴파크의 경관만큼은 1858년 공원위원회 위원들이 상상한 것과 크게 다르지 않을 것이다.

여기서 한 가지 잊지 말아야 할 것은 옴스테드가 결코 단독으로 공원을 설계하지 않았다는 점이다. 당시 옴스테드는 공원 조성에 앞서 부지의 지형을 정리하는 현장 감독관으로 근무하고 있었으며, 1851년 미국으로 건너온 프랑스 출신 건축가이자 정원 디자이너였던 칼버트 복스Calvert Vaux와의 협력을 통해 우리가 오늘날 아는 센트럴파크의 '그린스워드' 설계안을 그려 냈다. 현재도 센트럴파크에서 만날 수 있는 호수에 비친 아름다운 교량과 건물, 저수지 장식물 하나까지 모두 복스의 손끝에서 탄생한 작품이다.

그렇다면 옴스테드의 역할은 무엇이었을까? 몸소 지형과 현장 상황을 체험하며 현장 감독관으로 일한 것도 컸겠지만, 무엇보다 중요한 역할은

---

5 William Cullen Bryant, "A New Public Park [새로운 도시공원]," *The Evening Post*, 3 July 1844. p. 2.

6 2부 2장 「실용적이지 않은 사상가의 단상」에서 옴스테드가 회상하는 바와 같이, 센트럴파크는 당파적 갈등으로부터 자유롭지 못했다. 또한 공원 조성을 위해 현 센트럴파크 부지에 있던 세네카 마을이 강제 철거되었는데, 이 과정에서 공원위원회의 허가 아래 정당하게 거주하던 마을 주민들이 부랑자나 사회 부적응자로 그려지는 등 부당한 사태가 연달아 벌어졌다. 이에 관해서는 다음을 참고: Roy Rosenzweig and Elizabeth Blackmar (1992) *The Park and the People: A History of Central Park*. Ithaca: Cornell University Press; Sara Cedar Miller (2022) *Before Central Park*. New York: Columbia University Press. 이후 20세기 초 로버트 모세스(Robert Moses) 임기 동안 센트럴파크의 변화와 1980년대 이후 '센트럴파크 컨서번시'를 필두로 한 공원의 새로운 도약에 관해서는 부록의 *책: 미국과 뉴욕의 역사* 참고.

공원에 대한 자신의 개념을 바탕으로 구체적인 이미지, 즉 공원상公園像을 분명한 비전으로 제시했다는 점이라고 할 수 있다. 실제 이 책에 실은 글을 비롯해 그가 남긴 수백 편의 글에서 드러나는 바와 같이, 옴스테드는 조경가이자 도시 경관 이론가, 혹은 사상가이기도 했다. 그는 젊은 시절부터 미국의 민주적 도시 사회에서 자신의 역할을 끊임없이 고민했고, 조경이라는 하나의 실천 방식을 통해 그 사고와 믿음을 꽃피웠다. 1866년 뉴욕 브루클린의 프로스펙트파크Prospect Park 계획에서 도시공원에 대한 그의 이론은 더욱 뚜렷하게 드러난다.

> 의심의 여지 없이 해답은 모든 도시공원에 공통적이고, 변함없이 보편적인 즐거움이며, 비좁게 밀집해 있고 제한된 도시 거리로부터 벗어나 [공원]에서 경험하는 안도의 감정에서 비롯한다. 달리 말하자면, 확장된 자유의 감각은 공원이 언제나 모두에게 주는 가장 확실하고 가치 있는 만족감이다.[7]

센트럴파크 공사가 한창이던 1863년, 옴스테드는 마리포사 금광의 감독으로 고용되어 캘리포니아로 향했다. 이 여정에서 마주한 서부의 대자연이 도시에 목가적이고 여유로운 공간을 만드는 데 주력했던 그에게 새로운 과제를 부여했으니, 그 대자연이란 훗날 미국의 첫 국립공원으로 지정된 요세미티 국립공원이었다.

전쟁은 단절과 고통을 낳고 교류와 혁신을 수반한다. 남북전쟁 당시 링컨 대통령은 요세미티를 보호지역으로 지정하기 위한 기금을 마련했으며, 이에 따라 1865년 옴스테드는 「요세미티 계곡과 마리포사 거목숲 보고서 The Yosemite Valley and the Mariposa Big Tree Grove」를 제출했다. 이 보고서는 구체적인 관리 계획에 앞서 당시 보호지역(오늘날의 표현으로는 보전지역)을 지정하게 된 사회적 배경을 다음과 같이 설명한다.

---

7 Olmsted, Vaux & Co. (1866) *Preliminary report to the Commissioners for laying out a park in Brooklyn, New York* [뉴욕 브루클린의 공원 조성을 위한 위원회에 드리는 기본계획 보고서], Brooklyn: I. Van Ander's Print. p. 5.

셔먼이 아틀란타로 행군하거나 그랜트가 황야를 헤치고 나오기도 전인 그 최악의 시기에 전쟁통에 생산된 비어슈타트의 풍경화[8]와 왓킨스의 사진[9]은 요세미티의 숭고함과 세콰이어 숲의 위엄을 동부 사람들에게 선보였고, 이때 [이를 본 사람들에게] 가장 먼저 들었던 생각은 이런 풍경이 사유화되거나 그릇된 취향, 변덕이나 소유주의 산업적 투기를 통해 위험에 처할 수 있고, 나아가 후대에 그 가치가 손상되리라는 점이었다.[10]

또한 보고서 중 "[기금의 제정]에 따라 정부가 특정 조건 아래 사람들의 자유로운 향유를 위해 위대한 공공 공간을 수립하는 것은 정치적 의무로서 정당화되고 집행된다"는 옴스테드의 말은 이후 국립공원, 주립공원 등 보전지역을 정부가 지정하고 보호하는 일의 가치와 비전을 수립하는 데 큰 영향을 미쳤다.[11] 그렇다면 이 보호지역에서 조경가의 역할은 무엇일까? 2부 7장 「나이아가라 보호지역 환경개선을 위한 기본계획」에 드러난 옴스테드의 입장은 확고하다. 장엄하고 위대한 대자연의 경관에 어떤 손상도 입히지 않으면서, 동시에 모든 사람이 그 효과를 충분히 누릴 수 있도록 편의 시설과 운영 방식을 조율하는 치밀한 전문가로서 북미의 조경가는 인간과 자연의 지속적인 관계를 도모하는 최전선에 있었다.

---

8 알버트 비어슈타트(Albert Bierstadt)는 허드슨강 학파 풍경화가 중 하나로, 미국 서부의 경관을 화려하게 표현한 것으로 잘 알려져 있다.

9 칼튼 왓킨스(Carleton E. Watkins)는 요세미티 계곡을 중심으로 작업한 풍경 사진가이다. 1862년 뉴욕에서 요세미티 풍경 사진전을 열어 큰 반향을 일으켰으며, 캘리포니아 지리측량소에 고용되어 요세미티의 당시 기록을 다수 남겼다.

10 미국 국립공원 관리청 웹사이트에서 전문 열람이 가능하다: https://www.nps.gov/ parkhistory/online_books/anps/anps_1b.htm.

11 미국 국립공원제도의 역사에 관해서는 다음을 참고: National Park Service History, (연도미상) 웹사이트 https://npshistory.com/; 문성민 (2011) 『미국 국립공원제도의 역사』. 서울: 한국학술정보.

농부, 선원, 저널리스트, 조경가, 행정가, 운동가

지난 2022년, 세계조경가협회 International Federation of Landscape Architects 는
물론, 수많은 조경가와 관련 단체들이 옴스테드 탄생 200주년을
기념했다. 조경을 공부하고 실천하는 이들에게 너무도 익숙한
이름이어서 그런지, 혹은 진로에 대한 압박에 익숙해져서 그런지, 한
분야에 큰 족적을 남긴 이를 마주할 때면 무심코 그가 한평생 조경에 몸
바쳤으리라 선입견이 생기기 마련이다. 21세기를 살아가는 사람의
시선으로 어린 시절 숲에서 뛰어놀고, 정원과 삼림을 공부하고, 도시를
연구하고, 훌륭한 교육을 받았을 옴스테드의 모습을 떠올리고 만다.
그러나 옴스테드의 삶은 평범하고 안정된 것과는 거리가 멀었다.
그의 조경관은 오랜 공부보다 다양한 분야를 전전하는 동안 축적된
경험에서 우러난 것이었다.

프레더릭 로 옴스테드는 1822년 4월 26일 코네티컷 하트퍼드 지역의
한 농장에서 태어났다. 아마 그의 유년기는 목가적 풍경으로 둘러싸여
있었을 것이다. 학교에서 신학, 문학, 수학 등 일반적인 교육을 받고
토지측량을 배웠으나, 이후 대학에 진학하거나 전문 교육기관에
들어가지는 않았다. 옴스테드는 1858년 센트럴파크 설계 공모에
당선되기 전까지 수많은 직종을 전전하며 책과 실무를 통해 자신이
생각하는 민주적 도시 사회의 형태를 그려 나갔다. 그럼에도 20대와 30대
초반 그가 거쳤던 다양한 직업과 사업 시도를 살펴보면 조경가로
성장하게 된 실마리를 찾아볼 수 있다.

10대 말, 성인이 된 옴스테드의 첫 직업은 뉴욕에 있는 한 유통회사의
일반 사무직이었다. 1843년에는 약 1년 동안 직접 무역선을 타고
선원으로서 중국을 다녀왔으며, 뉴욕에 돌아와서는 농업 생산량을
극대화하기 위해 고안된 과학적 농사 기술에 심취했다. 이를 위해 남동생
존 옴스테드 John Hull Olmsted 를 따라 예일대학교의 학부 대학에서 과학
수업을 청강했다는 점도 흥미로운 지점이다. 정식 입학은 아니었으나
도시 사회의 의무와 공동체의 가치 등 옴스테드의 철학적 성장에 있어 큰

영향력을 미친 사회개혁가이자 자선가였던 찰스 로링 브레이스Charles Loring Brace와의 우정을 쌓는 계기가 되었다.

책과 책상 앞에서 전전하던 그가 과학적 농사 기술을 실천으로 옮긴 것은 1840년대 중반으로, 아버지 존 옴스테드의 지원을 받은 코네티컷의 한 농장에서였다. 얼마 지나지 않아 농장을 뉴욕 스테이튼섬으로 옮겼고, 이후 수년간 농업에 매진했다. 그간 쌓아 온 농업 지식을 실천으로 옮겨 생산까지 하며, 땅과 관계를 맺고 그를 바탕으로 살아가는 통합적인 접근을 시도했던 것이다.

그의 인생에 있어서 큰 변곡점은 무엇보다 1850년에 존 옴스테드, 찰스 로링 브레이스와 함께 영국 리버풀 일대를 여행한 일이다. 이때 영국에서 보고 배운 과학적 농업 기술을 자신의 농장에 결합하는 한편, 런던에서 크게 감명받았던 19세기 영국의 도시와 공원을 중심으로 한 여행기를 원예 전문지인 「호티컬처럴리스트Horticulturalist」에 기고하기 시작했다.[12] 그의 여행기는 상당한 인기를 끌었고, 이후 「뉴욕 데일리 타임스」 등 여러 전문 잡지에 여행 작가로서 꾸준히 활동하기 시작했다. 1852년에는 그간 쓴 글을 모아 첫 여행기, 『영국에 간 미국 농부의 여행 이야기Walks and Talks of an American Farmer in England』를 출간했으며, 이후 의뢰 받은 원고를 쓰기 위해 미국 남부 여행을 떠나기도 했다.[13]

1855년부터는 농장 일을 관두고 본격적으로 저널리즘에 매진했는데, 이때 「월간 퍼트남Putnam's Monthly Magazine」의 편집장으로 일하면서 랄프 왈도 에머슨[14]과 워싱턴 어빙[15] 등 저명한 문학계 인사들과 인연이 닿았다. 특히 어빙은 문학뿐만 아니라 법률과 행정 분야에서도 영향력이 컸던 뉴욕의 주요 인물 중 하나로, 몇 년 후 출판사가 문을 닫고 옴스테드가 센트럴파크 현장 감독관이 될 때 추천서를 써 준 인물이기도

---

12 옴스테드가 당시 사용한 필명은 Wayfarer, 주로 도보를 통해 직접 길을 찾는 여행자를 의미한다.

13 1853년 버지니아와 노스캐롤라이나를 시작으로 미시시피강 유역, 켄터키 등의 지역을 탐방한 후에 연달아 여행기를 출간했다. 부록의 책 : 프레더릭 로 옴스테드의 저서 참고

하다. 이윽고 1857년, 센트럴파크에서 근무를 시작한 후로 옴스테드는
우리가 알고 있는 대로 '북미 조경의 아버지'라는 이름에 걸맞게 북미
대륙의 조경사를 도시, 교외, 숲과 들판에 써 내려갔다.

센트럴파크하면 옴스테드가, 옴스테드하면 센트럴파크가 떠오른다.
뉴욕 맨해튼에 위치한 센트럴파크는 옴스테드의 가장 유명한 설계작이자
시공작이며, 동시에 그가 '조경가'의 길로 완전히 진입하는 계기였다.
1857년 센트럴파크 공모가 나왔을 때 부지의 정비를 담당하는 현장
감독관이었던 옴스테드는 건축과 정원 설계에 관한 실무적 지식을 갖춘
칼버트 복스와 함께 '그린스워드'라 불리는 센트럴파크 계획안
(이 책 2부 1장)을 제출했다. 공모에 당선된 뒤로는 센트럴파크의 조경
설계와 현장 감독을 겸한 '총괄 건축가'가 되었다.

한편, 얼마 후 시공 과정에서 공사 예산이 계속 기하급수적으로 오른
탓에 공원위원회와 옴스테드 사이에는 갈등이 빚어졌다. 혹자는 복스의
중재가 없었다면 공사 초기 이후로는 옴스테드가 센트럴파크 사업에
계속 관여하지 않았으리라 말할 정도이다. 동시에 옴스테드의 건강이
심각하게 악화되어 중간에 안식년을 받기도 했는데, 이때 프랑스
파리에서 도시계획가 장 알팡Jean Alphand을 만나고 불로뉴숲과
앵페라트리스 대로Avenue de l'Imperatrice를 방문하며 이후 새로운 도시의
거리로서 파크웨이의 중요성과 더욱 효율적인 도시공원을 위한 도시공원
체계의 초석을 세웠다.[16]

---

14 랄프 왈도 에머슨(Ralph Waldo Emerson)은 19세기 미국 낭만주의 작가, 시인, 철학가이다.
에머슨은 깊은 고찰을 통해 미국의 산업도시적 발전 속에서 인간과 자연의 관계를
재정비하고자 했다. 특히 "Man the Reformer(개혁하는 인간)"(1842)과 "The
Transcendentalist(초월주의자)"(1842)와 같은 발표는 당시 미국 철학과 문학계에서 반향을
일으키던 초월주의의 선두 주자로서 에머슨을 각인시켰다.

15 워싱턴 어빙(Washington Irving)은 19세기 미국 낭만주의 단편 소설 작가, 역사학자이자
외교관으로, 『슬리피 할로우의 전설』(1820), 『뉴욕의 역사』(1809), 『스케치북』(1819), 『대초원
여행』(1835), 『알함브라 궁전 이야기』(1832) 등을 집필했다.

16 옴스테드가 '파크웨이(parkway)'의 구체적인 형태와 필요성, 그리고 도시공원 체계의 구성에서
파크웨이의 역할을 공식적으로 주장한 것은 브루클린 프로스펙트파크 설계 계획을 하던

마지막으로, 옴스테드의 능력은 경관의 설계와 비전에만 있지 않았다. 다양한 업역의 경험, 현장 감독관으로 쌓은 행정과 조직의 기술은 그가 1861년 남북전쟁에 참전하여 미국위생국 사무국장으로 지원했을 때도 빛을 발했다. 특히 다양한 부분을 체계적으로 정리함으로써 북군 환자를 돌보기 위해 갓 형성된 조직을 응급 환자 운송 체계로 개편했다는 점은 조경 실천에 있어 '조직력'이 지닌 가치를 다시금 일깨워 준다. 에메랄드 네크리스 공원 시스템, 특히 백베이 펜스 지역의 공원화 계획에 드러나는 바와 같이, 이후로도 옴스테드는 조경의 업역적 틀을 넓히며 다양한 분야의 전문가와 협업을 시도했다. 그가 설계나 측량, 건축이 아닌 문학과 농업을 기반으로 조경에 진입했다는 점, 정식 교육보다 독서와 독학, 그리고 경험과 체험을 통해 조경 비전을 구축했다는 점 역시 그의 협업적 태도에 기여했을 것이다.

조경가 프레더릭 로 옴스테드의 기록들

100년 넘게 이어진 회사의 창립자, 조경을 정립한 대가, 도시계획가, 환경보존가, 기자, 편집자, 농부, 작가 등 옴스테드가 얻은 타이틀만큼이나 그가 남긴 기록도 방대하다. 그만큼 자료의 종류 또한 다양하다. 먼저, 회사를 설립해 다양한 프로젝트를 동시다발적으로 추진했기에 북미에서 '옴스테드'와 연관된 조경 프로젝트를 정확히 파악하기란 쉽지 않다. 더군다나 옴스테드가 1903년 사망한 이후 회사를 아들들이 물려받으며 프로젝트가 이어지거나 업역이 확장되었으므로 '옴스테드 네트워크(전前 국립옴스테드공원협회)'와 같은 옴스테드 연구 플랫폼은 관련 프로젝트의 수를 6,000여 개라고 말할 정도이다.[17] 옴스테드가 직접 관여했던

시기로, 센트럴파크와 프로스펙트파크를 연결하는 넓은 파크웨이를 조성해 하나의 거대한 휴양 공간을 제안한 바 있다. 이후 이 책 2부 6장이 다루는 백베이 펜스가 포함된 보스턴 에메랄드 네크리스를 비롯한 추후 도시공원 체계 사업을 통해 이를 실천했다.

17 Olmsted Network (2025) Master List of Design Projects [설계 프로젝트 종합 목록] (1857~1979), https://olmsted.org/design-projects/master-list/.

프로젝트는 500여 개, 그중 100여 개가 도시공원이며, 각 프로젝트마다 스케치, 메모, 커뮤니케이션, 계획안, 설계 도면, 보고서 등이 수십 가지이다. 이에 더해 편지나 전보와 같은 개인적인 기록, 책을 쓰거나 발표를 준비하며 작성한 메모 등 기록의 유형도 천차만별이다.

그의 기록물은 북미 전역에 산재되어 있다. 지난 수십 년간 옴스테드 네트워크가 이 방대한 기록의 위치와 내용을 꾸준히 정리하고 취합하는 중이다. 각각의 프로젝트를 설명하는 별도의 플랫폼을 통해 옴스테드 연구를 계속해서 장려하기도 한다.[18] 또한 1947년부터 옴스테드의 가족들이 그의 기록을 미국 국회도서관에 기증해 왔으며, 수년에 걸친 디지털화 작업 끝에 대부분 온라인 열람이 가능해졌다. 현재 미국 국회도서관이 소장한 옴스테드 컬렉션은 24,000여 건의 기록물과 60개의 마이크로필름 통으로 이루어져 있다.

방대한 기록과 손쉬운 열람 방법에도 불구하고 옴스테드의 기록을 읽는 것은 생각보다 쉽지 않은 일이다. 먼저 방대함 그 자체가 주는 난관에 부딪친다. 조경가가 되기 이전부터 다양한 주제로 여러 글을 썼고, 많은 경우 보고서나 업무용 메모, 연설문 등이 함께 있기에 옴스테드를 처음 만나는 사람이 어디서부터 시작할지 정하는 일은 쉽지 않다. 아카이브가 연도와 주제별로 정리되어 있어 우선순위를 매기기도 까다롭다.

두 번째 어려움은 19세기라는 특수성에서 비롯된다. 미국 국회도서관은 옴스테드의 원문을 그대로 볼 수 있게끔 온라인 서비스를 할 뿐만 아니라, 최근에는 자동 OCR 기술을 적용해 옴스테드의 손글씨를 기계가 읽을 수 있는 텍스트로 변환시키고 있다. 이렇게 접근은 쉬워졌으나 실제 옴스테드의 글을 읽어 보면 우리에게 익숙한 현대식 영어와는 사뭇 다르다는 점을 알 수 있다. 요즘에는 잘 사용하지 않는 문어체 표현과 복잡한 문장구조가 가장 먼저 눈에 띄며, 옴스테드가 즐겨

---

18 Olmsted Network (2025) Olmsted Online. https://olmstedonline.org/.

사용한 수식형 문구가 문장을 길게 늘어뜨린다. 손쉬운 접근법에도 불구하고 읽기 편하다고 말하기는 어렵다.

그럼에도 오늘날 우리가, 망망한 태평양으로 분리된 다른 대륙에서, 150여 년의 시간을 넘어 옴스테드의 글과 생각을 살펴보아야 하는 이유가 있다. 조경을 공부하기 때문에, 또는 공원에 관심이 있어서, 또는 미국 방문에 앞서 도시공원의 시작을 알아보고 싶기 때문일 수도 있다. 또 누군가는 민주적 도시에 대한 옴스테드의 확고한 믿음을 그의 문장에서 발굴하고자, 혹은 19세기 도시를 만들어 나갔던 사람들을 통해 당시 사회상을 들춰 보고자 책장을 넘길 수도 있겠다. 이처럼 언어의 벽에도 불구하고 원문이 주는 힘이 있기에 그의 글은 여전히 유효하다.

이 책에 실린 옴스테드의 기록들

이 책에는 2부 1장부터 7장까지 7편의 기록물을 번역해 실었다. 센트럴파크를 시작으로 공원, 그린 인프라, 자연 보존, 도시의 미래, 교육과 여가 등 옴스테드의 방대한 기록물 중에서도 그의 공원관을 가장 잘 보여 주는, 그리고 조경의 다양한 면모를 보여 주는 기록을 선별했다.[19]

첫 번째 기록물인 1장의 「'그린스워드' 센트럴파크 조성 계획안 보고서」는 우리에게 가장 익숙한 뉴욕 센트럴파크의 설계안과 설계 설명서다. 이 설계안의 제목, 그린스워드Greensward는 '초록의 구역'이라는 뜻이다. 옴스테드와 복스가 설계안에서 지향했던 '지형을 따라 펼쳐지는 광활한 녹지 공간'을 생각나게 만드는, 센트럴파크의 콘셉트와 형태를 모두 담아냈다.

이 글은 공원 설계안 공모가 발표된 1857년부터 1858년까지 복스와의 협력으로 작성되었으며, 이후 1868년에 책자 형태로 출판되었다. 아직은 언덕, 바위, 진흙밭만 가득했던 기존 저수지가 어떤 공원으로 바뀌어야 하는지 옴스테드의 설명을 따라가다 보면, 뉴욕에 처음으로 생기는 대형

---

19 다만, 센트럴파크와 같이 공원 계획 관련 내용 중 공사 예산표는 이 책에 포함하지 않았다.

공원을 상상하는 젊은 옴스테드의 모습이 절로 그려질 것이다. 특히 흥미로운 부분은 횡단 도로와 공원 경계면 등 공원으로 접근하는 방식에 대한 상세한 설명이다. 세로로 길게 들어설 공원이 기존의 교통에 방해가 되지 않도록, 동시에 교통이 공원의 산책자들에게 어떤 불편도 일으키지 않도록 지형의 단차를 활용했다. 오늘날 센트럴파크의 구불구불하게 연결되고 위아래로 이어지는 여러 소로가 1857년 처음부터 기획되었다는 점은 공원 산책에 재미를 더한다.

옴스테드와 복스는 1868년 출판된 책에 세부 도판을 수록하는 대신 공모 수상 후 변경된 설계안을 공모에 제출했던 설계안과 함께 담았다. 이미 공원 공사가 상당히 진행되었던 터라 초기의 도판을 싣지 않은 것으로 짐작된다. 이 책에서는 옛 옴스테드의 스케치가 있었을 위치에 대신 센트럴파크 조성 직후 혹은 이후의 모습을 보여 주는 사진을 최대한 다양하게 실었다.

센트럴파크를 중심으로 옴스테드의 공원에 주목하다 보면 그가 감독관으로 부임하고 있었다는 점을 종종 잊곤 한다. 2장의 **「실용적이지 않은 사상가의 단상」**은 옴스테드가 감독관으로 부임하게 된 배경에 대해 회고하는 에세이로, 자신이 조경의 길로 들어선 계기를 설명한다.

1853년 센트럴파크의 조성을 명시한 뉴욕시 공원법이 제정되었으나 그 후로도 몇 년간 공원의 위치, 설계와 조성 방식을 두고 의회에서 논의가 오갈 뿐이었다. 옴스테드는 이 문제를 당시 뉴욕의 정치적 상황에서 비롯된 것이라 보며, 이렇게 '실용적인 사람들', 즉 정치적이고 셈으로만 움직이는 사람들로 인해 공원의 올바른 조성이 더디게 흘러갔다고 비판한다. 그 과정에서 '실용적이지 않은' 비정치계 인사로서 자신이 채용되었다고 말하는데, 당선 이후 공원 조성 과정에서 예산 문제, 정치계의 눈치 싸움 등으로 계속해서 피로를 호소했던 스스로의 입장이 반영된 것일 테다. 스스로를 '실용적이지 않다'고 평가한 옴스테드는 숫자 싸움보다는 공사 현장에서 무릎까지 빠지는 진흙밭을 걸으며 현장의 일꾼들과 장난스러운 안부 인사를 나누는 일을 선호하지 않았을까?

3장 「정원사들에게 보내는 글」은 옴스테드가 앞으로 채용될 정원사에게 남기는 에세이 형식의 조각글이다. 이 글이 작성된 1872년은 센트럴파크의 형태가 잡히던 시기로, 큰 공사를 마무리하고 각 구역을 담당하는 정원사를 채용하는 단계에 접어들고 있었다. 비록 짧은 조각글임에도 앞으로 센트럴파크의 곳곳을 담당하게 될 사람들에게 당부하고 싶었던 몇 가지 조언이 담겨 있다. 여기서 옴스테드는 공원이 가진 광범위한 경관의 효과를 언급하며, 공원의 목적이자 정당성이 "사람들의 마음에 영향력을 끼치고 이를 통해 도시의 삶을 더 건강하고 행복하게 만드는 것"에 있다고 설명한다. 즉, 공원의 풍경을 관찰하고 그 안에 들어가 있음으로써 도시의 삶에서 오는 정신적 피로가 풀린다는 것이다. 도시 한복판에 위치한 대형 공원의 가치가 그 규모에서 오는 압도적인 경관에 있음을 강조하며, 이를 올바르게 남기고자 애쓴 흔적이 엿보인다.

미국 국회도서관에서 원본을 찾아보면 이 글의 작성 연도가 1873년으로 되어 있는데, 이 책에서는 연구 및 관련 저서의 언급을 따라 1872년으로 표기했다. 1872년은 옴스테드가 칼버트 복스와의 파트너십을 해제하면서 뉴욕시 공원국의 수석 조경가 자리를 맡게 된 해이기도 하다. 또한 다음 해인 1873년 센트럴파크 공사 과정에서 옴스테드의 관리 운영에 대한 비판이 나오기도 했으므로 해당 글을 1872년으로 표기하는 것이 적합하다고 보았다.

4장의 「공원과 도시의 확장」은 도시에 관한 옴스테드의 생각과 관점이 확연하게 드러나는 글이다. 1870년 보스턴사회과학협회에서 발표한 연설문이며, 자신의 공원 설계 경험을 바탕으로 앞으로 도시가 발전할 방향과 그에 대응하기 위한 노력과 시도를 갖가지 사례를 통해 설명한다. 대서양을 넘나드는 여러 사례와 경험담이 19세기 도시에 거주하던 이들의 사고방식과 일상을 드러내는데, 특히 시골에서 도시로 이주하는 사람들이 왜 이주를 선택할 수밖에 없는지, 또한 시골의 도시화가 왜 불가피한 미래인지에 대한 결정적인 근거를 '문화의 힘'에서 찾고 있다는 점이 독특하다.

19세기 중반, 도보로 학교, 도서관, 예술을 일상적으로 접할 수 있다는 사실은 도시와 시골의 절대적인 차이가 되었고, 도시를 향한 열망의 근간이 되었다. 옴스테드가 본 도시의 확장은 결국 도시에 모여들어 형태를 갖추는 문화적 힘에 의한 것이었다. 문화는 사람에게서 나오지만, 그 사람들이 다시 도시의 문화적 힘을 강화하기 때문에 도시로 욕망이 모이는 것은 피할 수 없는 운명과 같다고 서술한다.

따라서 도시의 필연적인 확장이 가져오는 부작용을 제어하는 방편으로써 공원의 조성은 필수적인 사항이었다. 비록 지금 당장은 개발 대신 대형 공원을 조성하는 이점이 보이지 않더라도, 몇 년만 지나면 반드시 그 쓸모를 증명할 것이라는 옴스테드의 주장은 뉴욕과 브루클린의 사례를 통해 구체화된다. 끝없이 도시로 모여드는 사람들과 그로 인해 메말라 가는 시골의 상황에서 오늘날 우리의 삶이 비춰 보인다면, 19세기에 만들어진 도시의 구조가 백수십 년이 지난 현재의 일상에서 여전히 활발하게 작동하고 있기 때문일 것이다.

5장에서는 공원의 필요성과 정당성에 대한 옴스테드의 주장이 교육의 차원에서 펼쳐진다. 「모두를 위한 여가 공간」은 1868년 옴스테드가 쓴 조각글로, 여러 편저에서 '여가 활동과 공립학교 교육에 관해'라는 제목으로 출판된 적이 있다. 그러나 이 책에서는 이 글이 공원과 어린이 교육의 관계에 그치지 않고 결국 도시 전체가 공유하는 공간으로서 '공원을 누구를 위해 조성해야 하는가'에 대한 질문을 던진다고 보고 '모두'를 아우른다는 의미를 담아 제목을 새롭게 붙였다.

옴스테드는 어린이의 놀이가 학교에서 이루어지는 교육만큼이나 중요하다고 보았다. 도시공원의 필요성을 성인의 정신 건강에서 찾는다면, 이런 공원에서 여가를 즐기고 건강을 찾는 습관이 어린 시절 놀이에서 비롯된다고 보았기 때문이다. 따라서 옴스테드는 어린이의 놀이와 여가 활동을 적극적으로 장려하고, 그를 위해 공원과 같은 좋은 환경이 필요하다고 주장했다. 공원은 앞으로 수십 년간 도시의 복잡함

속에서 살아갈 아이들이 좋은 여가 습관을 배우고, 실천하고, 키워 나갈 수 있는 공간으로서 그 가치가 더욱 강조되었다.

21세기 현 시점 조경 분야에서 가장 중요한 쟁점 중 하나는 수공간, 혹은 워터프런트라고 불리는 공간이다. 해수면 상승, 리질리언스 설계, 수공간 활용 등 다양한 측면에서 연구와 논의가 이루어지고 있으며, 가깝게는 서울의 한강공원이나 지역 곳곳에서 진행하는 하천변의 자연녹지화나 공원화 사업도 여기에 포함된다. 이 책의 6장 「백베이 지역 문제와 해결 방안에 관해」는 1886년 보스턴건축가협회의 초대로 당시 옴스테드가 진행 중이던 보스턴 에메랄드 네크리스의 일부인 백베이 펜스 지역의 계획을 설명한 연설문이다. 백베이 펜스는 찰스강과 머디강이 합류하는 지점에 위치한 상습 침수 구역으로, 심각한 오염의 예방과 침수에 대한 대비가 모두 요구되는 프로젝트였다.

옴스테드는 이 지역에 벽돌과 돌로 높이 제방을 쌓아 저수지를 만드는 대신 저수 기능을 지닌 수변 공원을 제안했다. 머디강 초입에는 염수와 담수가 섞여 있어서 염생식물을 주요 식물 중 하나로 선정한 것도 주목할 점이다. 그래서인지 여러 연구자들이 옴스테드의 백베이 펜스 설계를 그린 인프라의 선례로 언급하기도 한다. 또한 이를 위해 보스턴시 수석 공학자와 적극적인 협력을 한 것도 눈에 띈다. 도시 경관이 보다 개선된 기능을 수행할 수 있도록 여러 분야 간 협력을 요청하며 일을 추진했던 정황은 오늘날 도시 경관의 코디네이터로서 조경가의 역할과도 이어지며, 도시를 설계하고 조성해 나가는 여러 분과를 아우르는 뚜렷한 비전의 필요성을 생각하게 만든다.

이 책의 마지막 번역글은 7장의 「나이아가라 보호지역 환경개선을 위한 기본계획」이다. 앞에서 도시와 공원의 필요성을 역설했다면, 이 글은 나이아가라 폭포 일대가 주립공원으로 지정된 배경과 그 결과인 공원 계획을 통해 조경의 또 다른 차원인 자연보호와 국립공원의 중요성을 드러낸다.

옴스테드는 미국 국립공원의 시작과 함께했다. 1864년, 서부에서 일하던 옴스테드가 링컨 대통령 아래 만들어진 요세미티 계곡 위원회의 위원으로 임명되며 1865년 국립공원 정책의 기틀을 마련했기 때문이다. 얼마 지나지 않아 동부로 돌아간 옴스테드는 뉴욕주의 나이아가라 보호지역의 주립공원 계획에 참여했으며, 당시 발간된 보고서가 바로 이 글의 원문이다.

옴스테드가 기본계획에서 강조한 것은 크게 두 가지이다. 첫째, 후대를 위해 인위적인 것을 줄이고 개입을 최소화하여 있는 그대로의 환경, 즉 야생을 보전할 것. 둘째, 안전한 관광을 위한 조경 공사를 진행하여 지속적으로 이 지역의 가치가 알려질 수 있도록 할 것. 이처럼 "인간의 개입이 일어나지 않은 대자연과 조화를 이루며 영구적으로 쾌적한 자연을 재건하는 것을 목표로 하는 방안을 모색"하는 태도야말로 지속가능한 관광과 개발이 강조되는 오늘날, 옴스테드의 주장과 실천의 방식을 살펴볼 이유가 된다.

프레더릭 로 옴스테드는 책, 경험, 실천을 통해 스스로 배움을 구하고 오늘날 도시 조경 분야를 구축한 입지전적인 인물이 틀림없다. 도시뿐만이 아니라 넓게는 인간 사회와 자연의 관계에 대한 끊임없는 고민이 그의 작업과 글에 담겨 있다. 이처럼 다양한 분야에서 쌓은 경험을 바탕으로 다듬어진 그의 생각은 조경 계획과 설계 곳곳에서 빛을 발한다. 2부에 실린 옴스테드의 기록을 잘 읽다 보면, 조경이라는 분야에서 보다 나은 도시 사회를 만드는 데 이바지하고자 했던 사상가 옴스테드의 모습이 곳곳에서 배어 나오고 있음을, 그리고 그 노력이 오늘날까지 이어지고 있음을 알아차리게 될 것이다.

옴스테드의 생애와 이력

1822　미국 코네티컷주 하트포드에서 프레더릭 로 옴스테드가 태어났다.

1828　삼촌과 함께 뉴욕주 나이아가라 폭포에 처음으로 가 보았다.

1842　예일대학교에 재학중이던 남동생 존 옴스테드를 방문했다.

1843　중국 무역선에 선원으로 승선하여 1년간 항해했다.

1846　저명한 농업개혁가이자 토목공학자 조지 게디스 아래에서
　　　수습사원으로 재직했다. 이후 코네티컷주 농장에서 농부로 일을 시작,
　　　2년 후에 뉴욕 스테이튼섬으로 이주했다.

1850　존 옴스테드, 예일대학교에서 알게 된 친구 찰스 로링 브레이스와 함께
　　　영국 리버풀 등을 여행했다.

1852　『영국에 간 미국 농부의 여행 이야기』를 출간했는데, 여기에 리버풀
　　　근교의 버킨헤드 공원 이야기도 담겨 있다. 이때 여행자라는 뜻의 필명
　　　Wayfarer를 사용했다.
　　　기자로서 「뉴욕 데일리 타임스」 등에서 활발히 활동하며, 특히 미국
　　　남부의 농업 현황을 많이 다루었다. 당시 기사를 바탕으로 미국 남부의
　　　노예제도와 생활상을 담은 책을 출간했다.

1857　뉴욕 센트럴파크 감독관으로 채용되었다.
　　　칼버트 복스와 함께 센트럴파크 공모전에 참가했다.
　　　남동생 존 옴스테드가 사망했다.

1858　센트럴파크 설계안 '그린스워드'로 공모에 당선되었다. 센트럴파크
　　　감독관 업무에 더해 총괄 건축가로 부임했다.

1859　영국을 비롯한 유럽의 여러 국가를 여행했다.

1861　미국 위생청의 국장으로 남북전쟁 참여, 위생 관련 보급망을 구축했다.

1863　캘리포니아주 마리포사 금광의 감독관으로 이직, 요세미티 계곡을
　　　방문했다.

1864　링컨 대통령의 대통령령 아래 요세미티 계곡 위원회 위원으로
　　　임명되었다.

1865　「요세미티 계곡과 마리포사 거목숲 보고서」를 제출했다.
　　　뉴욕으로 돌아와 브루클린 프로스펙트파크·포트그린파크·이스턴
　　　파크웨이·오션 파크웨이·맨해튼 모닝사이드파크 설계, 버팔로
　　　파크웨이 시스템 계획, 시카고 리버사이드파크 설계 등을 진행했다.

1868 리버데일 교외단지를 계획했다.

1870 보스턴사회과학협회 초청으로 연설문 「공원과 도시의 확장」을
낭독했다.

1872 뉴욕시 공원국 조경가로 임명된 후 매사추세츠 맥린병원 프로젝트 및
버팔로 주립정신병원 계획에 참여했다.
뉴욕시 공원국 수석조경가로 임명되었다.
칼버트 복스와의 파트너십을 해제했다. 이후 복스는 뉴욕
미국자연사박물관, 메트로폴리탄 미술관 등을 설계했다.

1874 미국 수도U.S. Capitol 수석조경가로 임명되었다. 몰The Mall 조경, 캐나다
몬트리얼 몽로얄 파크를 설계했다.

1875 아들 존 C. 옴스테드가 옴스테드의 회사에 입사했다.

1876 보스턴 에메랄드 네크리스 계획을 제안하고, 뉴욕 알바니 계획과 쇼토쿼
리조트를 계획했다.

1877 건강 악화로 인해 뉴욕시 공원국 수석조경가 자리에서 물러났다.

1878 우울증 등 건강이 악화되어 유럽 등지로 여행을 떠났다.
헨리 H. 리처드슨과 함께 아놀드 수목원 설계를 시작했다.

1879 매사추세츠 브루클라인(현 보스턴 일대)으로 이주했다.
나이아가라 보호지역을 설계했다.

1880 보스턴 백베이 펜스 설계에 착수했다.
워싱턴 D.C. 조경 계획 취소에 따라 뉴욕사회과학협회에서 「공원의
가치The Justifying Value of Public Park」를 연설했다.

1881 매사추세츠 웨스트 록스버리를 설계했다.
낙마 사고를 당해 건강이 악화되었다.
헨리 H. 리처드슨과 뉴잉글랜드 지역 일대의 여러 조경 계획 및 설계를
진행했다.

1882 디트로이트 공원 계획안을 마련했다.

1883 뉴저지 로렌스빌 학교 계획을 제출했다.

1884 보스턴 프랭클린파크 설계를 진행했다.

1888 로드아일랜드 포터킷 공공 공간 계획을 발표했다.
뉴욕시 공원국 조경가로 재임명되었다.

뉴욕 버팔로 공원 시스템 계획을 제출했다.

1889 노스캐롤라이나 밴더빌트 빌트모어 저택 설계안을 작업을 시작했다.

1890 시카고 만국박람회 조경 설계에 착수했다.

1892 영국과 프랑스를 답사했으며, 미국건축가협회 명예회원으로
임명되었다.
보스턴과 빌트모어 저택 설계 작업을 진행했다.

1893 시카고 만국박람회가 개회되었다.
뉴욕 컬럼비아대학교 계획안을 제출했다.

1894 브루클린 프로스펙트파크 자문조경가로 임명되었다.
신시내티, 보스턴, 브루클린, 시카고, 밀워키, 루이스빌, 애틀랜타, 뉴포트
등 다양한 도시에서 조경 계획 및 설계 작업을 진행했다.
워싱턴 D.C. 아메리칸대학교 캠퍼스 계획을 완성했다.
화가 존 싱어 사전트가 옴스테드의 초상화를 제작했다.
프레더릭 로 옴스테드 주니어가 조경 사업에 참여하기 시작했다.

1895 치매 증상과 단기 기억 상실을 겪는 가운데 은퇴를 선언했다.
칼버트 복스가 세상을 떠났다.

1897 옴스테드 형제를 필두로 회사 구조를 개편했다.

1898 과로, 불면증, 우울증 등으로 인한 정신적 고통을 호소, 매사추세츠 맥린
정신병원에 입원했다.

1899 미국조경협회American Society of Landscape Architects가 설립되었으며,
여기에 존 옴스테드, 프레더릭 로 옴스테드 주니어, 다우닝 복스(칼버트
복스의 아들) 등이 기여했다.

1900 프레더릭 로 옴스테드 주니어가 하버드대학교 조경학과를 설립했다.

1902 프레더릭 로 옴스테드 주니어가 하버드대학교 조경학 교수로
임용되었다.

1903 프레더릭 로 옴스테드, 81세를 일기로 세상을 떠났다.

'그린스워드' 센트럴파크 조성 계획안 보고서

도시에는 아름다운 허파가 필요하다

'공원' 하면 떠오르는 이곳, 뉴욕의 센트럴파크는 지난 160여 년간 우리에게 공원의 상징이자 원형으로 인식되고 있다. 설계자 프레더릭 로 옴스테드 역시 센트럴파크를 시작으로 조경가로 발돋움했고, 이후 조경이라는 개념과 분야의 형성에 있어 분기점으로 작동했다. 그만큼 조경, 도시의 삶, 도시계획과 설계에 있어 중요한 지점이다.

이 보고서는 1858년 센트럴파크 공원 설계 공모전에 당선된 프레더릭 로 옴스테드와 칼버트 복스의 '그린스워드' 설계안과 함께 제출되었던 설명서이다.[1] 그린스워드 설계안은 거대한 토목 공사를 전제했을 뿐 아니라, 센트럴파크 공원위원회가 1857년 공모전을 개최하며 내걸었던 아래의 여덟 가지 필수 조건을 갖추고 있었다.

첫째, 공원법에 따라 정해진 약 150만 달러의 공원 조성비에 대한 구체적 지출 계획
둘째, 59번가와 106번가 사이 동쪽과 서쪽을 연결하며 공원을 가로지르는 4개 이상의 도로
셋째, 20~40에이커 규모의 연병장과 관객들이 편히 군사 퍼레이드를 관람할 수 있는 편의시설
넷째, 3~10에이커 규모의 놀이 공간 3개
다섯째, 전시, 콘서트 등 행사를 열 수 있는 건물을 위한 부지
여섯째, 대형 분수대 1개소와 전망대를 위한 부지

---

1 원문 가운데 예상 비용 내역과 식재 목록은 번역 과정에 포함하지 않았으나, 부록 268쪽의 원문 링크를 통해 확인 가능하다.

일곱째, 2~3에이커 규모의 화훼 정원을 위한 부지와 그에 대한 설계
여덟째, 물이 흐르는 공간을 남겨 두어 겨울에 스케이트를 탈 수 있게
　할 것

　이 보고서에는 구체적인 공간의 활용과 형태뿐만 아니라 공원에
필요한 분위기와 미적 감각까지 모두 작성되어 있어, 옴스테드의 초기
공원론을 엿볼 수 있는 기록이기도 하다. 옴스테드는 1851년 산업도시
리버풀 근처에 있는 버킨헤드파크Birkenhead Park를 방문했다. 이곳은
영국 풍경화식 정원의 픽처레스크 미감이 발휘된 곳으로, 옴스테드는 이
방문을 계기로 미국이라는 신세계에 필요한 공공 녹지 공간을 구상하기
시작했다고 알려져 있다. 그로부터 몇 년 후 대서양 너머 뉴욕 한복판에
구불구불한 소로와 언덕이 교차하는 픽처레스크한 경관을 구현한
배경에는 아마 옛 시골의 삶을 상기시키는 풍경을 가져와 도시 밖에서
여가를 누릴 수 없는 뉴욕 시민들의 마음속 고향을 재현하려 했던 것이
아닐까 생각된다.
　물론 19세기 도시공원에 부여된 기능적 측면 또한 지나칠 수 없다.
옴스테드는 1882년에 공원을 '도시의 허파'라 일컫기도 했는데,[2]
전염병과 같은 도시 문제의 원인이 실증적으로 입증됨에 따라 공원이

2　정확하게 '도시의 허파'라는 표현을 직접적으로 사용한 것은 아니나, 당시 영국에서 도시 녹지를
　'런던의 허파'라고 일컫던 것을 인용하고 비유하여 공원의 가치를 제고했다. 자세한 내용은
　다음을 참고: Frederick Law Olmsted (1882) "Trees in Streets and in Parks [거리와 공원의
　수목들]," *The Sanitarian* 10(114): 513-518. 원문은 미국 국회도서관에서 온라인 열람이 가능하다:
　http://hdl.loc.gov/loc.mss/ms001019.mss35121.0501.

공중보건을 위한 하나의 장치로 인식되었기 때문이다. 당시 유행병이었던 폐결핵과 같은 질병의 정확한 원인은 몰랐다고 해도, 공기가 깨끗하고 햇빛이 잘 드는 곳으로 요양을 가면 증상이 완화된다는 것을 경험으로 알고 있던 시기이기도 하다. 즉, 유독 도시에서 발병률이 높았던 폐결핵 문제를 해결하기 위해서라도 도시의 밀집을 완화하고 여가를 즐길 수 있는 수단이 절실했던 시기라고 볼 수 있다. 이러한 맥락 속에서 '그린스워드' 설계안을 본다면 '도시의 허파'로서 공원의 가치가 더욱 잘 그려질 것이다.

1장 본문에서 종종 언급되는 세부 도면은 1858년 제출했던 설명서에 실렸던 것으로,
본 번역의 원문인 1868년 책자에는 빠져 있다. 해당 도면의 원본 상태가 알아보기
힘들 정도로 좋지 않기 때문에 이 책에도 싣지 않았다.

↑ 공모에 제출했던 센트럴파크 조성 계획 '그린스워드' 설계안 원본, 1858.
F. L. 옴스테드, C. 복스 제작. 원본의 상태가 많이 상하긴 했으나,
잘 살펴보면 옴스테드와 복스가 표기했던 모든 내용이 흐리게 남아 있다.
Courtesy of Municipal Archives, City of New York

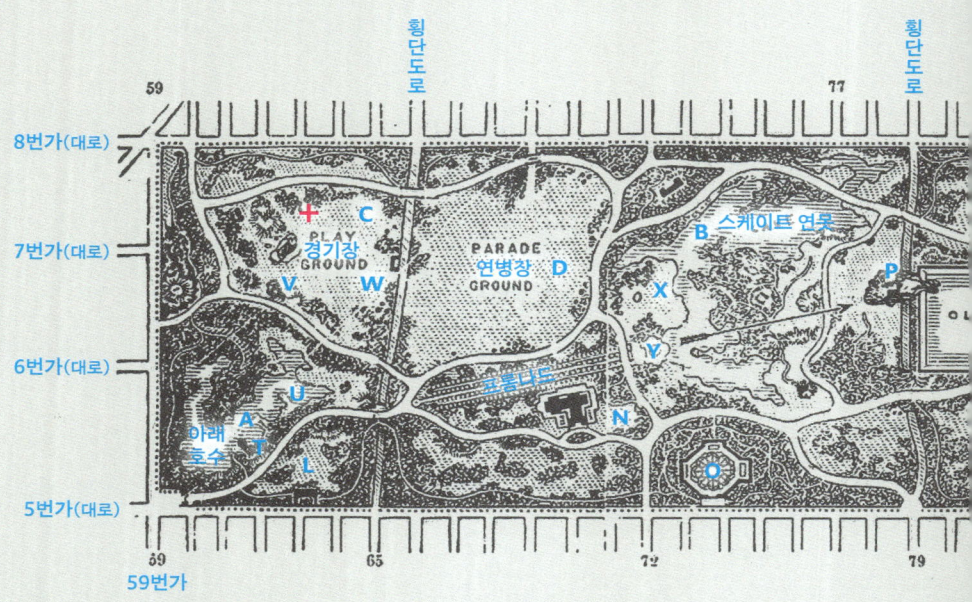

↗ 그린스워드 설계안의 목판화, 1858(1868년 인쇄). 옴스테드와 복스는
『센트럴파크 조성 계획 '그린스워드' 설명서』를 공모 제출 후
10년이 지난 1868년에 책으로 출간했는데, 여기에 수록되었던 설계안의 목판화이다.
F. L. 옴스테드, C. 복스 제작.
도면 위의 색자는 본서 출판 과정에서 설계 설명서 원본을 기준으로
새롭게 표시한 것이다.

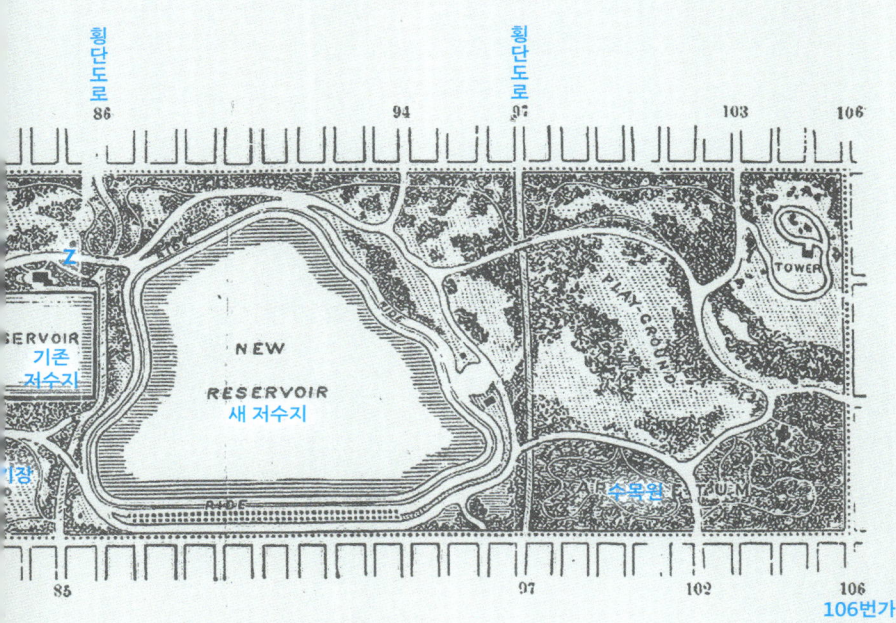

횡단도로
횡단도로

86　　　94　　97　　　103　　106

Z

SERVOIR
기존
저수지

NEW

RESERVOIR
새 저수지

장

PLAY-GROUND

TOWER

수목원

85　　　　　　97　　　102　　　106

106번가

상부 공원

서
남　북
동

A 아래 호수	**T** 바위
B 스케이트 연못	**U** 언덕
C 경기장	**V** 경기장 건물 1
D 연병장	**W** 경기장 건물 2
L 아스널 건물	**X** 여름 쉼터
N 음악당 부지	**Y** 수공간 접근로
O 화훼 정원	**Z** 경찰서
P 비스타 바위	

지형에 대한 제안

현재 주어진 부지를 공원의 목적에 맞게 조정하려면 지형적 특성을 가장 중요한 요소로 보아야 하며, 이를 위해 공원에 할당된 부지를 먼저 조사한 결과 전체 공원 부지가 유사한 규모를 가진 두 구역으로 매우 뚜렷하게 구분되는 것을 알 수 있었다. 편의상 각각 상부 공원, 하부 공원이라고 부르고자 한다.

상부 공원

상부 공원의 수평선은 대담하고 넓으며, 경사면은 고려할 수 있는 거의 모든 측면에서 넓게 펼쳐진다. 이는 공원 조성에 있어 가장 이상적인 특성이며, 도시의 제한적이고 형식적인 선들과 큰 대조를 이루기 때문에 교차로 및 기타 구조물로 인한 간섭을 가능한 한 적게 하는 것이 바람직하다. 매우 웅장한 규모가 아닌 이상 정형적 식재 및 건축을 통한 간섭은 피해야 한다. 저수지에서 106번가(보스턴가 서쪽) 사이까지의 거의 모든 땅이 하나로 연결되어 있기에 모든 정원 조성의 세부 사항에 있어 통일성이 고려되어야 한다.

하부 공원

하부 공원은 성격이 훨씬 이질적이며, 이에 따라 더 다양한 지형적 처리가 필요하다. 이 경관에서 가장 중요한 요소는 저수지 바로 남쪽에 위치한, 바위가 많고 숲이 우거진 긴 언덕이다. 이 지점 너머로는 비슷한 효과를 내는 자연적 특성이 없으므로 언덕으로 최대한 시선을 끌고, 반대편 높은 지대에는 휴식과 여유로운 사색을 위한 시설을 제공하는 한편, 그 인근의 측면 경계부를 가능하면 눈에 띄지 않게 만드는 것이 중요하다. 하부 공원의 중앙과 서쪽 구역은 고르지 않은 평지이고, 동쪽 구역은 잔디밭이나 정원이 연상되는 우아하고 구불구불하게 펼쳐지는 일련의 지형으로 구성되어 있다. 최남단에는 평평한 충적토 초원이 있지만 지형이 대체로는 울퉁불퉁하다고 볼 수 있고, 대담한 형태의 바위 절벽이 몇 군데 있어 이 구역에 개성을 부여해 준다.

앞의 조사 결과를 통해 구성한 위의 기본적인 제안을 바탕으로, 지형의 특성을 가장 적게 희생하면서 [동시에] 공원 공모 지침에 제시된 공원위원회의 요구 사항을 충족시킬 방법을 고려할 필요가 있다.

사전 고려 사항

지금까지 뉴욕시의 공공사업 계획 과정에서 인구와 비즈니스의 증가가 충분히 고려된 적은 거의 없었고, 이는 심지어 크로톤 수로[3] 역시 마찬가지였다. 뉴욕 최고의 건축물로서 수백 년을 버틸 수 있도록 내구력을 고려해 지어진 시청사 [역시] 오늘날 원래 업무의 3분의 1을 뒷받침할 시설조차 갖추지 못하고 있다. 약 10년 전 크나큰 비용을 들여 완공한 우체국은 더 이상 그 목적을 수행하지 못하며, 현재 수용 인원의 두 배를 처리할 수 있는 새로운 우체국이 절실한 상황이다. 영구히 사용할 것을 목적으로 설계하여 막대한 비용을 들인, 지은 지 20년도 채 지나지

---

3 크로톤 수로(Croton Aqueduct)는 1842년 준공된 뉴욕시의 옛 상수도 시스템을 말한다. 뉴욕주 북부에 위치한 크로톤강에서 66킬로미터 떨어진 맨해튼의 저수지까지 물을 끌어오는 대규모 시스템이었으며, 1890년 신규 상수도 시스템이 조성된 이후로도 1955년까지 사용되었다.

않은 세관도 현재 도시 상업 활동의 절반조차 수용하지 못한다.

이렇게 명백히 틀린 계산이 나온 원인은 1800년 이후 진행된 모든 인구조사에서 드러난 도시의 증가율이 기존 예상을 웃돈 데에서 찾을 수 있다.

미래에 대한 현명한 예측을 통해 현재 제안된 공원은 '센트럴파크'라는 이름을 부여받았다. 캐널가 아래 시장-정원과 시청 공원 북쪽의 철조망을 기억하는 지금의 치안판사는 자신의 취임사에서 센트럴파크에 인접한 [맨해튼] 섬 내 지역으로 인구가 급격하게 이동할 것이라고 동료들에게 경고한 바 있다. 그로부터 1년 후, 5개 전차 노선이 승객들을 공원까지, 혹은 그 너머까지 데려다주고 있다. 아직 실현되지는 않았지만, 증기선 선착장과 기차역을 이전하려는 최근의 움직임은 곧 변화가 일어날 것을 시사한다.

공원 예정지 내 건물로 사용되던 1만 7,000개 부지가 철거되고 나면 인접 토지의 점유가 빠르게 가속화될 것이다. 불과 20년 전만 해도 유니온스퀘어 광장은 '도시 외곽'이었지만, 앞으로 20년 후에는 도시가 센트럴파크를 둘러싸고 있을 것이다. 그러므로 [지금의] 설계안을 실제로 평가하게 될 미래의 시점에서 무엇을 만족스럽게 볼 것인지 생각할 필요가 있다. 더 이상 비어 있는 교외 지역이 아닌 [미래의] 우리 예정지는 벽돌, 돌, 대리석으로 이루어진 높은 벽으로 둘러싸이게 될 것이다. 인접한 해안에는 상업용 부두와 창고가 늘어서고, 증기선과 페리 선착장, 기차역, 호텔, 극장, 공장 등이 사방으로, 그 너머로 들어설 것이며, 우리 공원은 이 모든 것에 적합하도록 조성되어야 한다.

컬럼비아대학의 철거와 오랫동안 하늘을 가렸던 느릅나무의 제거, 트리니티 교회 뜰 부지의 분할에 대한 완강한 요구, 우리의 오래된 묘지들이 실제로 해체된 사건에 달하기까지 수많은 사례가 있다. 도로 건설을 위해 시청 공원에서 가장 중요한 공간을 실질적으로 양보했으며 앞으로 더 축소될 가능성이 있다는 점, 도로를 곧게 닦고 넓히기 위해 끊임없이 막대한 비용을 지출하고 시민들이 희생을 치른 것 모두 우리에게 익숙한 사실이며, 현재 우리의 과업에서 매우 큰 교훈이 된다.

우리는 이 교훈을 공원 계획의 최우선 순위로 적용하고자 한다.

횡단 도로

우리의 계획에는 네 개의 횡단 도로가 포함되어 있다. 이 도로들은 각각 챔버스가와 캐널가 사이의 거리와 비슷한 길이의, [공원 조성으로 인해 단절된] 도시의 양측을 연결하는 직렬 교통로가 될 것이다. 이 구간을 통해 브로드웨이 대로를 단 한 번만이라도 건넌다고 가정하면 이 횡단 도로가 앞으로 어떤 운명을 맞이할지 알 수 있다. 필연적으로 공원과는 아무런 공통점도 없는 혼잡한 도로가 될 것이며, 이는 곧 우리가 공원에서 영감을 받고자 하는 유쾌한 정서와 상반되는 모든 것이 될 것이다. 이 도로에 공원 내[에서 지켜야 하는] 일반적인 규정을 강제하는 일은 불가능할 터이다. 횡단 도로는 도시의 모든 합법적 통행, 즉 석탄 수레와 정육점 수레, 쓰레기차와 배설물 수레 등을 위해 쉼 없이 개방되어야 하며, 엔진으로 움직이는 차량은 개폐 알림음이 울릴 때마다 미친 듯이 기계를 굴려 공원을 가로질러 갈 것이다. 브로드웨이 대로와 마찬가지로 여성과 노약자들이 공원을 건너려면 경찰의 특별 호위가 필요할 것이 자명하다. 유람용 마차를 타거나 산책하며 공원을 한 바퀴 도는 동안, 공원 동선과 직각으로 끊임없이 움직이는 거친 교통 체증과 여덟 번이나 마주치게 된다.

횡단 도로는 계속 열려 있어야 하나, 해가 지면 공원 부지는 딱히 이용하는 사람이 없을 것이다. 경찰 배치가 잘되어 있는 런던에서조차 해가 진 후 넓은 공터에서 안전하게 이동할 수 없다는 것이 경험으로 드러났기 때문이다.

해외 사례

따라서 이러한 공공 도로의 양옆으로 조명을 잘 설치해야 하며, 경찰의 추적을 받는 범죄자들이 공원의 어둠 속으로 도망치지 못하도록 6~8피트 높이의 튼튼한 울타리나 벽을 세워야 한다. 런던 리젠트파크의

동물원을 횡단하는 도로도 이런 형식이다. 공원 진입로, 도로 또는 길의
모든 교차점에 출입구를 설치해야 하는 이 거대한 울타리는 큰 불편을 줄
뿐만 아니라 경관을 해친다는 문제점을 가지고 있다.

튈르리정원을 가로지르는 한 주요 도로는 이런 문제를 피해 보고자
밤이면 이용이 제한되며, 이 동선을 이용하려는 사람들은 정원의
오른쪽이나 왼쪽으로 먼 거리를 이동하도록 강요받는다.

센트럴파크의 형태와 위치는 이러한 난제에 있어 독특한 사례이므로,
에이커 단위의 넓은 공원보다는 유럽의 일부 옛 도시에서 찾을 수 있는
길고 좁은 대로에서 그 선례를 찾아야 한다. 그러나 앞서 언급된 도로들은
일반적으로 유람이나 퍼레이드가 아닌 산책로로만 사용되고 있다. 길을
가로막지 않기 위해 골목길을 가로지르는 도로를 둑길 형태로 만들거나
높은 아치형 도로로 만드는 경우가 많다. 물론 이런 방식은 시야에
갑작스러운 단절을 만들기 때문에 모든 조경 행위에 방해가 된다.
센트럴파크에는 이와 같은 배치가 지닌 편의성을 유지하는 동시에 그로
인한 문제를 최대한 피할 수 있는 적용 방안이 필요하다.

설계 제안

위원회에 제출된 본 계획에서 각 횡단 도로는 공원의 일반 지표면 아래로
깊이 파고들어 가도록 설계되어 있다. 따라서 공원 [내부] 동선은 피할 수
없는 모든 교차점에서 뚜렷한 고저의 차이를 보이거나 가장 매력적인
경로에서 벗어나는 일 없이, 횡단 도로 위로 완전히 지나갈 수 있도록
했다. 양쪽의 둑은 약 7피트의 벽을 쌓아 경찰에서 요구하는 높이의 보호
장벽을 형성한다. 이 벽에 있는 둑 꼭대기나 경사면에 약간의 식재를
한다면 공원에서 걷거나 운전하는 이들 대다수의 시야로부터 횡단
도로와 그 위에서 움직이는 차량을 완전히 가릴 수 있다.

영구적으로 개방된 횡단 도로의 필요성과 관련하여 앞에서 설명한
우리의 관점이 올바르다는 가정 아래, 새로운 공원에 허용된
700에이커는 우선 5개의 개별적인 구역으로 확실하게, 그러나 어느 정도

눈에 띄지 않는 수준으로 세분되어야 하며, 필연적으로 여기저기서 횡단 도로를 가로지르는 내부 도로로만 연결되어야 한다. 그리고 저지대 도로 구조를 가진 횡단 도로를 만드는 계획이 승인된다면, 부지의 특성에서 볼 수 있듯이 설계안에 표시된 선 위에 배치되어야 할 것이다. 그렇다면 앞으로 해결해야 할 문제는 확연히 줄어들며, 조경가의 업무는 이제 할당된 700에이커의 공간을 적절하게 사용할 수 있도록 설계안을 배치하는 대신, 전체적으로 통일성 있는 효과를 내면서도 앞서 제안된 교차로와의 세부 특징에서 충돌을 피할 수 있는 계획을 세우는 데 집중할 수 있다. 현재의 계획은 이를 바탕으로 수립되었다. 저지대 횡단 도로가 생략되었다 해도 설계안이 덜 완성되지는 않았을 것이나, 또 한편으로는 그렇기에 횡단 도로가 설계안의 일반적 또는 세부적 효과를 실질적으로 방해하지 않도록 배치되어 있다.

내부 횡단 도로

앞서 설명한 바와 같이 공원로를 계획한 이후, 우리는 어느 정도 직선의 형태를 지닌 3개의 횡단 도로가 추가로 조성될 수 있음을 알게 되었다. 이 도로들은 전세 마차나 개인 마차처럼 공원에서 허락할 수 있는 모든 차량이 횡단할 수 있는 시설이 될 것이다. 따라서 주간에는 실질적으로 7개의 횡단 도로를 사용할 수 있게 된다. 공원을 가로질러야 하는 야간 차량은 도로 4개로 충분할 것으로 보이나, 주간 교통량에도 충분할지는 의문이다.

공원 외곽

공원 외곽의 야간 조명 설치가 제안되지 않았으나, 흥미로운 산책로가 지닌 이점이 야간에 어떤 식으로든 활용될 수 있을지 고려할 필요가 있다.

5번가(대로)[4]

5번가(대로)의 폭을 규제하는 뉴욕시 조례에 따르면 보행로와 차도를 제외한 양쪽에 15피트의 공간을 허용하고 있다. 따라서 공원 전체 길이에 걸쳐 산책로 용도로 폭 30피트의 공간이 이미 확보된 상태이다.

8번가(대로) 철로

8번가(대로)에서도 비슷한 구성 방식이 적용될 수 있다. 공원 쪽에 마차를 정차하는 경우가 없을 것이므로 철로를 산책로 가장자리 가까이 옮기는 것이 가능하다. 따라서 [대로 건너] 건물 쪽으로 마차를 위한 공간을 마련하고, 공원에 근접한 구역을 더 깨끗하고 편리하게 만들 수 있다.

59번가와 106번가

이미 적당한 폭을 지닌 남쪽 경계부[59번가]의 마차 도로를 이 이상 줄이는 것은 바람직하지 않다. 한편으로는 도로와 공원 모두 실제로는 같은 소유주, 즉 시의 자산이기 때문에 도로를 공원과 비슷한 방식으로 처리할 수 없을지 의문이 든다. 그 위치로 볼 때 이 도로는 시간이 지날수록 점차 교통량이 많아질 테고, 그에 따라 도로 폭을 넓혀야 한다는 주장이 제기될 것이다. 그러나 공원의 배치와 아름다움을 위해 시의 운영을 통해 다른 방법으로는 얻을 수 없는, 더욱 위엄을 띤 공간을 공원 외곽 경계부에 확보하고자 한다면, 현재 2.5마일의 길이로 계획된 도로 남단의 몇 피트를 제외한다면 해당 공간을 비교적 저렴하게 매입할 수 있을 것으로 생각된다. 남북으로 난 도로를 따라 달리다 보면 14번가와 23번가 같은 [주요] 거리와 그 중간에 있는 거리가 지닌 위엄성에 큰 차이가 있음을 쉽게 눈치챌 수 있다. 공원 입구에 도달하는 지점에서 이렇게 쉽게

---

4   원문에서 도로의 표시는 '대로'를 일컫는 '애비뉴(Avenue)'와 비교적 좁은 '도로'에 해당하는 '스트리트(Street)'로 나뉜다. 뉴욕의 경우 모든 대로는 남북으로, 모든 도로는 동서로 이어지며 직각의 격자형 도로 계획을 만들어 낸다. 본서에서는 번호가 붙은 모든 길을 '가'로 표시하되, 대로의 경우 '가(대로)'로 표기하여 구분했다.

얻을 수 있는 효과를 현재 도시 개발 계획에 따른 넓은 도로 폭과
일치하지 않는다는 이유로 포기해야 한다면 유감이 아닐 수 없다. 또한
저녁에 거닐 수 있는 산책로의 이점이 여전히 중요하다면, 6번가(대로)와
7번가(대로)에서 바로 접근이 가능한 유일한 지점인 해당 부분을
생략하는 상황은 심히 안타까운 일이 될 것이다.

경계선의 처리

공원에서 도로 건너편에 있는 주택을 시야로부터 가리고 그늘진
수평선을 구성하기 위해, 설계안에서도 볼 수 있듯이 보행로와 차도 사이
공원 외곽의 가장자리를 따라 가로수 심기를 제안한다. 5번가(대로)와
8번가(대로) 공원 입구에 가까이 가면 5번가(대로)를 따라 심은 가로수가
눈에 띌 것이며, 도로 폭을 확장했을 때 미관상 효과가 있을 것이다.
만약 5번가(대로)를 좁은 도로로 남겨 둘 경우 공원 경계선이 위축되고,
다소 삭막해 보일 것이 우려된다. 따라서 우리 계획에서는 이와 같은
배치의 장점과 실용성이 그대로 추진되리라고 가정하는 것이 적절하다고
생각했다. 만약 추진되지 않을 경우 이 도로는 우리 설계안의 본질적인
내용과는 무관하다는 점을 염두하기 바란다.

　어떤 경우에든, 거리와 도로의 공원 쪽 보행로를 조성할 목적으로
기존에 제공된 공간에는 우리가 앞서 제안한 것과 같은 일련의 가로수를
위한 자리가 마련될 것이다. 우리가 제안한 것처럼 모든 부분의 폭을 넓게
조정할 수는 없더라도, 연속적으로 이어지는 외곽 가로수길은 결코
포기할 수 없다. 이 가로는 여러 지점에서, 그리고 종종 상당히 긴
거리에서도 보이는, 가장 흥미로운 형태로 공원의 광범위한 전망을
만드는 높은 단을 형성할 것이다. 그리고 산책자의 안전을 보장하고
만약의 침입자로부터 공원을 보호하는 데에는 3~4피트 높이의 단순한
난간 벽 설치만으로 충분할 것이다.

↓ 5번가(대로)와 59번가가 만나는 공원 입구 전경, 1886.
옴스테드는 공원과 도시의 경계면을 처리하는
방법에 따라 공원의 효과를 극대화할 수 있다고
여겼다. 나무들이 높이 솟아 푸른 캐노피를 만들어
경계를 그려 내면, 도시에서 느낄 수 없는
확장된 공간감이 생겨난다.

5번가(대로) 공원 입구

도시에서 공원으로 가는 가장 멋진 접근 방식은 5번가(대로)를 따라가는 것임이 확실하다. 일반적으로 이 지점에 바로 출입구가 있어야 한다고 느낄 것이기에 이 방향에서 [왔을 때] 처음 도달한 공원의 각도를 특별히 주의 깊게 볼 필요가 있다.

도로의 경사각이 매우 커서 급격한 하강을 피하려면 상당한 토심을 채워야 하지만, 이 한 가지 어려움만 극복한다면 그 너머의 땅은 공원의 품위 있는 입구로서 큰 이점을 가지고 있다. 필요에 의해 인공적으로 처리된 땅에서 거대한 바위[T]가 발견될 텐데, 이는 주의를 끌기에 충분히 큰 자연적 요소가 되며 곧바로 인공 지형을 그다지 눈에 띄지 않게 만들 것이다. 다음으로, 경사를 따라 보이는 바위(큰 벚나무에서 북쪽으로 약간 떨어져 있음)의 자리에 서서 보면, 공원 방문객이 가장 자연스럽게 향하게 될 방향, 즉 공원 중앙 방향으로 짧은 거리 내에 있는 또 다른 바위 언덕[U]을 발견할 수 있다. 중간 지대를 살짝 들어 올리면 쉽게 도달이 가능하며, 오른쪽으로 방향을 틀면 자연스러운 지형(기존의 마차 도로를 따라 63번가를 지나는 지점)을 따라 공원 하반부의 중앙을 차지한 넓은 평지와 직접 연결된 고원 구역(파우더하우스 서쪽의 언덕 두 곳)으로 쉽게 오를 수 있다.

이 고원(현재 종묘장이 대부분을 차지하고 있다)에서 북쪽에 위치한 저수지에 이르기까지 공원의 거의 모든 모습을 조망할 수 있으며, 남쪽과 서쪽의 모든 방향에서 이곳으로 자연스럽게 접근할 수 있음을 알게 된다. 이는 우리가 도시 남단에서 공원 내부로 올 수 있는 모든 접근로가 모여드는 적합한 지점에 도달했음을 의미한다.

공원 애비뉴

하부 공원의 풍경에서 가장 눈에 띄는 지점인 비스타 바위[P]는 이곳에서 처음으로 뚜렷하게 시야에 들어오고, 다행히도 공원 경계선으로부터 대각선 방향으로 놓여 있어 가능한 모든 방향으로부터

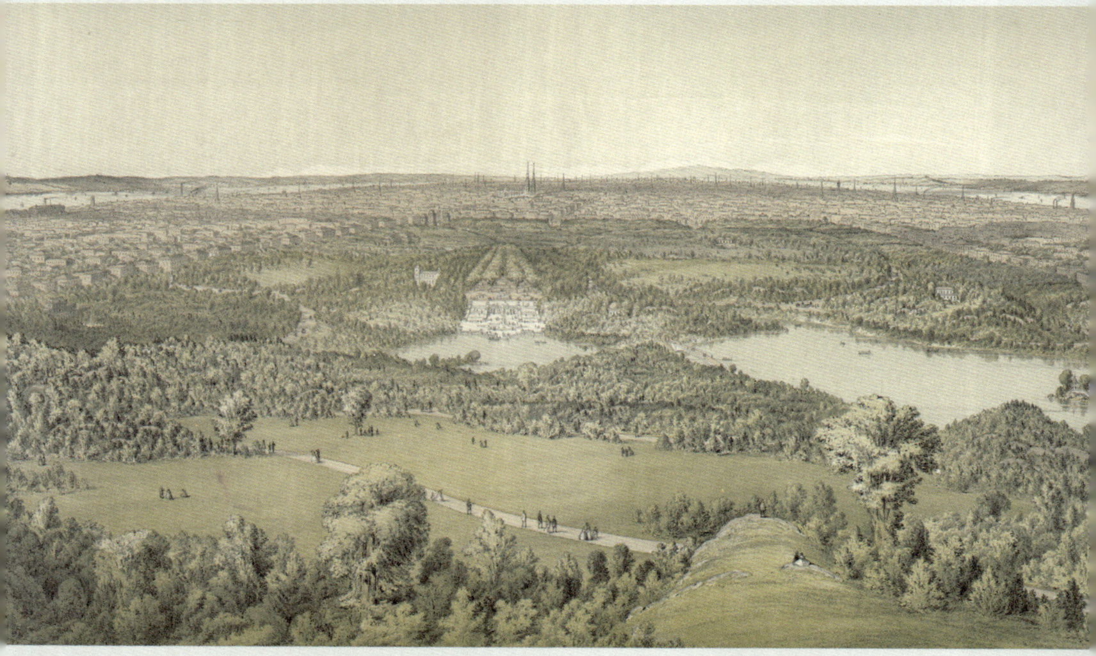

↑ 비스타 바위 전망대에 올라 바라본 남쪽 하부 공원과 그 너머 뉴욕시 전경, 1859. 센트럴파크 착공 후 1년이 조금 넘은 시기에 그린 것으로, 도면을 바탕으로 그린 부분 상상화이다.

↓ 센트럴파크 프롬나드(몰) 전경, 1902. 20세기 초반까지 공원은 사람 구경하기 가장 좋은 사교의 장 중 하나였다. 구불구불한 언덕이 이어지는 산책로가 개인의 사색을 위한 곳이라면, 비교적 널찍한 프롬나드는 도시 광장의 역할을 하기도 했다.

시야를 끄는 데 바람직하다. 따라서 우리는 이 시야각을 다음 단계에 충분한 모티브로서 받아들였다. 일반적인 원칙을 따르자면 대칭적 나무 배열을 피해야겠지만, 우리는 대도시 공원에 웅장한 산책로, 즉 평평하고 넓고 완전히 그늘진 곳이 필수로 포함되어야 한다고 생각한다. 이 결과는 다른 방법으로는 도저히 달성할 수 없으며, 애비뉴가 지닌 주된 목적에 부응하는 것일 뿐만이 아니라 그 자체만으로 웅장하고 훌륭한 요소가 너무 많기에 대형 공원 구성에서 필수 기능으로 인식되어야 한다. 반론의 여지가 있는 부분은 애비뉴가 경관을 둘로 나눈다는 점인데, 전체적인 효과를 최대한 저해하지 않으면서 그 필요성이 적용될 지점을 결정하는 것이 중요하다. 공원 전체의 지형적 특성은 매우 다양하며, 자연적인 처리를 요구할 뿐 아니라, 너무나도 픽처레스크하며, 그 특성이 아주 개별적이다. 그러므로 공원 애비뉴를 공원의 주요 특징으로 만들거나 특수한 목적을 위해 부지 내 큰 공간을 차지하게 한다면 이는 상식에 위배될 것이다. 공원 구성이 현재의 설계안을 따르게 된다면 애비뉴 역시 전반적인 공원 설계안을 따라야 한다. 그래서 우리는 이 애비뉴가 가능한 한 자체 완결성을 지니며, 주요 공원로의 일부가 되지 않아야 한다고 봤다. 어떤 도로가 웅장한 건축물로 이어져 결국 건축의 연장선이 되지 않는 한, 고작 0.25마일로는 어떤 위엄의 효과를 얻을 수 없다. [마차로] 운전이 가능한 도로는 2~3마일은 되어야 하며 그에 못 미치면 보잘것없고 실망스러울 것이다. 따라서 우리는 이 애비뉴를 프롬나드와 동일시하는 것이 가장 바람직하다고 생각했다. 프롬나드의 목적을 위해서라면 0.25마일은 충분하며, 나아가 대로나 야외 리셉션 공간을 위해서는 이 땅보다 더 좋은 장소를 찾을 수 없다.

공원 프롬나드

이처럼 눈에 띄는 곳에 자리한 데에는 이유가 있다. 우리 설계안은 이곳을 공원의 규모에 상응하는 크기의 인공 구조물로 보았다. 따라서 계획의 전반적인 배치에서 상대적으로 중요한 위치를 차지해야 하며, 개인 소유의 부지에서 저택이 차지하는 위상과 같은 것을 의도한 결과이다. 아무리 넓은 개인 부지에서라도 소유주에게 거주지가 가지는 중요성이 존재하나, 공공 공원에서는 아무리 규모가 작아도 이와의 유사점을 찾을 수 없다. 또한 후자의 경우 [공원의] 진정한 소유자인 방문객의 관심은 인공적인 아름다움보다 자연의 특징에 집중해야 한다고 생각한다. 바람직한 목적을 띤 우아한 건물들이 공공 공원에 적절하게 세워질 수 있겠지만, 우리는 그 모든 건축 구조물이 공원의 주요 개념에 복속해야 하며, 가장 큰 관심 대상인 시야를 방해하면 안 된다고 본다. 공원 개념 그 자체가 보는 이의 마음속에서 항상 최우선시되어야 한다. 이 기본 원칙이 매우 중요하다는 생각에 따라 우리는 애비뉴의 한쪽 끝 적절한 종료 지점에 상당한 범위의 경관적 명소가 자리하도록 프롬나드를 배치했으며, 남쪽 입구는 애비뉴의 특징을 방해하지 않으면서도 이 주요 프롬나드의 장식에 대한 고려가 충분히 이루어졌다는 인상을 주는 수준의 건축적 처리만으로 완곡하게 마감했다.

이 애비뉴는 하부 공원 배치 계획에서 가장 중심적인 요소라고 볼 수 있으며, 다른 세부적인 구성 요소들 또한 이 애비뉴와 어느 정도 연계하여 설계되었다.

연병장[5]

서쪽에는 약 25에이커의 연병장[D]이 있으며, 적당한 비용으로 땅을 평평하게 골라서 그 목적에 적합하게 조성할 수 있다. 또한 8~10에이커 정도의 부지 처리가 된 땅이 있는데, 이는 군사 훈련에 어느 정도 활용이 가능할 것이다. 잘 가꾼 잔디가 깔린 넓고 탁 트인 땅은 전반적인 설계안에서 상쾌하고 기분 좋은 요소가 될 터이며, 부지가 다른 모양이라면 여기에 표시된 것보다 규모가 훨씬 더 커질 것이다. 그러나 현

---

5 연병장은 군사적 목적을 가진 공간으로 설계되었다. 센트럴파크뿐만 아니라 19세기 조성된 여타 공원과 여러 오픈스페이스에는 연병장이 포함되어 있다. 이는 유사시 실제 군사 훈련을 목적으로 하는 한편, 군사 퍼레이드를 위한 공간으로도 종종 사용되었기 때문이다.

상황에서는 25에이커가 상기 목적을 위해 활용 가능한 최대치로 보인다. 8번가(대로)의 군용 입구는 이미 상당한 비용을 들여서 암석을 뚫어 놓은 69번가에 위치하도록 만들 것을 제안했으며, 내리닫이 쇠창살 문과 함께 픽처레스크적인 접근 방식을 제안하고 그 위로 주요 공원로가 연결된다.

경기장[6]

연병장이 차지하는 평탄한 지형의 자연적인 남쪽 경계는 66번가의 도로선에서 발생하는 급경사이다. 이 경사면을 타고 횡단 도로 중 하나를 깊숙이 건설하는 것이 제안되어 있다. 그 아래의 평평한 평면에는 도면에 표시된 대로 약 10에이커 규모의 경기장이 남쪽으로 뻗어 있다. [C] 우리는 공원의 남쪽 경계 근처에 도시 남단으로부터 가장 빠른 접근 수단인 6번가(대로)와 8번가(대로) 철도에서 멀지 않은 곳에 이 정도 규모의 크리켓 경기장을 두는 것이 매우 바람직하다고 보았다.

　이 경기장에는 적당한 크기의 건물 두 채를 제안했다. 하나[V]는 방문객이 경기 관람을 위해 부지를 내려볼 수 있는 큰 바위 위에 적절하게 위치할 것이다. 다른 하나[W]는 선수들을 위한 것으로, 다른 공원 출입구가 닫히더라도 경기장에서 바로 공원을 나갈 수 있도록 횡단 도로 출입구에 있다. 상당한 크기의 암석 덩어리 하나만 폭파하면 이 경기장을 목적에 맞게 조정할 수 있다. 그 위치는 도면에 빨간색 십자로 표시했으며, 제거 대상은 검토 시 확인이 가능하다. 이 부분의 설계는 세부 도면 2번에 설명되어 있다. 공원의 남서쪽 모퉁이 땅은 표시된 계획에 따라 8번가 입구를 만들기 충분할 정도로 메워지게끔 제안했다.

아래 호수

프롬나드의 남동쪽, 5번가(대로)와 6번가(대로) 입구 사이에 불규칙한

6　1856년 뉴욕시 공원위원회의 기록을 살펴보면 공원 계획 초기 단계부터 크리켓 경기를 치를 수 있는 공간의 필요성을 언급하고 있으며, 이는 공원 조성 조건이기도 했다.

모양을 띤 8~9에이커 면적의 호수[A]를 조성하는 것을 제안했다. 이 배치는 현재의 지형이 낮고 습하다는 점을 고려한 제안이다. 이 지점에 장식용 수공간을 공원 구성에 도입함으로써, 대담한 절벽의 픽처레스크한 효과가 경계면과 절벽을 따라 훨씬 증가할 것이다. 또한 이와 같은 자연적 경계를 통해 공원의 이 암석 지대가 쾌적한 산책이나 휴식을 위한 공간으로서 더 고요하고 매력적으로 보일 것이다. 5번가(대로) 입구에서 드러나는 이 부분 설계안의 효과는 세부 도면 1번에 표시되어 있다.

아스널(무기고)[7]

프롬나드의 남동쪽에는 현재 아스널 건물[L]이 위치한 공원의 일부가 있다. 이 땅은 기복이 있고 기분 좋은 느낌을 주어서 그늘 아래에서 쾌적하게 산책할 수 있을 것이다. 아스널 자체는 현재 전혀 매력적이지 않고 겨우 봐줄 정도로만 지어졌다. 그러나 박물관으로서의 목적에는 매우 잘 맞는 형태로, 많은 방을 갖추고 있다. 따라서 모양이나 쓸모를 변경하지 않는 선에서 큰 비용을 들이지 않고 필요한 만큼 외관을 개선할 것을 제안한다. 그리고 5번가(대로) 입구 근처에서, 또 공원 남단에서 이 건물이 노출된다면 너무 많은 관심을 끌 가능성이 있으므로 가능한 한 빨리 그 주변에 멋지게 자라날 큰 나무를 심어 몇 년 후에는 이 박물관이 전체 경관에서 과도한 주의를 끌지 않도록 할 계획이다.

음악당

프롬나드 동쪽에는 59번가 부근에서 72번가까지 0.5마일에 이르는 잔디와 나무 군락이 펼쳐질 것이며, 이것은 공원의 대표적인 공간이 될

---

7 아스널(arsenal)은 무기 공장 또는 무기고를 의미한다. 센트럴파크 조성 전 1840년대 후반에 지어진 존치 건물이며 주로 뉴욕주 민방위 부대를 위한 무기고로 사용되었다. 공원 조성 이후 경찰서, 동물원, 박물관 등으로 사용된 바 있으며 현재 뉴욕시 공원국 등 시 행정 사무를 위한 공간 및 갤러리 전시 공간으로 활용되고 있다.

↑ 아스널 건물 전경, 1914. 사진 뒤쪽의 벽돌 건물이다. 공원 조성 전부터 있었던
  옛 군사 시설이다. 조성 이후에는 옴스테드가 언급한 대로 다양한 용도로 활용되다가,
  현재는 아트 페어 등이 열리는 갤러리 전시 공간으로 쓰이고 있다.
  어빙 언더힐의 사진.

↑ 베데스다 분수 전경, 1896. 센트럴파크 몰의 북단에 위치한 베데스다 테라스를
  나오면 연못과 분수가 어우러진 수경관이 한눈에 들어온다. 분수 위에는
  엠마 스테빈스의 1873년작 '물의 천사(Angel of Waters)' 조각이 있다.

것이다. 이곳에서는 눈에 잘 띄는 위치에, 그리고 대형 산책로와 바로 연결된 곳에, 공모 지침에서 요구한 바에 따라 음악당 부지[N]를 따로 마련했다. 이 음악당이 지어질 때 열대식물 온실과 다목적 온실을 추가할 것을 제안했다.

이 부지는 거슬리지 않으면서도 눈에 잘 띄고 프롬나드나 주요 공원 출입구 중 하나에서 쉽게 접근할 수 있기 때문에 위와 같이 권장된다. 북쪽으로는 테라스나 베란다로부터 하부 공원에서 얻을 수 있는 최고의 전망을 감상할 수 있다. 또한 공모 지침에 따라 구성된 화훼 정원[O]에 가장 적합하다고 선정한 부지를 내려다보고 있다. 화훼 정원의 가장 매력적인 전망 공간은 기대하는 전반적인 모습을 방문객이 한눈에 볼 수 있도록 하는 그 위의 어느 지점이므로 이는 결정적인 이점이 된다.

화훼 정원[그리고 스케이트 연못, 비스타 바위]

이 정원은 프롬나드 북동쪽의 낮은 지대에 위치하며 5번가(대로)에 가깝게 설계되어 있으며, [5번가(대로)의] 중앙선 높이는 현재 지면으로부터 약 20피트 위에 있다. 앞서 언급한 이유로 우리는 이를 바람직한 것으로 간주한다. 제안된 아케이드 또는 베란다가 정원과 연결된 공원의 동쪽 벽에 건설되어야 하고, 도로와 같은 높이의 출입구에 구조물을 세워 현재의 지면과 그 위의 높이에서 정원을 바라볼 기회를 마련해야 한다고 제안했다. 물론 이 아이디어는 설계에 반드시 필요한 것은 아니며, 제출된 스케치는 향후 어떤 작업이 이루어질 수 있는지 보여 주기 위한 제안일 뿐이다.

화훼 정원의 계획은 그 자체로 기하학적이다. 불규칙하고 비교적 비정형적인 관목이 주변을 둘러싸며 공원과 연결하는 역할을 할 것이다. 표시해 놓은 바와 같이 중앙에는 유압기가 달려 높이 솟아오르는 분수 두 개를 위한 수공간을, 그리고 기타 작은 유압기도 제안했다. 어느 정도는 지면 아래로 설치될 것이므로 북쪽 벽과 연결되며, [이에 관해서는] 이탈리아의 유명한 트레비 분수의 벽과 같은 기반 구조 배치를 제안했다.

이 분수에 사용되는 물은 현재 아이스 스케이트용 연못에서 흘러넘치는 물과 저수지에서 공급되며, 이후 바닥이 포장된 반원형 대리석 수공간으로 떨어진다. 이런 분수는 물 공급이 충분하지 않다면 그 자리에 어울리지 않는다. 그러나 우리 계획에 할당된 위치에서는 이 목적에 필요한 모든 물을 조달하는 데 어려움이 없을 것이다. 따라서 이러한 조각 분수의 효과는 고사高射 분수에서 생성되는 것과 상당히 구별되기 때문에 제공된 기회를 활용하는 것이 바람직해 보인다.

이 부분에 대한 컬러 도면은 세부 도면 11번에 대축척으로 실려 있다.

프롬나드 북서쪽에는 경사면이 있어 건축적으로 흥미로운 여름 쉼터 [X]에 적합한 부지를 제공한다. 또 서쪽 8번가(대로) 근처에는 급격한 내리막 암석지로 끝나는 평평한 지형이 있어 작은 건축물이나 스낵 상점으로 적합할 것으로 보인다.

프롬나드 위쪽에서 북쪽의 바위 언덕을 바라보면 가장 높은 지점에 있는 비스타 바위[P]까지 한눈에 들어온다. 일반적으로는 이 바위 위에 탑을 세울 것이라 생각하겠지만, 그럴 경우에도 결코 큰 탑은 안 되며, 그러지 않으면 전체 경관이 파괴될 것이다. 프롬나드의 북쪽과 북서쪽의 낮은 지대는 공모 지침에서 요구한 스케이트 연못[B]으로 개조될 예정이다. 따라서 이 호수의 남쪽에서 보면 비스타 바위와 프롬나드 사이에 있는 약 14에이커 넓이의 픽처레스크한 경관이 더욱 돋보일 것이다. 도면과 세부 도면 3번에서 볼 수 있듯이 길에서 수공간으로 이어지는 테라스를 통한 접근[Y]이 제안된다. 이 기능은 절대적으로 필요한 것은 아니지만 전반적 효과에 많은 것을 더할 것이며, 현재 점유된 땅을 덜 인공적인 양식으로 처리하는 것이 선호된다면 향후 언제든지 도입될 수 있다.

비스타 바위 근처에 기존 저수지의 남쪽 벽이 있다. 이 벽은 공원 한가운데 전체를 차지하고 있으며, 특별히 매력적으로 만들기 어려운, 흥미롭지 않은 텅 빈 시설이다. 따라서 우리는 공원 계획을 세울 때 이 부분을 염두에 두고, 공원 하부에서 이 방향으로 이어지는 차로의 방향을

↑ 카지노 건물 전경, 19세기. '작은 건물'이라는 의미를 지닌
  카지노(casino)는 스낵을 파는 편의시설로 계획되었다.

↓ 새 저수지 남쪽의 27번 교량, 1960~1980. 센트럴파크 내
  주철로 만든 교량 세 개 중 하나로, 섬세한 장식이 돋보인다.

조정하여 저수지 벽을 완전히 피할 수 있도록 만들었다. 이에 따라 우리는 프롬나드의 남쪽 끝에서 차로 방향을 우회시키기 시작했다. 이는 설득력이 충분해 보이며, 이후 북쪽 코스로 저수지의 동쪽과 서쪽을 자연스럽게 지나갈 수 있도록 했다. 한 차로가 보행로 방향으로 진행되다가 호수가 자리를 차지할 것으로 예정된 지역을 가로지르게 된다면 필연적으로 이 저수지가 하부 공원의 최종 목적지로 기능할 텐데, 이는 바람직하지 못하다. 스케이트 연못은 이 직행하는 움직임을 제한하는 매우 자연스러운 장벽이 되고, 프롬나드를 [현재] 제안된 위치에 배치하고 제안된 곳에서 끝낼 이유가 될 것이다. 그리고 수공간의 가장자리를 따라 보행로를 이음으로써, 이 부근의 주요 전망을 보여 주는 차로를 연장할 기회가 생긴다. 또한 호수는 피크닉 파티와 쾌적한 산책에 적합하도록 언덕 너머로 고요하고 아름다운 경관 특징을 만드는 데 도움이 될 터이다. 저수지가 현재 위치에 조성되지 않는다고 하더라도 땅의 형태로 인해 자연스럽게 도로가 현재 표시된 방향과 상당히 유사하게 날 것이며, 공원 중앙 구역을 차로로 나누지 않도록 만들 것이다.

스케이트 연못과 비스타 바위 사이 지역의 관리 방안에 대해서는 그 형태와 현재 식물의 구성이 지닌 특성으로 알 수 있다. 이곳은 [자연이] 잘 보존되어 있으며, 큰 암석 덩어리들이 간격을 두고 떨어져 있다. 토양은 촉촉하고 유럽에서 소위 미국 정원이라고 일컫는 요소들, 즉 진달래, 안드로메다, 아잘레아, 칼미아, 로도라 등 진달래과의 강건한 식물을 재배하는 데 놀랍도록 적합하다. 미국풍나무, 생강나무, 백합나무, 사사프라스, 꽃단풍, 흑참나무, 철쭉, 안드로메다 등으로 구성된 현재의 식물 구성은 매우 복잡하고 흥미롭다. 현재 땅은 너무 많은 돌과 구분조차 어려운 여러 식물들로 뒤덮여 있다. 이것들을 치우고 가치 있는 것은 조심스럽게 남겨 두는 과정, 즉 앞서 제안한 것처럼 적절한 보행로를 만들고 풍부하게 식재하고, 종종 원추형 관목과 상록수를 도입하여 덤불의 단조로움을 방지한다면, 이 장소를 매우 매력적으로 만들 수 있다.

언덕과 호수가 접하는 곳에서는 수공간이 때때로 시야에 들어오거나
물이 보이는 탁 트인 전망이 나타나게끔 열린 공간을 넉넉히 남겨 두도록
제안했다. 또한 휴식과 여가를 위한 쾌적한 지점들을 제공하기 위해 질
좋은 잔디밭을 적당한 간격으로 조성하는 것이 바람직하다.

경기장

기존 저수지의 동쪽 및 남동쪽으로는 프롬나드 동쪽과 같이 지형이
전반적으로 편안하면서도 기복이 있는 특성이 유지되고 있어 유사한
방식으로 처리가 가능하다. 전체 공간은 잘 관리된 잔디밭으로 채워질
예정이며, 나무들은 군락 혹은 단독으로 빽빽하지 않으면서 상호
유리하게 심는다. 저수지 바로 동쪽에 있는 지역은 경기장을 목적으로
구분해 놓았으며, 주요 차로와 저수지 벽 사이의 땅에는 정원사 작업소가
딸린 별도의 정원이 제공된다. 이것은 앞서 설명한 화훼 정원과 관련하여
필요할 것이다. 저수지 서쪽의 땅은 불규칙한 성질을 띠고 있으며, 기존
저수지와 새 저수지를 지나 부지 상부까지 계속된다. 그러나 공원 용도로
남아 있는 공간이 저수지 벽과 제방으로 인해 너무 많이 축소될 것이므로
경관 효과가 확장될 것이라고 보기 힘들다.

윈터 도로

위와 같이 토양과 상황이 목적에 맞게 조정됨에 따라 이 지역에
약 1.5마일의 [겨울 경관이 아름다운] 윈터 도로를 배치했다. 상록수를 다소
빽빽하게 심되 낙엽수와 관목을 드문드문 도입하여 단조로움을
완화하고자 했다. 이 상록수 숲 사이에 넓은 잔디밭을 두고자 한다. 이는
키가 큰 방추형 나무가 있는 울창한 숲을 통과하는 느낌 대신 수목이
우거진 시골 지역을 통과하는 것과 같은 효과를 노렸기 때문이다.
[이곳에는] 한 그루의 나무나 잡목림이 스스로 지닌 독특한 특성을
유리하게 개발할 수 있는 충분한 공간이 있다.

↑ 비스타 바위와 스케이트 연못 사이 '램블스(Rambles)' 전경, 1866.
  전망대 역할을 하는 비스타 바위와 연못 사이에는 수풀과 수목이 어우러지며
  숲속을 걷는 듯한 착각을 불러오는 램블스가 있는데, 오늘날에도
  새를 비롯한 많은 동식물을 발견할 수 있다. 에드워드 앤서니 사진.

수목으로 둘러싸인 버소 정원 산책로

기존 저수지의 남쪽과 서쪽에는 이미 테라스가 형성되어 있으며
연속적인 수목림 또는 버소 산책로로 쉽게 전환할 수 있다. 따라서
저수지의 모든 출입구로부터 접근할 수 있게 하며, 벽 자체 역시
[교목으로] 심어질 것이다. 짙은 그늘을 드리우는 이 산책로의 효과는 바로
근처에 있는 비스타 바위에서 볼 수 있는 전망과 좋은 대조를 이룰 것으로
생각된다.

경찰서

이 지역의 북쪽 구간, 그리고 횡단 도로 중 하나와 연결된 곳에 감독관의
집, 공원위원회 사무실, 경찰서[Z] 및 마구간과 같은 여러 필요한 건물이

들어설 예정이다. 이 부지는 현재 경찰서의 위치에서 멀지 않은 곳에 있어
그 목적에 적합할 것으로 생각된다. 저수지 벽에 전용 출입구를 만들면
횡단 도로를 통해 전체 시설이 도시의 거리와 즉시 연결될 수 있으며,
동시에 눈에 거슬리지 않는 방식으로 [공원] 중앙 높은 지대에 위치시킬
수 있다. 계획에서 볼 수 있듯이 공원 도로에서 기존 저수지의 북쪽 횡단
도로까지 짧은 연결 도로를 구성하여 원하는 경우 이 방식으로 여정을
단축할 수 있도록 제안했다.

저수지 전망 도로

새로운 저수지는 제방이 높고 공원 내에서 공간을 넓게 차지하며 광대한
수공간을 전망하는 기회를 제공하겠지만, 일반적인 차로와 산책로에서
바라볼 때 경관적 명소가 되기에는 너무 높은 지점에 있을 것이다.
그러므로 그 둘레를 따라 전망 도로를 건설하고, 이 목적만을 위해
신중하게 준비할 것을 제안한다. 초기 비용이 다소 많이 들겠지만
1.5마일이 넘는 길이에 걸쳐 저수지 전망을 감상할 수 있고, 여러
지점에서 연결되어 있으면서도 일반 차로의 간섭을 받지 않는다는 장점
때문에 지출할 가치가 있다고 생각한다.

새 저수지의 동쪽에서 공원은 단순한 연결 통로 수준으로 축소되므로,
건축적 특성이 부여되지 않는 한 이 부분의 설계에서 만족스러운 효과를
얻기 어려울 것이다. 한편, 즉시 혹은 위원회의 자금을 써서 어떤 효과를
시도할 것이 아니라, 몇 년 동안 저수지의 높은 제방을 서쪽의 장벽으로써
받아들이기를 권한다. 이후 해당 부분에 상응하는 도시 지역이 상당한
수준으로 건설되고 난 이후에는 위원회의 비용을 들이지 않고도 우리
목적에 알맞은 풍부한 건축 효과를 얻는 것이 어렵지 않으리라 생각되기
때문이다. 100피트 아래 아케이드를 상당 수준으로 건설할 수 있으며, 이
아케이드 위로 저수지와 같은 높이에서 5번가(대로)가 내려다보이는 곳에
전망 도로를 건설하고 나머지 땅은 메울 것이다. 이 아케이드 뒤편에
조명을 설치할 수 있고 인기를 끌 법한 도로를 마주하고 있기 때문에,

↑새 저수지 북쪽의 28번 교량 디테일, 1960-1980. 센트럴파크에서 가장 유명한 주철
교량으로, 장식적 양식에서 이름을 따와 '고딕 교량(gothic bridge)'이라고도 불린다.
시원하게 뻗어나간 교량이 양쪽의 언덕을 자연스럽게 연결하는 한편,
고딕 양식에서 영감을 받은 하부 프레임이 좋은 균형을 이루고 있다.

머지않아 상점이나 기타 용도로 매우 가치 있는 부지를 제공할 것이다. 또한 그 길이가 약 0.3마일이므로 공원 기금에 부담을 주는 대신 임대료를 통한 수입원이 될 것이다.

보가두스 언덕 위의 타워

새로운 저수지 위쪽, 공원의 북서쪽 부분에 대해 우리는 매우 간단한 제안을 한다. 상록수 전망 도로는 보가두스 언덕 기슭에 거의 닿을 때까지 이어지고, 그 성격이 다소 바뀌면서 동쪽으로 회전한다. 이 지점에서 지선 도로는 교량 아래 개울이 웅덩이로 확장하는 지점을 건넌다. 이 도로는 언덕 꼭대기까지 서서히 능선을 타고 오르며, 전망대 타워로도 사용할 법한 공공적으로 중요한 기념물을 설치할 수 있는 부지를 제공한다. 아직은 상상에 불과하나 공원의 건설 초기 단계에서 대서양 횡단 전신 연결에 대한 이슈가 유리하게 진행된다면, 계획에 제안된 것과 같은, 혹은 세부 도면 9번에서 제안된 것과 같은 기념비가 이 사건을 기념하는 데 큰 의미를 가지리라 생각한다. 세부 도면 10번에서 제안한 것처럼 이 근처에 있는 맑은 물이 솟아오르는 기존 샘터의 픽처레스크한 효과가 더 커질 수 있을 것이다.

상부 공원의 중앙 부분은 가능한 한 개방적으로 열려 있으며, 설계안과 세부 도면 7번에 표시한 경기장의 목적에 부합할 만큼 지형을 평탄하게 맞출 수 있다. 현재 6번가(대로) 입구를 북쪽으로 만들 필요성은 거의 없다고 생각하지만, 그 위치는 표시해 놓았다.

수목원

상부 공원의 북동쪽 구역은 미국 수목을 전시하는 수목원으로, 원하는 모든 사람이 [미국] 북부 및 중부 지역의 야외에서 번성하는 수목과 관목에 익숙해질 수 있는 곳이다.

이 수목원은 정형적으로 배치된 것이 아니라 잔디와 삼림 지대 경관의 가장 아름다운 특징을 모두 보여 줄 수 있도록 계획되었다. 그리고 동시에, 생물종이 지닌 자연적 질서를 가능한 한 보존할 수 있도록 계획되었다. 따라서 식물학 생도라면 어려움 없이 모든 수목이나 관목을 찾을 수 있을 것이다. 우리는 공원 공모안의 구체적인 요구 사항과 되도록 적게 충돌하고자, 공원 예정지의 상부 구역에 위치한 약 40에이커의 이 지역을 선택했다. 선택된 장소는 5번가(대로)와 6번가(대로) 사이의 산등성이로 인해 나머지 부지와 어느 정도 분리되며, 마운트 세인트 빈센트 대학교의 건물이 일부 포함되어 있다. 목조 구조물은 철거하고, 벽돌 예배당은 영국 큐 정원과 비슷한 식물학 박물관과 도서관으로 개조할 계획인데, 좀 더 구체적으로는 조경과 장식용 정원에 관한 곳이 될 것이다. 공원 자체에는 자생종이든 외래종이든 잘 자라날 가능성을 지닌 모든 수목의 수많은 표본을 들일 예정이다. 그러나 본격적인 수목원에 필요한 공간은 수백 에이커를 차지할 테고, 또한 [이곳이] 미국이 지닌 큰 이점을 보여 줄 기회이므로 [수목원의] 특정 컬렉션을 미국의 수목으로 제한할 것을 제안한다. 다른 어떤 열대 지방 국가라도 이와 같은 컬렉션에 필요한 표본의 4분의 1조차 갖추지 못했다. 예를 들어 영국 전체에서 자생하는 수목 중 높이가 30피트 넘게 자라는 것은 20종 미만인 데 비해, 미국에는 그보다 5~6배나 많은 [수종이] 있다. 실제로 공원에는 이미 40여 종의 아주 크게 자라는 자생 나무가 있는데, 이는 유럽 전체에서 볼 수 있는 수종의 수와 거의 비슷하다.

　여기서는 트윈 잔디밭에 각 수종을 1~3그루씩 심고, 가지가 힘껏 뻗어 최대 크기에 도달할 수 있도록 충분한 공간을 확보할 것을 제안한다. 또한 각 수종의 효과는 집단 전시를 통해 보여 줄 텐데, 집단 식재 시의 특성이 드러나도록 할 것이다. 미국 노스캐롤라이나주의 북쪽에서 번성한다고 알려진 모든 자생 수목의 표본을 최소 세 그루 이상 심을 수 있고, 모든 관목의 표본도 여러 그루씩 수용할 수 있는 공간을 제공할 것이다. 하지만 후자의 경우 특별한 경우를 제외하고는 단독으로 심지 않고 덤불로서, 그리고 그들의 자연 습성에 가장 적합하고 눈에 가장 좋아 보이는 잡목림 덩어리의 밑단에 심을 것이다. 설계의 이 부분에 대한 자세한 내용은

↑ 센트럴파크 소로와 마차로의 모습, 1862. 자연스러운 소로(보행로)와 마차로가
얽히는 모습은 센트럴파크 이전인 영국식 풍경화 정원에서 이미 쉽게 찾아볼 수
있었다. 다만, 센트럴파크로 대표되는 옴스테드식 공원에서는 그 대상이 일반
대중으로 크게 확장된 것이 특징이다.

계획과 함께 제출한 수목원 설명 안내문에서 확인할 수 있으며, 여기에는 모든 수목 배치가 순서대로 제시되어 있다.

이상으로 우리 계획의 주요 특징을 언급했다. 공원의 여러 부분에서 사용하도록 제안한 다양한 나무를 특별히 구분할 필요는 없다고 생각된다. 가로수로는 미국느릅나무가 자연스럽게 사용될 만한 수종이라고 판단된다. 규칙적인 선을 따라 이들을 심었을 때 드러나는 훌륭한 효과가 수년 내 센트럴파크에서 실현될 수 있기를 기대한다.

이 계획에서 스케이트 연못의 남쪽 구역을 제외하고는 식재에 대해 특별히 언급해야 할 다른 부분은 없다. 이 구역에는 아열대 수종 전시를 위한 기회가 제공되며, 세부 도면에서 제안한 방식으로 공원의 해당 부분을 처리할 계획이다. 여기에 쓰일 수종 목록은 수목원 안내문에 첨부되어 있다.

이 계획에는 새 저수지의 물이 넘쳐흘러 항상 가득 채워진 상태로 유지할 수 있는 보가두스 언덕 기슭의 웅덩이와 연결된 작은 개울 외에는 어느 개울도 표시하지 않았다. 단순한 개울은 흥미롭지 않으므로 우리는 큰 공간에 관상용으로 물을 모으고, 현재 얕은 개울에서 공원을 통과하는 물은 지하 배수구를 통해 흐르게 하는 쪽을 택했다.

원칙적으로 보행로는 차로와 가깝게 그 형태를 따라 조성되며, 폭은 60피트로 하고, 차도와 보도 사이 4피트의 잔디 공간을 두는 것을 제안한다. 다른 전용 보도가 더 많이 도입되었음에도, 보행자가 마차와 그 안의 승객을 충분히 볼 수 있도록 전망 도로를 따라 연속적인 산책로를 허용하지 않는 계획이 뉴욕에서 인기 있을 것으로 생각하지 않는다.

이 계획에 긴 직선 전망 도로가 전혀 포함되지 않았음을 알 수 있을 것이다. [직선적인] 기능은 [불필요한] 말 경주가 일어날 기회를 제공할 뿐이므로 고심 끝에 피했다. 대중에게 있어 공원의 개념은 조용한 차로, 전망 도로, 산책 등을 즐길 수 있는 아름답고 푸른 오픈스페이스이다. 경마장으로 쉽게 전용할 수 있는 도로가 주요 명소 중 하나가 된다면 이 공간의 [정체성]은 보존될 수 없을 것이다.

2부 2장

실용적이지 않은
사상가의 단상

그린스워드 설계 전,
센트럴파크 조성 과정의 뒷이야기

많은 현대 조경가들이 '조경 landscape architecture, 造景'이라는 분야명을
처음 사용한 사람으로 프레더릭 로 옴스테드를 꼽는다.[1] 이전
영미권에서 사용되었던 '풍경 정원사 landscape gardener'라는 표현은
18세기 영국의 픽처레스크한 풍경식 정원에서 영향을 받았다고
여겨지는데, 이에 반해 옴스테드는 적극적이고 직접적으로 19세기
조경가의 역할이 '정원'의 영역에서 크게 확장했다고 여겨 '정원가'라는
표현 대신 '건축가'를 사용한 것이다. 특히 도시 경관을 다루며 공원과
파크웨이 parkway를 도시의 중요한 인프라로 설정했다는 점, 이후
도시미화운동에서 조경이 건축과 함께 도시 설계를 추진하며
본격적으로 전면에 등장했다는 점은 시사하는 바가 많다. 여기서
파크웨이란 공원과 같이 아름다운 자연 풍경을 다차선 도로와 접목시킨
대규모 가로수길을 의미한다. 대형 공원을 조성할 만한 부지가 없는
경우 가로수를 늘어세워 도시의 거리로 자연을 끌어와 공원이 주는
이점을 일부 누리게 한다는 점에서 사실상 공원의 확장을 노린 것이라고
볼 수 있으며, 동시에 가로수를 일렬로 심어 차선을 구분해 차선별 기능
구분을 꾀하기도 했다. 19세기 중반 파리, 베를린과 같은 유럽 도시에서
대형 가로수길이 생겨났지만, 옴스테드가 고안한 파크웨이는 이에 더해
대형 공원 사이를 잇는 간선 도로의 역할을 부여받았다는 특징이 있다.
이후 보스턴에서 본격적으로 활용되는데, 이에 관해서는 4장 「공원과
도시의 확장」에서 자세히 다룬다. 이처럼 옴스테드를 시작으로 북미에

---

[1] 이와 별개로 '조경'이 landscape architecture의 올바른 번역어인지에 대해 국내 조경계 내의
의견은 분분하다. 이에 관해서는 다음을 참고: 배정한 (2023), 「다시, 조경의 이름을 묻는다」,
『조경의 미래를 묻다』, 환경조경나눔연구원 엮음. 서울: 한숲, pp. 18–26.

'조경'이라는 분야가 산업이자 학문으로서 본격적으로 정착했다고 볼 수 있다. 그렇다면 옴스테드는 이 '조경'에 어떻게 발을 들이게 된 것일까? 또, 그가 마주한 센트럴파크의 첫 인상은 어땠을까?

이 글은 조경이라는 분야가 정착하기 전, 지형을 만드는 토목과 도시의 경관 사이에서 일어나는 업무에 관해 옴스테드가 회고적으로 쓴 글이다. 뉴욕의 도시공원 조성 결정을 둘러싼 정치적 상황에 대한 비판적이고 회의적인 태도와 자신이 지닌 공원에 대한 이상적 가치가 흔들리며 옴스테드가 감독관으로 임명되는 과정, 인부들과 관료들 사이에서 조율하며 겪는 문제들, 그 이후로 지속적으로 일어나는 갈등을 쉽게 상상할 수 있도록 만들어 준다.

글의 제목은 물론, 본문 여러 곳에서 '실용적이지 못한' 또는 '실용적인'과 같은 단어가 인물 표현에 종종 쓰였다. 여기서 '실용적인'으로 번역한 practical man이란 의역하자면 '효율성을 따지는 사람' 혹은 '정치에 능한 사람'을 가리킨다. 그러나 옴스테드의 원문을 읽다 보면 이 '효율성을 따진다'는 표현이 '효율성만 따진다'로 느껴지는 순간이 종종 생기는데, 이는 자신이 타인에 의해, 혹은 스스로 '효율적이지 못한unpractical' 이상주의자로 그려지는 반복적인 상황에 대한 답답함이 배어 나오기 때문일 것이다.

뉴욕의 공공 공원에 대한 공론은 1848년 다우닝 씨[2]가 발표한 기사에서
시작되었다. 그는 [지면을 통해] 적절하게 계획되고 관리되는 공공 휴양
공간이 우리의 대도시에 사는 시민들에게 가장 문명적이고 세련된
영향을 미칠 것이라는 강한 신념을 설득력 있게 촉구한 바 있다. 4년
후 안타까운 죽음을 맞이할 때까지, 그는 이 주제로 여러 편의 글을 써서
수시로 발표했다.

　이 주제에 대한 다우닝의 글은 주요 신문에 여러 번 실리며 호평을
받았으며, 그가 사망하기 직전에 뉴욕주 공동위원회는 A. C. 킹스랜드
시장의 주도로 이스트강에 위치한 150에이커의 부지에 공원 조성의
서문을 열었다. 이듬해, 이 계획의 성공으로 다른 사람이 얻어 갈 이익을
질투한 한 소인배 정치인이 또 다른 프로젝트를 제시하여 이 계획을
'저지'하려고 했다. 그는 자신이 제안한 땅이 지리적 중심성 외 다른
측면에서는 [공원에] 전혀 적합하지 않다는 사실을 알지도, 신경도 쓰지
않은 채 [도시] 중앙에 더 큰 공원을 조성한다는 그럴듯한 논거를 만들 수

2　당시 미국에서 가장 저명한 풍경 정원사이자 이론가였던 앤드루 잭슨 다우닝(Andrew Jackson
　　Downing)을 가리킨다. 여기서 말하는 1848년 기사는 다음을 참고: Andrew Jackson
　　Downing, "A Talk about Public Parks and Gardens[공공 공원과 정원에 대한 소고],"
　　Horticulturalist 3(3), 153-158, October 1848.

THE

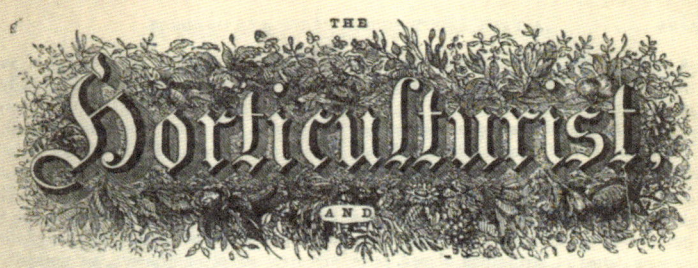

Horticulturist,

AND

JOURNAL OF RURAL ART AND RURAL TASTE.

| Vol. III. | OCTOBER, 1848. | No. 4. |

EDITOR. I AM HEARTILY GLAD to see you home again. I almost fear, however, from your long residence on the continent, that you have become a foreigner in all your sympathies.

Traveller. Not a whit. I come home to the United States more thoroughly American than ever. The last few months residence in Europe, with revolutions, tumult, bloodshed on every side, people continually crying for liberty—who mean by that word, the privilege of being responsible to neither God nor governments— *ouriers* expecting wages to drop like manna from heaven,—not as a reward for industry, but as a sign that the millenium has come; republics, in which every other man you meet is a soldier, sworn to preserve "liberty, fraternity, equality," at the point of the bayonet; from all this unsatisfactory movement—the more unsatisfactory because its aims are almost beyond the capacities of a new nation, and entirely impossible to an old people—I repeat, I come home again to rejoice most fervently that "I, too, am an *American.*"

Ed. After five years expatriation, pray tell me what strikes you most on returning?

Trav. Most of all, the wonderful, extraordinary, unparalleled growth of our country. It seems to me, after the general steady, quiet torpor of the old world, (which those great convulsions have only latterly broken,) to be the moving and breathing of a robust young giant, compared with the crippled and feeble motions of an exhausted old man. Why, it is difficult for me to "catch up" to my countrymen, or to bridge over the gap which five years have made in the condition of things. From a country looked upon with contempt by monarchists, and hardly esteemed more than a third rate power by republicans abroad, we have risen to the admitted first rank everywhere. To say, on the continent, now, that you are from the "United States," is to dilate the pupil of every eye with a sort of glad welcome. The gates of besieged cities open to you, and the few real republicans who have just conceptions of the ends of government, take you by the hand as if you had a sort of liberty-magnetism in your touch. A country that exports, in a single year, more than fifty-three millions worth of bread stuffs, that conquers a neighboring nation without any apparent expenditure of strength, and swallows up a deluge of foreign emigrants every season,—turning all that "raw material," by a sort of wonderful vital force, into good citizens,—such

↑ 앤드루 다우닝이 쓴 1848년 기사, '공공 공원과 정원에 대한 소고' 첫 장.
다우닝은 베를린에서의 경험을 바탕으로, 도시에서 누구나 언제든 갈 수 있는
오픈스페이스가 얼마나 큰 의미를 갖는지 설명했다. 익명으로 게재했지만
정황상 다우닝의 글이다.

있다는 생각만을 떠올렸을 뿐이고, 결국 이곳이 센트럴파크 부지로
채택되었다.

이 토지는 1856년에 이르기까지 완전히 인수되지 않은 상태였으며,
입법부는 아직 주 정부에 이에 관한 조항을 제시하지도 않았다. 그해
하반기 페르난도 우드 시장은 두 번째 임기가 끝날 무렵 공동위원회
설립의 근거가 되는 법을 수립했고, 도시거리위원회 위원장이었던 조셉
S. 테일러와 함께 이 [새로운] 위원회를 책임지게 되었다. 그들은 수석
엔지니어와 대규모 보조 인력을 임명했고 공원 사업으로 인해 6만 달러에
달하는 지출과 부채가 생겼다. 하지만 [공원 사업의] 반대자들이 주장하듯
그 결과로 얻은 것은 부정확한 지형도뿐이었다.

우리 도시에 일어나는 모든 정치적 악습의 배후에는 보통 무기력함이
존재한다. 때때로 수치심과 혐오감, 분노가 작동해 스스로 조직하고 큰
소리로 개혁을 요구할 때도 있다. 자리에서 물러난 정치인들은 이를 현직
정치인들을 퇴출할 기회로 삼을 뿐 아니라, 그들을 희생양으로 만드는
기회로도 이용한다. 형식과 방법만 조금 바꾸면 시민들은 낡은 악습을
이전보다도 더 너그럽게 받아들인다.

이러한 개혁의 폭풍 중 하나가 앞서 언급한 시기에 일어났는데, 결국
페르난도 우드는 사람들의 분노와 격분을 달래기 위해 떠나는 대표적
희생양이 되었다.

우드는 민주당원이었으므로 주의회의 다수를 차지하고 있던 공화당은
우드와 그의 동료들에 대한 대중의 일시적 혐오감을 이용했다. 그들은
선출된 시 정부에서 시행하려는 뉴욕시 운영 사업의 특정 부분에 대한
규제를 저지하고 이를 소위 비당파적 위원회에 넘겼다. 일부 공화당원,
일부 우드파 민주당원, 일부 '개혁파' 민주당원, 일부 무소속 등 아홉
명으로 구성된 이 위원회 중 한 명이 센트럴파크의 특별위원회에서
우드와 테일러를 대신할 것으로 지목되었다. 운영비를 위해서는
시의회로 가야 했는데, 시장의 편에 선 시의회 위원 대다수는 그 요청을
받아들이지 않기로 결정했다. 입법부가 제정한 [공원법이] 위헌이라고

법원이 선언하지 않는 한, [그들은] 결과적으로 운영비 지급을 할 의무가 있었다. 그러나 공급은 지연될 수 있고, 한 발짝 양보해서 [지급하더라도] 찔끔씩 진행되는 등 여러 어려움과 장애물이 위원회를 가로막을 수 있었다.

[한편] 두 가지 상당히 유의미한 움직임이 위원회에 유리하게 작용하고 있었다. 첫째, 시가 500만 달러를 들여 공원용으로 확보한 토지[의 개발에] 어느 정도 진전이 이루어져야 한다는 많은 사람들의 열망이 있었다. 둘째, 공원 건설 사업에서 만들어질 고용의 기회를 얻고자 하는 노동 인구의 욕구였다. 후자는 우드와 그의 지지자들이 지금까지 시의회에서 가장 많은 표를 받았고, 재선을 위해 의존하고 인기의 기반이 된 지역에서 가장 강력했다.

이에 대응하기 위해 [우드와 그의 지지자들은] 의회의 행위가 흑인 공화당원들과 노예제 폐지론자들이 지역 주민 다수의 의지에 반하여 자신들이 권력을 잡고 도시를 약탈하려는 폭압적인 권력 찬탈이라며 비난했다.

그러나 이러한 비난은 위원들이 무보수로 일하기로 했으며, 민주당원을 위원장으로, 또 다른 민주당원을 위원회 재무 감독으로 선출하고, 우드가 임명했던 엔지니어들 전체를 재임명했다는 사실에 직면해야 했다. [결국] 위원회가 민주당에 상당히 우호적이라는, 심지어 공화당 내에서는 위원회가 민주당에 완전히 넘어갔다는 목소리가 높아지기 시작했다.

이 시기에 한 위원이 일요일을 보내려 뉴헤이븐 근처의 바닷가 여관에 묵었는데, 내가 『미국 산간 오지 여행기 *A Journey in the Back Country*』[3] 원고를 마무리하고 있을 때였다. 그는 탁자 옆에 앉아 내가 앞서 적은 위원회의 역사에 대해 이야기하면서, 위원회가 지금 노동자들을 모집하고 있다고

---

3 옴스테드가 1860년에 발표한 저서로, 미시시피강 하류부터 목화 재배를 하는 남부 지역을 여행하며 쓴 여행기이다.

덧붙였다. 아직 예산이 없기에 고용된 사람들은 자신이 [추후] 받을 임금에 대해 위원들 개개인에게 책임을 묻지 않는다는 동의서에 서명해야 했고, 임금 대신 지급 약정서를 발행했다. 이는 공동위원회가 추후 예산을 승인할 때 지불해야 하는 것으로, 이 또한 대중의 관심을 끌 만한 부가적인 요소라고 말했다. 그는 다음 [위원회] 회의에서 [공원 건설] 관리 감독관을 선출할 계획이며, 공화당원을 뽑아야 한다는 자기 생각을 덧붙였다. 여러 후보가 있었지만 마음에 드는 공화당원은 없었고, 그는 나에게 적합한 사람을 알고 있는지 물었다. 나는 감독관의 업무가 무엇인지 물었다.

"감독관은 노동자 관리를 책임지는 엔지니어 중 최고 책임자가 될 것이며, 대중의 공원 사용과 관련하여 경찰을 지휘하고 적절한 규정이 시행되는지 관리할 것입니다."

"정치인이어야 하나요?"

"아니요, 공화당원이지만 정치인은 아니고, 실용성을 따지는 정치인이 아니라면 더욱 좋을 것입니다. 공화당은 개혁파 민주당의 협조 없이는 거의 아무것도 할 수 없고, 공원이 정치와 독립적으로 운영되어야 한다는 이해 아래 타협할 준비가 되어 있습니다."

내가 말했다. "그 말에 안심이 됩니다. 저는 올바르게 관리된 공원이 뉴욕에 미칠 선한 영향력에는 한계가 없다고 보는데, 그것이 좋은 관리의 필수 조건이라고 생각합니다."

"당신이 위원회에 있다면 좋겠지만 그러지 못하니, 아예 직접 이 감독관 자리를 맡지 않으시겠습니까? 어떠세요?"

그가 이 질문을 하기 전까지 나는 그 가능성을 전혀 생각하지 못했지만, 그는 내가 그런 생각을 하고 있을 것이라고 짐작했던 듯했다. 하지만 나는 즉시 웃으며 대답했다.

"그래요? 저에게 제안이 온다면 거절하진 않을 것 같습니다. 런던에서 공원만큼 제 관심을 끈 곳이 없었지만, 전 그 이상을 만들 수 있다고 생각합니다."

"글쎄요, [직접] 제안 드릴 수는 없습니다. 그것은 우리가 일을 하는 방식에서 벗어난 것이라서요. 하지만 당신이 지원하신다면 그 자리를 얻을 수 있을 거라고 봅니다. 하셨으면 좋겠습니다!"

"진심인가요?"

"네, 하지만 시간이 없습니다."

"무엇을 해야 합니까?"

"뉴욕에 가서 지원서를 제출하세요. 위원들을 만나고, 지인들의 추천을 받아 오십시오."

"오늘 밤 [뉴욕으로 가는] 배를 타고 가면서 생각해 보겠습니다. 아침까지 심각한 문제가 없다면 해보겠습니다."

그리하여 나는 이튿날 뉴욕에서 지인들을 찾고 있었다. 당시 그들은 여기저기로 흩어져 있었지만 내가 찾은 한 사람은 이 부탁을 온 마음을 다해 들어주었고, 며칠 만에 여러 무게감 있는 서명이 내 지원서를 탄탄하게 만들었다. 이제 그들 중 워싱턴 어빙의 서명이 있었다는 사실만을 언급하겠다.[4]

뉴욕에 도착했을 때 위원회 위원장이 외출 중이었으므로, 나는 우선 뉴헤이븐에 있는 내 친구가 보내 준 추천장을 들고 부위원장에게 전화를 걸었다.

공화당원이었던 부위원장이 반복해서 말하기를, 감독관은 민주당원이 되어서도 안 되지만 [동시에] 민주당원에게 가능한 한 불쾌감을 덜 주는 것이 바람직하다고 했다. 그는 이 점에 있어서 내 전망이 밝다고 생각하는 것 같았다. 그는 나에게 민주당 위원 중 매우 실용적인 사람과, 역시 매우 실용적인 엔지니어를 소개해 주겠다 제안했고, 그들의 판단이 호의적일 경우 자신의 지원을 기대할 수 있으리라 말했다.

이 실용적인 민주당 위원은 내가 현실 정치에 대한 경험이 없고, 시의

---

4 소설가이자 역사학자, 외교관이었던 어빙은 옴스테드가 「월간 퍼트남」의 편집장으로 있을 때 연이 닿은 것으로 보인다.

공화당 지도자들과 개인적인 친분도 없으며, 나에 대한 지지가
비실용적인 사람들로부터 올 것이며, 양당의 부패에 관해 도덕적으로
고결한 기준을 지니고 있음을 확인했다. 오랜 대화 끝에 그는 공화당이
나를 후보로 내세운다면 뉴욕시 정치의 수렁에 깊이 빠져 있고 정치에서
덕을 실천하는 것에 반대하는 공화당원 후보보다는 반대할 가능성이
적을 것임을 내게 이해시켰다.

공원 근처에 있는 어떤 집으로 엔지니어를 만나러 갔는데, 그 주변에는
수많은 노동자들이 각자 추천장을 든 채로 모여 있었다. 위원장이 써 준
추천장이라는 이유로 문밖에서 기다리던 사람들보다 내가 먼저 들어갈
수 있었다. 엔지니어의 책상이 있는 방은 취업 지원자들로 붐볐는데, 매우
더럽고 지저분한 재킷을 입은 채 가슴에 금색 별을 단 남자들이
지원자들의 추천장을 한데 모아 엔지니어에게 전달하고 있었다. 이
추천장들은 주로 공동위원회 위원들이 보낸 것이었다. 각각의 편지가
개봉되고 작성자의 이름이 확인되면 추천장 소지자는 현재 그에게
일자리가 없다는 말을 [그 자리에서] 바로 통보받거나, 추천서를 써 준
사람이 그가 추천장을 써 준 모든 사람 중에서도 [실제] 선호한다고 밝힌
제한된 수의 이름이 적혀 있는 [사전에] 제공한 명단에서 소지자의 이름을
찾았다. 거기서 [이름이] 발견되면 지원자는 더 이상의 심사 없이 티켓을
받고 지정된 날짜에 다시 전화하라는 지시를 받았다.

순서가 되자마자 나는 바로 추천장과 명함을 제시했다. 엔지니어는 몇
줄 읽고는 나를 힐끗 쳐다보더니, 추천장을 내려놓고 계속해서
노동자들을 검토했다. 나는 30분 동안 그들 사이에 서 있다가 내 명함을
가리키며 나중에 그가 덜 바쁠 때 볼 수 있겠는지 물었다. 그가 동의하는
것으로 보였으므로 나는 나가서 공원 부지를 바라보며 조금 걸었다. 채용
업무가 끝나기 전까지 세 번이나 다시 들어갔다 돌아 나왔다. 마지막에
들어갔을 때는 엔지니어가 떠나려던 참이었다. 나는 그와 함께 걸어 나가
시내로 가는 차에서 그의 옆자리에 앉았다.

그제야 무엇을 근거로 내가 그의 업무에 도움이 되리라 생각하는지

설명할 기회가 생겼다. 그는 차라리 실용적인 사람을 원한다고 대답했다. 나는 왜 내가 실용적인 사람으로 간주되지 않는지 알지 못했으나, [적어도] 이 방향으로는 기회의 문이 닫혀 있음이 너무 분명했다.

　다음날 부위원장에게 전화를 걸어 보았는데, 단 하룻밤 사이에 그의 마음속에서 감독관은 실용적인 사람이어야 한다는 마음이 커져 있다는 사실이 놀랍지도 않았다.

　공원위원회의 첫 번째 후속 회의에서 내가 선출되고 나서 얼마 정도 시간이 흐른 이후, 다른 위원 중 한 명은 내 서류에 워싱턴 어빙의 사인이 없었다면 [실용적이지 못한 사람이 안 될 이유가 없다는 사실이] 나를 패배시켰을 것이라고 말했다.

　하지만 아홉 명으로 구성된 전체 위원 중 한 명이 최종 투표에서 나를 지지했는데, 바로 내가 아는 최고의 당파주의자인 토머스 C. 필즈로, 그는 이후로도 내게 이 사실을 끊임없이 상기시켰다.

　선출이 끝난 후에도 내가 이 문제에서 벗어났다고 느끼지 않았음을 굳이 설명할 필요는 없을 것이다. 결국 실용적인 사람을 구하지 않는 것이 좋다는 결론을 내린 것인가, 아니면 그들이 결국 나를 실용적인 사람이라고 확신했던 것일까?

　이 위원들은 대부분 사업을 통해 큰돈을 벌었는데, 그런 점에서 워싱턴 어빙의 손을 들어줄 리가 없었다. 아니, 나는 나를 실용적인 사람이라고 본 그들의 가치 평가에 의해서가 아니라 내가 이해하지 못하는 다른 무언가에 의해 선출된 것이었다.

　다음에 공원 사무실에 도착했을 때, 내가 처음 경험했던 일이 반복되었다. 엔지니어에게 "당신에게 보고하라는 지시를 받았습니다"라고 말하자 그는 별 장식을 단 남자 중 한 명을 불렀다. "호킨에게 이쪽으로 오라고 하시오." 그리고 나에게 말했다. "호킨 씨에게 이미 지시 사항을 내렸소. 그는 내가 소위 실용적인 사람이라고 부르는 사람이고, 당신이 해야 할 일을 알려 주라고 전달할 것이오."

　코트도 입지 않고 무겁고 더러운 장화에 바지 아랫단을 넣어 입은,

↓ 센트럴파크 프롬나드 공사 현장, 1858. 베데스다 테라스로
   이어지는 프롬나드(몰)의 공사 모습. 비교적 넓고 평평한
   지형이었음에도 직선의 대로를 짓는 데에는 큰 공이 들었다.

↓ 센트럴파크의 공사 현장, 1859. 오늘날 센트럴파크는
   '언제나 그곳에 있었던' 것처럼 보이지만, 그 과정은
   대규모 토목 공사의 연속이었다.

신중하고 입을 함부로 열지 않으며 현명해 보이는 남자, 호킨 씨가 문을 열더니 물었다. "저를 부르셨습니까?"

"네, 이쪽은 신임 감독관 옴스테드 씨. 그를 데리고 공원을 둘러보며 무슨 일이 일어나고 있는지 보여 주고, 현장 소장들에게 앞으로는 그에게서 명령을 받으라고 전하시오."

"지금 말입니까?"

엔지니어가 나를 쳐다보았다.

"전 준비가 다 됐습니다."

"그래요, 지금."

사실 나는 이날 상급자에게 신고식이나 예비 보고를 할 생각이었으므로, 내가 바란 만큼 준비가 잘 되어 있지 않았다.

언덕을 넘어 지금의 램블 구역에 도착했을 때, 우리는 전정 기구와 갈퀴를 든 남자 여럿이 덤불을 모아 태우는 것을 발견했다. 근처 나무 아래 한 남자가 담배를 피우며 앉아 있었다. 우리가 다가가자 그가 일어섰다.

"스미스, 이쪽은 새 감독관 옴스테드 씨입니다. 앞으로는 이분에게서 지시를 받게 될 겁니다."

이 말이 들리는 범위 안에 있던 모든 남자들이 도구를 내려놓고 나를 쳐다봤다. 스미스는, "아, 저 사람이군요? 이제 우리가 한 단계씩 올라가겠군"이라고 말했다. 그가 웃자 남자들이 따라서 미소를 지었다.

"스미스 씨는 무슨 일을 하는 겁니까?" 내가 물었다.

"그는 여기저기 기웃거리며 모을 수 있는 것을 다 태우고 있습니다." 호킨 씨는 계속 말을 이어갔다.

"또 뵙겠습니다, 아마도." 스미스는 여전히 웃으며 말했다.

"네, 좋은 하루 보내십시오."

이 과정은 한 그룹에서 다른 그룹으로 넘어가며 큰 차이 없이 열다섯 번 정도 반복되었다. 당시에는 약 500명의 인부가 일하고 있었다. 그들은 거의 모두 민주당원이었고, 모두 민주당원에 의해 이 자리에 있었고, 그

민주당원 역시 우드가 먼저 임명했었고, 대부분 공동위원회의 민주당원들이 우드에게 소개를 한 사람들이었다. 그래서 공동위원회가 공화당의 이익을 우선하고 우드를 물리치기 위한 수단으로만 운영될 것이라는 생각은 상당히 옅어진 상황이었다.

사무실에 서 있는 동안, 나는 채용 시 노동자들의 외견상 체력이나 활동 능력이 전혀 고려되지 않았음을 알아차렸다. 인부들은 자신보다 훨씬 더 일을 잘하는 사람을 제치고 자신이 선택된 것이 공동위원회의 어떤 위원이 자신의 임명을 요청한 덕분이라고 믿어 의심치 않았다. 또한 그들이 도시나 공원을 위해 봉사할 수 있는 특별한 적성이 있어서가 아니라, 다가오는 지방 선거를 염두에 두고 주요 회의에서 자신이 제공하리라 기대하는 행동을 이유로 후원자의 요청이 있었다는 점을 알았다. 그들은 임금을 언제 받을지 기약이 없었으며, [언젠가 받더라도] 제대로 노동에 대한 대가를 받지도 못하리라는 불확실한 약속만 받은 상태였다.

이 상황에서 스미스 소장이 이제 한 단계 올라갈 것이라 유쾌하게 말했을 때, 그리고 그 말에 부하들이 함께 웃은 까닭은 분명하다. 매일매일의 일당으로 성실한 하루의 업무에 관한 결과를 기대할 수 있다는 생각이 좋은 농담으로 들렸던 것이다.

그날 스미스 소장뿐 아니라 그 누구도 나를 가리켜 실용적인 사람이 아니라고 입 밖으로 말하지는 않았지만, 나는 그들의 눈과 미소에서 그것을 보았고 깊이 느꼈다. 사실, 다른 이유 때문에라도 나는 순회가 끝나기 훨씬 전에 이미 롱부츠를 신고 코트를 두고 왔으면 좋았을 텐데 싶었다. 그날은 무더위가 절정에 달한 무더운 오후였는데, 나를 이끈 이는 자신의 실무 능력을 과시하느라 검고 끈적한 진흙탕 한가운데를 통과해 나갔고, 내 다리는 몇 번이나 절반 가까이 잠겼다.

그는 오후 내내 업무 외적인 말은 전혀 하지 않았다. 그런데 내가 마지막 수렁을 빠져나와 그루터기에 다리를 쳐서 진흙 덩어리를 털어 내려고 잠시 멈췄을 때, 그가 돌아보며 말했다.

"이런 종류의 일에 익숙하시리라 봅니다."

그는 나보다 몇 살 아래이고, 그가 1마일을 겪을 때 나는 50마일을 겪어 왔을 가능성이 높다고 생각한다. 당시 공원에서 진행 중인 작업 중 내가 전에 겪어 보지 않은 작업이 단 하나도 없었고, 그는 그 말을 진지한 표정으로 건넸다. 그럼에도 나는 그가 속으로 조용히 웃고 있다는 것과, 나를 신참으로 여기고 있음을 뼈저리게 느꼈다. 나는 공원이 이렇게 지저분한 곳인지 몰랐다고 돌려 말하며 직접적인 대답을 피했다. 사실 지대가 낮은 곳에는 돼지우리, 도축장, 뼈 삶는 작업장의 오물이 넘쳐 났고 그 악취가 역겨울 정도였다.

이후 며칠에 걸쳐 이 그룹, 저 그룹 사이를 돌아다니며 업무를 영리하게 익혀 나가기 위해 나는 질문하고 제안을 했는데, 그 모습과 과정에서 유머를 자극하는 무언가가 있었던 것 같다. 마치 모두가 함께 짓궂은 장난을 치는 것 같았다. 내가 기억하는, 좋은 동료애가 느껴졌던 가장 인상적인 순간은 [내가 돌아다닌 지] 사흘째 되던 날이었다. 신문을 읽고 있던 소장에게 내가 갑자기 다가가자, 그가 외쳤다. "안녕하신가, 프레드[5] 자네는 [여기] 너무 자주 오는 것 아닌가?"

[이후로도] 누군가를 해고하거나 해고를 예고할 권한이 없었기에, 문제를 일으키는 사람이 있다면 무지, 건망증, 우발적 사고라고 최대한 가정했다. 그 대신 스스로 임무에 더 많은 주의를 기울이고 조심스럽기를 바란다고 권유하는 것이 낫다는 것을 깨달을 수 있었다.

---

5 옴스테드는 가족과 친구들로부터 종종 프레드(Fred)라고 불렸고, 글이나 편지를 쓸 때도 프레더릭을 줄여 프레드로 스스로를 지칭하곤 했다.

2부 3장

정원사들에게
보내는 글

공원을 유지하고 관리하기 위해 필요한 마음가짐

1871년경, 옴스테드는 뉴욕 공원위원회에 센트럴파크의 각 구간을 담당할 정원사를 고용할 것을 제안했다. 이미 토목과 구조적인 부분의 공사는 상당히 마무리된 상황이었고, 앞으로는 세부 식재와 유지 관리 및 보수를 위한 원예 전문가의 투입이 필요하다고 본 것이다.

원문에 붙은 메모에는 '정원사들에게 보내는 감독관의 글'이라는 제목이 제시되어 있다. 다만 특정인에게 보내는 메시지라기보다는 센트럴파크를 설계하고 현장 시공까지 담당했던 감독관으로서 업무를 올바르게 넘기기 위한 인수인계서에 가깝다. 특히 눈에 띄는 내용은, 앞으로 고용될 정원사들이 고려할 원칙 중 하나로 아주 작은 구역의 어떤 특별한 효과를 확보하기 위해 주어진 재량권을 사용하여 공원이 가진 광범위한 경관 효과를 희생해선 안 된다고 신신당부한 부분이다. 이미 10년 가까운 세월에 걸쳐 공원위원회와 크고 작은 갈등을 겪었던 옴스테드로서는 공원 관리가 더 많은 사람들 손에 넘어갔을 때 벌어질 법한 일을 방지하고 싶었으리라 짐작된다.

오랜 세월 동안 인류와 함께 발전해 온 '정원'과 달리, 19세기 '공원'은 아직 그 실체가 명확히 정의되지 않은 상태였다. 물론 현재도 '정원'과 '공원'은 직접 경험하기 전에는 쉽사리 구분되지 않는다. 달리 말하자면 그 차이가 확실히 느껴지는 지점은 스스로 체감하는 감각적인 부분에 해당한다고 볼 수 있을 것이다. 옴스테드는 이 경험적 차원에서 공원이 정원과 확실하게 구분된다고 보았으며, 훗날 공원이 설계가의 손을 떠나 유지 관리의 단계로 넘어가더라도 번잡한 도시 한복판의 넓은 녹지가 지닌 이점이 최대한 유지될 수 있도록 많은 고민을 했으리라 보인다.

오늘날까지도 공원과 정원의 관계는 명확하게 정리되기 힘들다. 그럼에도 현재 많은 공원에 특별하게 설계된 정원들이 생겨나고 있고, 반대로 정원이라 명명된 공간을 공원처럼 조성하고 사용하는 경우도 더러 있다. 우리가 명심할 것은 옴스테드가 설명한 것처럼, 어느 한 부분에 치우치지 않고 장기적 관점에서 그 공간의 효과를 고려해야 한다는 점이다. 이번 글은 이후 공원을 넘어 도시로 확장된 옴스테드의 시선을 보여 준다는 면에서 하나의 변곡점으로 이해할 수도 있을 것이다.

잔디, 나무와 관목, 자갈, 수공간(배수관과 수도관 등 구매한 것을 모두 포함한)
아래로 지금은 눈에 보이지 않는 공원의 기반을 만드는 작업이
수행되었으며, 여기에는 지난 16년 동안 1천여 명의 노동이
투입되었습니다. 이 작업의 유일한 목적은 그 위에 형성될 어떤 것의
토대를 마련하는 것이었습니다. 이 어떤 것의 가장 중요한 부분은 앞으로
공원의 구역별 담당 정원사들에 의해, 그들의 지시로 수행될 작업에 의해
만들어질 터입니다. 그러니 각 구역 정원사의 지혜와 효율성에 따라 앞서
수행했던 막대한 준비 작업의 가치가 좌우될 것입니다. 만약 이와 다른
평범한 동기로, 또는 준비 작업의 목적과는 다른 결과를 얻기 위해
일한다면 앞서 실시한 준비 작업은 헛수고에 지나지 않게 됩니다.
그 말인즉슨, 설사 원래의 의도보다 나은 것을 목표로 삼더라도 그 의도를
좇아 최선을 다하는 정직한 사람이 필요하다는 것입니다. 만약 다르면서
동시에 더 나은 정원을 조성하고 싶다면 아직 센트럴파크의 목적에 따라
조성이 충분히 진행되지 않은 땅에서 [그 목적의] 달성을 위해 노력해야 할
것입니다.

　따라서 각 구역의 정원사는 공원의 원래 목적을 현명하게 이해하고
채택하며, 이를 수행하기 위해 진심 어린 마음으로 모든 능력을 발휘하는
것이 바람직합니다.

이 글의 목적은 많은 정원사들이 빠지곤 하는 잘못된 견해에 주의를 주는 한편, 공원의 목적에 대한 몇 가지 주요 사항을 정리하는 것입니다.

공원의 토지를 매입하고 건설하기까지 막대한 시민의 세금이 사용되었을 뿐 아니라 유지 관리에도 상당한 비용이 듭니다. 또한 여러 건물 부지를 수용하고 도로와 거리를 막은 탓에 사람들이 원래보다 훨씬 더 멀리 이동해야 하는 등 심각한 불편을 초래하기도 했습니다. 모든 정원사는 이 모든 지출과 불편이 무엇을 위한 것이었는지 제대로 이해하고 명심해야 합니다. 이는 단순히 시민들에게 신선한 공기와 운동 기회를 제공하기 위해서가 아니었습니다. 그것뿐이었다면 훨씬 적은 비용으로 공원에서 제공하는 것 이외의 방법을 통해 가능했을 것입니다. 단지 유흥을 위한 장소를 제공하고 호기심을 충족시키고 지식을 얻기 위한 것이 아니라 사람들의 마음에 영향력을 끼치고 이를 통해 도시의 삶을 더 건강하고 행복하게 만드는 것, 이것이 공원 조성의 목적이자 정당성입니다. 이 영향력이란 시적인 성격을 지니고 있는데, 일반적인 도시의 생활 환경이라면 정신에 부정적인 기분이나 습관에서 벗어날 수 있는 풍경을 관찰함으로써 생겨나는 것입니다. 일반적으로 경관에 자연스럽고 단순한 것이 많을수록, 그리고 명백히 인공적이거나 인간이 빚어냈음을 암시하는 것이 적을수록 이 목적에 잘 부합합니다. 그러므로 [공원의] 혜택을 받을 사람이 소수에 불과하다면 도로나 다리, 건물이 아예 없는 편이 나을 것입니다. 하지만 온갖 계층과 각각의 상황에 놓인 다수에게 혜택을 제공하려면 대중의 수요에 따라 광범위하게 준비해야 하며, 목적에 맞는 시설이 부지의 상당 부분을 차지할 필요가 있습니다. 이를 고려하지 않는다면, 공원에서 진행된 기존 작업의 목적은 주로 나무와 식물의 성장을 통해 다양한 자연 경관을 조성하도록 유도하는 것이라고 볼 수 있습니다. 바위와 물의 목적도 이와 같으며, 도로와 산책로, 벤치 등 시야에 들어오는 구조물 역시 오직 사람들이 이곳을 더 잘 즐기도록 돕기 위한 것입니다.

센트럴파크의 나무, 식물, 잔디 위에서, 또는 그 사이에서 작업하거나

↑ 센트럴파크의 고요함 속에서, 1909. 센트럴파크 곳곳에는 나무 사이 수풀이 우거져
고요히 명상할 수 있는 공간이 마련되어 있었다. 스테레오 트래블 사진.

↑ 철쭉이 활짝 핀 식물원, 1901. 옴스테드가 이 글에서 조심스럽게 경계하듯,
공원에서 정원은 반드시 필요하되 공원의 고유 성질, 즉 오픈스페이스가 주는
확장된 감각을 유지하면서 조성되어야 했다. 스테레오 트래블 사진.

감독할 때 재량권을 지닌 모든 이들이 지속적인 세부 지시 없이 안전하고 현명하게 업무를 진행하고자 한다면 숙지해야 할 것이 있습니다. 과연 공원의 목적이 무엇이며, 자신들이 하는 일이 그 목적에 가장 적합한 방식으로 공원을 개선하는 데 어떻게 도움이 되는지 이해하는 것입니다.

관리인, 정원사 등 센트럴파크에서 재량권을 지닌 모든 이들에게 전합니다.

재량권을 지닌 누구나 공원 관리 시 항상 염두에 두어야 할 몇 가지 기본 사항이 있습니다.

1. 올해나 내년에 공원을 방문하는 인원은 앞으로 이어질 공원 방문객 규모에 비해 극히 일부에 불과합니다. 만약 공원을 당장 조성해야 하고, 특히 앞으로 몇 년 동안의 사용만을 고려하여 조성한다면 매우 다른 기본계획, 매우 다른 식재 방법, 매우 다른 수목 관리 방법이 적절할 터입니다. 그 누구도 일시적인 효과를 확보하기 위해 미래에 있을 이점을 희생하면서 재량권을 사용해서는 안 될 것입니다.

2. 뉴욕시에서 센트럴파크의 특별한 가치는 과거에도 그랬고 지금은 더욱 그렇지만, 그 큰 규모에서 나옵니다. 뉴욕 어디에도 그만한 규모와 넓이의 공원이 없기에 다른 곳에서는 누릴 수 없는 아름다움이 존재합니다. 화단의 아름다움, 전나무 한두 그루가 주는 아름다움이라면 0.5에이커의 평평한 땅에서, 심지어 도시 주택의 뒷마당에서도 누릴 수 있습니다. 700에이커에 이르는 센트럴파크 부지는 그보다 잘 활용될 수 있다고 봅니다. 예상컨대 센트럴파크의 특별한 가치는 넓은 경관과 수목들, 그리고 바위와 잔디와 물의 조합이 주는 아름다움에서 나옵니다.

그 누구라도 주어진 재량권을 사용하여 전반적인 공원의 효과, 특히 광범위한 경관이 가져오는 효과를 희생하면서까지 아주 작은 구역의 [경관] 효과를 확보하려 해선 안 됩니다.

3. 어떤 장소에서는 좋고 아름다운 것이 다른 곳에서는 그렇지 않을 수 있다는 점을 기억해야 합니다.
   혹자는 개인 주택과 연결된 정원이나 잘 조성된 화원에서 훌륭하다고 여겨지는 것이 센트럴파크에서도 훌륭하게 그 역할을 해내리라 생각합니다. 이것은 큰 실수입니다.

수많은 방문객을 수용해야 하는 공원에는 도로와 산책로를 만들고 건물과 여러 구조물 및 시설을 많이 설치할 필요가 있습니다. 이러한 인위적인 시설과 어울리면서 질서 정연한 구성을 유지하고, 편의성과 경제성을 고려해 바위를 배치하고 나무와 관목을 심어야 합니다. 그러나 이러한 이유를 제외하면, 공원에서 이루어지는 모든 작업은 방문객이 마치 도시에서 멀리 떨어져 있는 것과 같이 느끼게 만든다는 단 하나의 목적을 위해 이루어져야 합니다. 방문객 편의를 위해 설계한 것들을 제외한다면 눈에 보이는 모든 것에 사람의 손길이 닿지 않은 것처럼 보이는 것이 좋습니다.

예를 들어, 몰[1]은 많은 방문객이 함께 걸을 수 있도록 편의를 제공하고 가능한 한 개방된 전망을 만드는 것이 목적입니다. 이 목적을 분명히 드러내고 또 완벽하게 수행하기 위해서는 넓은 산책로에 바로 인접한 땅을 너무 고르게 또는 평평하게 다듬지 말고, 잔디를 너무 가늘게 또는 촘촘하게 관리하지 말고, 시야를 가장 적게 방해하면서 최대한의 그늘을 제공할 수 있는 나무를 지나치게 조심스레 배치하지 말아야 합니다. 반면 공원의 다른 구역들에서는 이와 같은 지면 처리와 수목 배치가 바람직하지 않습니다.

[방문객의] 흥미를 유지하기 위해 공원의 일부는 다른 부분과 강하게 대비되어야 합니다. 따라서 여유가 된다면 볕이 고르게 내리쬐고

---

1 앞서 그린스워드 설계안에서 '공원 프롬나드'로 이름 붙여졌던 구역을 의미한다. 몰(mall)은 공원과 같은 오픈스페이스에서 가로수가 양쪽으로 늘어선 넓은 직선형 대로를 의미하며, 그 어원이 옛 공놀이의 일종인 '펠멜(pall-mall)' 경기장에서 비롯되었다고 보는 견해가 많다.

↑ 센트럴파크에서 보이는 뉴욕시 전경, 1869. 넓게 펼쳐진 잔디밭에 양 떼가 보인다.
공원에서 양을 키운 것은 풀을 먹여 잔디 높이를 고르게 유지하고, 아이들에게
우유를 먹이기 위해서였다. H. A. 퍼거슨 그림.

그림자가 넓게 드리우며, 잔디의 부드럽고 단순하며 깨끗한 표면과 가지를 사방으로 뻗을 충분한 공간에서 자유롭게 자란 나무가 매우 파편적이며 선, 색, 빛, 음영이 넘쳐나는 지표면에 있는가 하면, 특히 영양이 풍부하고 너무 건조하거나 너무 축축하지 않은 토양이라면 거친 땅에서 자연스럽게 자라난 것처럼 구부러지고 이리저리 뒤섞인, 다소 협소한 공간에서 자란 듯한 나무, 덤불, 식물과 대조를 이루어야 할 것입니다.

이와 같이 초원과 빈터에서 표면이 완벽해 보이는 잔디는 짧고 고르게 자라는 봄에만 자연적으로 유지되지만, 이를 짧은 주기로 관리한다면 여름 내내 아주 잘 유지할 수 있습니다. 따라서 이러한 효과가 필요한 지면을 준비할 때는 잔디 표면을 인위적으로 보일 정도로 평평하게 만들지 않으면서도 너무 치밀하고 매끄럽고 고르게 만들지 않아야 합니다. 반대로 잔디 외의 식물을 자유롭게 관리한다면 잔디를 너무 짧게, 또는 너무 매끄럽게 유지해서는 안 됩니다. 그러나 동일한 원칙에 따라 다른 곳에서는 또 정반대의 관리가 필요할 때도 있습니다. 이런 곳에서는 지표면이 다소 거칠고 험해야 하며, 나무와 관목은 무리 지어 자람으로써 매우 다양한 특징을 보이고, 일부는 위로 뻗고 일부는 땅으로 처질 것입니다. 깔끔하고 짧게 관리한 잔디의 매끄러운 표면 대신 다양한 종류의 초목류가 필요하며, 어떤 것들은 서로 겹쳐서 두서없이 함께 심겨 있거나 덩굴, 기는 식물, 이끼, 양치류와 함께 있어야 합니다. 이 두 가지 유형의 공원 구역이 상호작용을 해야 하는 장소들이 있을 테고, 이 경우 지표면과 식재는 상호적으로 작용할 수 있어야 합니다.

공원과 도시의 확장

도시의 확장이 불가피하다면
우리는 앞으로 어떤 도시를 만들어야 할까

옴스테드가 그려 낸 공원을 목가적이라고 칭할 것인가, 아니면 도시적이라고 칭할까? 앞의 글을 살펴보면 급격한 인구밀도 상승과 도시 확장에 대비해 목가적이고 픽처레스크한 공원을 도시 한복판에 삽입해야 한다고 주장한 것이 크게 와닿는다. 그러나 다른 관점에서 이를 해석하면 공원이란 필연적으로 도시적 인프라가 된다. 애초에 목가적 경관에 목가적 공원을 삽입할 이유란 없기 때문이다. 즉, 옴스테드의 공원 개념은 필연적으로 당대 도시에 대한 사회적 인식과 우려, 대응의 차원에서 살펴봐야 그 의미가 와닿는다.

4장 본문은 1870년 2월 25일, 「Public Parks and the Enlargement of Towns」라는 제목으로 옴스테드가 로웰 연구소 보스턴 사회과학협회에서 발표한 연설문이다. 현장을 기반으로 공원과 도시의 관계를 예측하는 설계안이나 설명서와 달리, 최대한 사회과학적 측면에서 다양한 도시 현상을 설명하고자 노력한 흔적이 엿보인다. 글 후반의 사례연구 부분에서는 1850년대 말 센트럴파크 설계와 1868년 브루클린 프로스펙트파크 설계의 주안점이었던 넓은 녹지의 필요성과 위생적인 경관의 가치, 파크웨이를 통한 녹지의 실질적 확장 등을 구체적으로 언급한다. 아마 옴스테드가 쓴 수많은 글 중 자신의 경관론을 가장 잘 정리한 글이 아닐까 생각된다.

옴스테드의 관점에서 도시의 확장은 필연적이었다. 이어지는 본문에 나오듯, 어느 가정집의 미국인 아내가 말한 것처럼 위생적이고 잘 정돈된 길을 걸어 스스로 학교, 도서관, 예술을 접할 일상의 기회는 도시와 시골의 절대적인 차이가 되었다. 즉, 옴스테드가 본 도시의 확장은 결국 문화적 힘에 의한 것이었으며, 문화는 사람에서 비롯하고,

그 사람들이 다시 도시의 문화적 힘을 강화하며 끊임없는 동력원이
생겨난다. 오늘날 사회적 자본, 문화도시 이론에서 흔히 언급하는
문화적 힘이 19세기 공원 설계가의 이론 속에 등장한다는 사실은 현대
대도시가 안고 있는 여러 가지 문제를 다시 한번 생각하게 만든다.

「월간 오버랜드」 최신호에 따르면 캘리포니아주에서는 "오직 수준 낮은 계급의 사람들만이 도시 밖에서 거주하도록 유도될 수 있다. 시골의 무엇인가가 사람들을 불편하게 만든다. 도시에 있어야만 인생의 꿀맛을 즐길 수 있다"고 합니다.

이는 새로 만들어졌으나 반쯤 완성된 도시, 지진의 재해에서 완전하게 자유롭지 못하고, 농업과 원예가 다양하게 일어나는 시골 지역을 갖추고 있고, 발전된 국가 정부에 소속된 지역 중 지방 산업의 소득이 가장 높은 곳에서 나온 발언입니다! 농사짓고 풀 먹이기 좋은 땅이 수억 에이커에 이르고, 노출된 금맥만 수천에 달하며, 세계에서 가장 훌륭한 수림지대를 가진 이 지역에서조차 백인 인구의 반이 도시에 살고 있습니다. 그중 4분의 1은 단 하나의 도시에 몰려 살며, 이들이 전체 세수의 절반 이상을 내고 있습니다. 사무엘 보울 씨는 "저 산 너머 광부들은 샌프란시스코에 가는 것을 천국에 가는 것처럼 이야기하고, 입법처의 지방 위원들은 '샌프란시스코가 지방의 생명을 모조리 뽑아간다'고 한탄한다"고 말하기도 했습니다.

우리와 가까운 지역에서도 여성은 말할 것도 없고, 무려 2만 5천 명에 달하는 남성들이 시카고에서 일거리를 찾고 있다고 신문이 거듭 보도하고 있습니다. 미시시피 지역의 대도시들이 저마다 놀라운 속도로

↑ '세계의 철로', 일리노이 중앙철 홍보물, 1882. 일리노이주에서 미시시피주까지
뻗어가는 남북선을 중심으로 미국 동북부의 수많은 도시가 거미줄처럼 연결되기
시작했던 모습이 이 홍보물에 담겨 있다. 시골을 도시로 진화시키는 철마는
질주하는 근대의 도래처럼 보였을 것이다.

인구를 늘려가고 있다고 보고됩니다. 금과 밀의 시장 가격이 빠르게 하락하는 가운데 임대료는 여전히 높습니다. 새롭게 도시에 들어오는 사람들은 대부분 자본이 적은 젊은 가족 구성원으로 이루어져 있으며, 어떤 상태라도 상관없으니 도시 안에서 살 곳을 구해 거주할 권리를 마련할 기회를 찾고 있는 이들의 수요에 비해 건설업자들의 공급이 부족하다는 민원이 나오고 있습니다.

이에 더해, 이런 대도시 기차역에서 내가 관찰한 바로는 요일과 무관하게 정오가 되기 전 수많은 여성과 소녀들이 도시에 도착합니다. 이들이 쇼핑을 위해 이른 시각에 도착했다가 저녁 시간 전에 수백 마일쯤 떨어진 농장으로 돌아가려 한다는 것을 쉽게 파악할 수 있습니다. 이 지방 사람들을 대상으로 하는 열차 내 홍보물은 도시에서 저녁에 벌어지는 여흥 거리를 알립니다. 어딘가 외지고 인적 드문 기차역에 내리더라도 대합실에서 도시 극장의 주간 공연을 홍보하는 포스터를 발견할 수 있습니다. 초원을 지나 20여 년간 자기 땅에서 자리 잡고 농사를 잘 짓고 있는 한 농부를 만난다면, 우리가 얼마 전까지만 해도 시골 삶의 가장 핵심적인 특징이라고 생각했던 것들이 이 현명하고 유복한 사람에게, 또는 그의 가족에게도 거의 남아 있지 않다는 것을 쉽게 알아차리게 됩니다.

예전에는 시골에 사는 여유로운 사람들에게 있어 자신이 소유한 땅에서 작물을 기르고, 가정에서 필요로 하는 거의 모든 것을 직접 집에서 만든다는 것이 일종의 자긍심이었습니다. 이제 그 식탁에는 도시에서 가져온 온갖 종류의 화려하고 섬세한 것들이 놓여 있습니다. 아내는 하녀가 없다 불평을 늘어놓습니다. 도시의 인력사무소에서 하녀를 구하는 것은 문제가 아니지만, 도시에서 일을 구하지 못하는 가장 수준 낮은 사람만이 시골에 오려 하고, 그마저도 손에 몇 달러만이라도 쥐게 되면 곧장 도시로 돌아가지 못해서 안달입니다. 남자들도 똑같다고 그는 덧붙입니다. 아침이 되면 일할 누군가를 찾아야 한다고 말입니다. 여기에 더해 [그 농부]의 아들 중 하나는 법률 사무소에, 다른 하나는 상업

대학교에, 장녀는 '교육 기관'에 다니며 모두가 도시에 있다는 것을 알게 됩니다. 저 [역시도] 시카고의 학교에 다니기 위해 하루 80마일을 통학하는 소녀들을 몇 명이나 알고 있습니다. 이런 상황은 시골에서 일하는 학교 교장, 구두장이, 의사, 가게 사장, 재봉사, 변호사의 직업이 사라진 것이 아니고서야, 그들이 하는 일이 예전과 비교했을 때 이곳 인구 대비 매우 줄었다는 의미가 됩니다. 일의 양뿐만 아니라, 중요도 역시 낮습니다. 이곳의 근무 조건은 [비교적] 수준이 낮은 사람들이어야 맞출 수 있을 것입니다.

그러면 이곳 매사추세츠에서는 어떻게 되고 있을까요? 며칠 전 「스프링필드 리퍼블리칸」 특파원이 50여 년 전만 해도 뉴잉글랜드의 영광이라고 일컬어지던 농촌 마을 두세 곳을 방문해 기사를 쓴 바 있습니다. 그가 마지막으로 방문했을 때만 해도 이 지역은 스스로에 대한 자긍심을 지니고 있었고, 적지 않은 이 지역 출신 인사들이 주 전체와 그 너머로까지 영향력을 미치고 있었습니다. 하지만 지금은 골드스미스가 시에서 읊었던 "버려진 마을"과 거의 다름이 없다 합니다.[1] 마을회관은 문을 닫았고 교회는 다 허물어져 가며, 오래된 술집, 가게, 방앗간, 사무실은 부서지고 텅 비었거나, 일용직 일꾼들이 한구석을 차지하고 있을 뿐입니다. 학교의 학생 수는 이전보다 3분의 1로 줄었고, 그중 미국인 부모를 둔 경우는 절반 이하입니다.

작년 여름 비슷한 지역을 거닐던 차에 새로 칠한 페인트, 지붕, 울타리, 관목을 새로 심은 정원에서 검약이 도드라지는 주택을 발견했을 때 내 두 눈은 즐거움으로 가득 찼습니다. 하지만 집주인과 이야기를 몇 마디 나누어 보니 그가 자기 집을 정돈하는 이유가 어떤 도시 신사가 시골 별장으로 쓰기 위해 이곳을 매수하지 않을까 하는 희망에서 비롯된 것임을 알게 되었습니다. [집주인은] 나이가 들어가고 있었고, 열심히 일해

---

1 영국의 시인 올리버 골드스미스가 1770년에 발표한 시 「버려진 마을(Deserted Village)」에 대한 언급이다.

↓ 확장하는 보스턴시, 1879.
부산한 모습의 보스턴 항구와
확장해 가는 도시가 그려져 있다.
O. H. 베일리, J. C. 헤이즌 그림.

왔으며, 이제 도시로 은퇴해 남은 인생을 즐길 권리를 주장할 시기가 되었다고 느끼고 있었습니다. 오랜 이웃들이 대부분 자리를 뜬 지 오래였고, 그의 아이들도 수년 전에 떠났습니다. 도시에서 자란 그의 손녀들이 앞뜰에서 크로케 놀이를 하고 있을 뿐이었습니다.

이곳 보스턴의 상황에 대해서는 이미 잘 알고 계실 것입니다. [대신] 구세계의 상황을 살펴봅시다. 어릴 적 책에서 읽기로는, 옛날 잉글랜드만큼 시골에 대한 취향이 강력하고 지방 고유의 습관이 확고한 사람들이 없으며, 도시의 삶과 비교했을 때 부유한 계층의 지방살이가 꽤나 매력적이라고 알고 있었습니다. 하지만 「대영사회과학협회 회람 *Transactions of the British Social Science Association*」의 한 논객에 의하면 50년 전에 비해 지금은 잉글랜드와 웨일스 내 시골 지역의 인구가 매우 적다고 합니다. 또 다른 이는 "우리의 과밀 도시에서는 여전히 성장세가 지속되는 한편, 지방 인구는 정체되거나 침체 중"이라고 썼으며, 세 번째 사람은 도시의 사회적, 교육적 이점이 "부유하고 독립적인" 인구의 상당수와 농업 노동에 필요하지 않은 모든 노동 계급까지 도시로 끌어간다고 짚었습니다.

내가 마지막으로 잉글랜드에 방문했을 때, 지난 십여년 간의 변화는 이동이 [아무리] 빠른 여행가라도 감지할 수 있을 정도였습니다. 어빙의 소설 속 등장인물처럼 수준 높은 지방 신사, 특히 숙녀들은 자신이 가진 모든 것을 들고 떠나 버렸을 뿐만 아니라, 예전의 분위기는 찾아볼 수 없었습니다. 얼마 전까지만 해도 잉글랜드의 모든 것이 의지했던 삶의 방식 말입니다. 시골 어디서나 도시의 흔적을 찾을 수 있었습니다. 모든 기차가 대도시 상인들이 보낸 식료품 바구니와 포장된 상자, 물자 공급업자들을 실어 날랐고, 일간지와 전보를 통해 도시의 일상이 꾸준히 들어오고 있었습니다.

금세기 초반만 해도 런던의 끊임없는 성장은 놀랍고 두려운 것으로 회자되고는 했습니다. 하지만 당시 새로운 거주민을 받기 위해 열 채의 주택이 필요했다면, 오늘날에는 백여 채가 필요한 상황입니다. 여섯 개

주요 도시의 인구증가율은 성장 중인 도시 수백 개를 포함한 전국 평균치보다 두 배 정도 높습니다. 글래스고는 스코틀랜드 전역에 비해 여섯 배 정도의 성장 속도를 보이며, 아일랜드가 인구를 잃는 와중에도 더블린만큼은 버티고 있습니다.

대륙 건너편에서는 파리가 프랑스 인구 성장의 반절을 담당하고 있고, 베를린은 프러시아 전체의 두 배에 달하는 성장 속도를 보입니다. 함부르크, 슈체친, 슈투트가르트, 브뤼셀, 그 밖의 한두 도시가 모두 전례 없는 속도로 지방으로 뻗어나가고 있으며, 반면 많은 농업 지구에서는 인구가 줄어들고 있습니다. 러시아에서는 농노 해방으로 인한 귀족의 소득 저하에 대해 점진적 지원을 하기 위한 특별 법령을 만들었습니다. 소작농들이 대도시로의 이주를 원함에 따라 일부 지방의 인구 감소에 대응하는 것이 목적이었습니다.

좀 더 동쪽으로 가 보면 이런 움직임을 아직 마주하지 않은 사람들을 발견할 수도 있습니다. 하지만 이는 몽매함이 억압으로부터 안전하게 지켜 주는 것에 불과하여 남성들은 여성을 말[가축]처럼 다루며, 노동력을 아끼는 방법은 적의 방식이라고 보는 상황입니다.

도시화가 문명 세계의 보편적인 움직임이며, 그것이 광범위하게 일어난다는 사실에 이의를 제기할 수 없습니다. [다만] 그 원인과 지속 여부에 관해서는 의견 차이가 있는데, 반작용에 대한 예측이 들려오기 때문입니다. 저는 여기에 동의할 수 없습니다. 제가 봤을 때 우리가 지금까지 경험한 것은 그저 시작에 불과합니다. 그 근본적 원인을 들추자는 것은 아닙니다. 오늘 발표에서는 이 움직임의 강도가 봉건제, 노예제, 왕권신수설의 폐지로 인해 사람들의 생활양식이 변화하는 경향과 아주 밀접하게 연관되어 있음을 짚어 내는 것으로 충분하다고 생각됩니다. 또한 학교, 신문, 서적의 비용이 내려가고 수는 늘었다는 점, 철도나 전보처럼 많은 사람에게 혜택이 돌아갈 수 있는 분야에서 노동력을 줄이는 구조가 등장했다는 점 등도 관련되어 있습니다.

교육의 수준이 계속해서 높아지고 있다는 점을 생각해 봅시다.

자유로운 사고는 멈춤 없이 전진하며 앞으로 나아갑니다. 전신국의 숫자는 증가하고, 새로운 철도가 건설되며 기존 철도의 수용력이 늘어나고 있습니다. 우리 시골에서 일어나는 일을 생각해 봅시다. 공유지는 정사각형의 부지로 나뉘어 버려, 길고 좁은 형태를 선호하는 밀집된 농업형 주거지는 들어오지 못합니다. 한동안 주거지가 분산되도록 유도하는 계획을 통해 이를 막는 한편, 자원이 낭비되도록 계산한 결과입니다. 가장 좋다고 여겨지는 농촌의 주거지는 이제 우리에게 남아 있지 않은 것입니다.

　우리는 세상을 향해 외쳤었습니다. "이곳 수백 에이커의 황무지에 값비싼 금속이 엄청나게 매장되어 있습니다. 발견되는 대로 드리겠습니다. 선착순입니다. [이제 모두] 흩어져서 찾아보세요." 이 정책에도 불구하고 우리의 주요 도시가 보이는 성장세가 지방의 성장세보다 높은 것으로 확인됩니다.

　하지만 이 방법으로 [즉시 사용 가능한] 현금과 좋은 신용도를 한동안 확보할 수 있었으며, 그 결과 우리의 철도 시스템에 각종 설비를 갖출 정도의 막대한 금액(약 20억 달러)을 소비했습니다. 이 시스템은 식량 생산자들의 분산을 부추겼으며, 한편으로는 우리가 앞서 본 것과 같이 기존의 지역 내 공급과 수요 체계나 생산 및 유통망 전부로부터 [분리되어] 독자적으로 움직일 수 있게 해 주었습니다. [이어서] 도시 사람들의 편의나 생활양식에 기대어, 또는 그에 익숙하도록 자신은 물론 자녀들까지 교육하게 되었습니다.

　문명 발전의 방향을 설정하는 데 있어 여성의 취향과 성향이 점점 더 강력하게 작용한다는 점을 우리는 알고 있으며, 또한 남성보다 여성이 도시로의 이동에 훨씬 더 민감하다는 점을 인지할 필요가 있습니다. 종종 남편이나 아버지가 지방의 일자리를 그만두고 그보다 덜 매력적인 일자리를 도시에서 선택하는 모습을 보게 되는데, 이는 아내나 딸들을 생각해서입니다. 얼마 전 매우 합리적이고 성실한 어떤 사람에게 [그에게] 아주 잘 맞을 것 같은 제안을 했는데, 그가 수락을 꺼리는 것을 보고 매우

↑ 뉴욕여자의과대학 강의 모습, 1870. 여성을 대상으로 교육하는 첫 의과 전문대학이 1868년 뉴욕에 문을 열었다. 당시로서는 이례적인 일이었으며, 이후 여성 의사와 간호사들의 활약을 암시하는 장면이다.

↑ 뉴욕 봉제공장의 노동자 모습, 1870. 도시로 몰려 온 수많은 여성들이 경공업 분야에 종사했다. 뉴욕의 많은 의류 공장에서 이민자와 가난한 여성들이 긴 노동 시간과 높은 업무 강도를 감수하며 근무했다.

놀랐던 적이 있습니다. 그의 영리하고 깔끔한 미국인 아내에게 이 제안이
전달되자 그녀는 곧장 반대 의견을 냈습니다. "만약 내가 본 것 중 가장
좋은 농장을 제시받더라도 시골로 돌아가야 한다면 그 제안을 거절할
겁니다. 차라리 도시에서 굶어 죽겠어요." 그의 아내는 미국에서 가장
좋은 편리성과 쾌적함을 갖춘 농촌에서 태어나 삶의 대부분을 보낸
사람이었습니다. 도시에서 오래 산 사람 중 이와 비슷한 기분을 경험하지
못한 사람은 찾기 어렵습니다. 놀랍다고 생각하나요? 간단하게 학교,
도서관, 음악과 예술의 차원에서 장점을 비교해 봅시다. 엄청난 부를 쌓은
사람이라도 시골에 살고 있다면 이곳 보스턴의 극히 가난한 여성
노동자보다 더 많은 것을 누린다고 보기 어렵습니다. [여기서는] 조금만
걸어가면 잘 만들어진 깔끔한 보행로에 밤이면 조명이 켜지고, 각종
점포와 다양한 사람들이 지나가며 흥미를 돋우기 때문입니다.

　물론 더 가난한 노동자 여성들이 이 장점을 잘 활용하지 못한다는 것이
사실이지만, 그 이유는 단지 그녀들이 그에 맞는 교육을 받지
못해서입니다. 하지만 그들이 시골에서 도시로 올 때, 이런 교육을 위해
이동하는 것이라고도 볼 수 있지 않을까요? 뉴욕시의 가난한 재봉사
여성들의 환경과 생활양식을 전격적으로 다룬 최근 신문 기사(「뉴욕
트리뷴」)에 따르면 그 어떤 것보다 시골에서 계속 겪은 지루한 삶에서
탈출하고 싶은 미친 듯한 욕망과 여가 활동에 대한 갈망, 그중에서도 특히
장난스러운 소녀와 같은 (그 자체로는 순수한) 충동을 함께할 동료애 같은
것이 십중팔구 젊은 여성들이 도시로 향하는 동기라고 합니다. [지방의
사교 파티에 대해 서술했던] 홈즈 박사가 뉴잉글랜드 촌동네 사교 파티의
투박함과 지루함을 다소 과장했을 수도 있습니다. 하지만 외곽의 농장을
따라 깊은 시골로 가 보면, 그리고 만약 그들이 축제 비슷한 것을
시도하는 어떤 희귀한 상황에 여러분이 놓이게 된다면 도시로 도망가고
싶어 하는 젊은 여성의 열렬한 욕망이 지나친 억지라고 생각하기 힘들
터입니다.

　문명화된 여성이란 무엇보다도 위생을 중시하는 여성일 것입니다.

야만인 못지않게 밝고 즐거운 것들에 둘러싸여 있는 것을 좋아하나, [이들은] 질질 끌리거나 더럽고 냄새나는 것들, 그리고 '자리에서 벗어난 것들'로부터 몸을 사립니다. 따라서 이런 수준의 불쾌함에 놓이는 상황을 피하기 위한 민감함을 기준으로, 한 문명에서 여성이 진보한 정도를 판단할 수 있습니다. 보통 겨울과 봄에 시골 도로와 길가, 농가 뒤뜰이 어떤 상태인지를, 또 추수 이후 멀리 떨어져 사는 농부의 정원이 어떤지 생각해 봅시다. 이에 더해 도시 사람들이 여름에 몇 주간 시골로 가서 질서 정연하게 그곳을 가꾸고, 집에서는 하찮다고 여겨지는 수천 가지 일을 해치우고, 멀리 가야 하며, 불확실의 연속에, 익숙하지 않은 일을 처리해야 하는 것이 얼마나 어려운지를 생각해 봅시다. 누구나 갖기를 바라는 완벽함과 섬세함, 즉 깨끗함은 특정한 욕구에 대한 인간의 독창성과 기술이 집중되어야 가능합니다. 노동이 세분화할수록 모두의 욕구가 완벽하게 충족될 수 있습니다. 시골 어디서나 농업 종사자가 아닌 일반 노동자의 수와 직종이 인구 대비 줄어들고 있는 한편, 도시에서 일할 사람을 구하는 곳은 늘고 있습니다. 단 일 년 만에 '런던 주소록London Directory'에 새로운 업종 54개가 추가되기도 했습니다.

이 모든 것을 고려했을 때, 엄청난 고생과 위험에도 불구하고 여성이 도시의 삶을 강하게 원하는 경향이 완전히 비논리적이고, 들뜬 헛소리고, 허영심 넘치고, 경솔하며 수치스러운 것이라 일갈하는 이 사회의 무논리한 인식에 스스로의 인내심이 줄어드는 것을 느낄 수 있습니다.

반면, 가정에서 여성을 중심으로 이런 현상이 나타나는 데 가장 큰 영향을 미치는 것은 시간과 노동의 양 또는 신경과 정신의 소모입니다. [따라서] 단순 가사 노동이 수월해지고 [그 양을] 줄일 수 있는 노동 구조 개편은 도움이 됩니다. 예를 들어 도축업자, 제빵사, 생선 장수, 식재료 판매상 등 온갖 종류의 상점 주인들, 그리고 얼음 장수, 미화원, 청소업자, 우체부, 배달부, 택배원, 전보원 등이 하는 일들이 필요에 따라 모두 집에서, 하수구에서, 홈통에서, 보행로에서, 건널목에서, 길가에서, 이동 중에, 가스 또는 급수 시설 등을 통해 공급됩니다.(그리고 이런 일들은 시골에서 전혀 처리되지 못하거나 각 가구에서 스스로 처리하고 있으며, 만약 효율적으로 진행되는 경우라고 해도 관리자의 지속적이고 소모적인 노력에 의한 것입니다.)

하지만 지금 우리가 보는 현상조차도 앞으로 일어날 일들의 맛보기에 불과하다고 여길 만한 충분한 이유가 또 하나 있습니다. 저렴한 수송을 위한 발명품의 수요 차이를 한번 생각해 봅시다. 우리가 20년 전 철도마차[2]를 도입한 것은 실험적인 시작점이었습니다. 현재 뉴욕에서는 한 쌍의 말이 매일 평균 100여 명의 사람을 태우는데, 옛날 전세마차에 비해 50분의 1에 불과한 요금으로 운영되며 연간 매출은 미국의 국민 수에 맞먹습니다. 그럼에도 수천 명이 매일 몇 마일씩을 걸어서 이동하는데, 마차에 탈 수 없기 때문입니다. 충분하고, 편리하고, 동시에 저렴한 단거리 교통수단을 개발하는 데 기준점이 될 거리에 어떤 한계를 두는 것은 불가능합니다. 몇몇 개선 사항에 의해 런던에서 교통수단을 찾는 사람들이 지난 5년 사이 두 배로 늘어났지만, 공급은 수요를 전혀 따라가지 못하고 있습니다.

우리가 얼마나 빨리 성장하고 있는지, 그리고 무엇을 예상해야 하는지 살펴봅시다. 최근 선보인 두 가지 발명품은 잘 놓인 맥아담식 도로의 조성 비용을 크게는 3분의 1까지도 줄이는 방법을 제시한 바 있습니다. 한 특허사무소에서는 아주 매끄럽고 소음이 거의 없는 또 다른 도로포장의 새로운 형태에 대한 특허를 16개 등록했으며, 그중 일부는 2, 3년만 지나면 오늘날 도시에서 특히 문제가 되는 부분을 개선할 것이라는 확신을 주기도 합니다. 하수처리 시스템의 개선 역시 상당히 진행되었고, 이는 도시에 거주지를 마련하는 것, 특히 좀 더 널찍한 도시 교외 지역에 거주하는 데에 큰 장점으로 작용할 것입니다.

실험을 거쳐 확인된 바로는 수돗물과 비슷한 방식으로 도시의 배관을

---

2 철도마차 시스템(street railway system)은 1832년경 뉴욕시에 도입된 대중교통 수단으로, 말이 길에 난 철로를 따라 마차를 끄는 방식이었다. 이후 전기가 보급되면서 트램의 형태로 대체되었다.

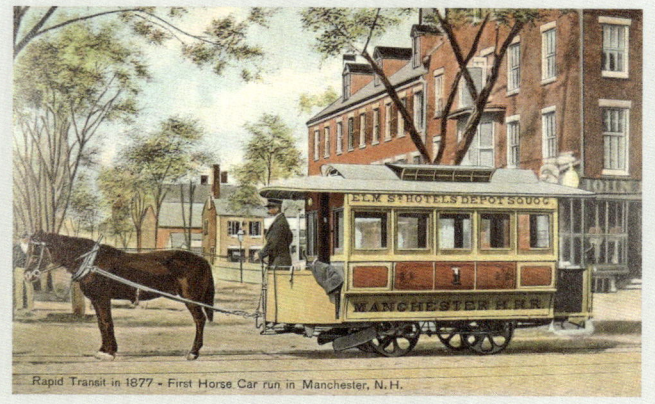

ELM St. HOTELS DEPOT SQ.U.C.
MANCHESTER H.R.R.
Rapid Transit in 1877 - First Horse Car run in Manchester, N.H.

↑ 초창기 철도마차의 모습, 1877. 철로를 따라 말이 마차를 끄는 대중교통의 일종으로, 이후 전기 보급이 활성화되며 트램의 형태로 변화했다. 오늘날에도 영국 등의 일부 도시에서 관광용으로 운영한다.

↓ 시어스 로벅사의 통신판매 시설에 적용된 기송관 구조, 1918. 기송관은 상업 건물에서 업무 효율을 높이는 필수 시설이었다. 문서와 우편물을 지하 기송관 본부로 전하면, 담당자들이 수신자에 따라 분류하여 다시 올려 보내는 방식이었다.

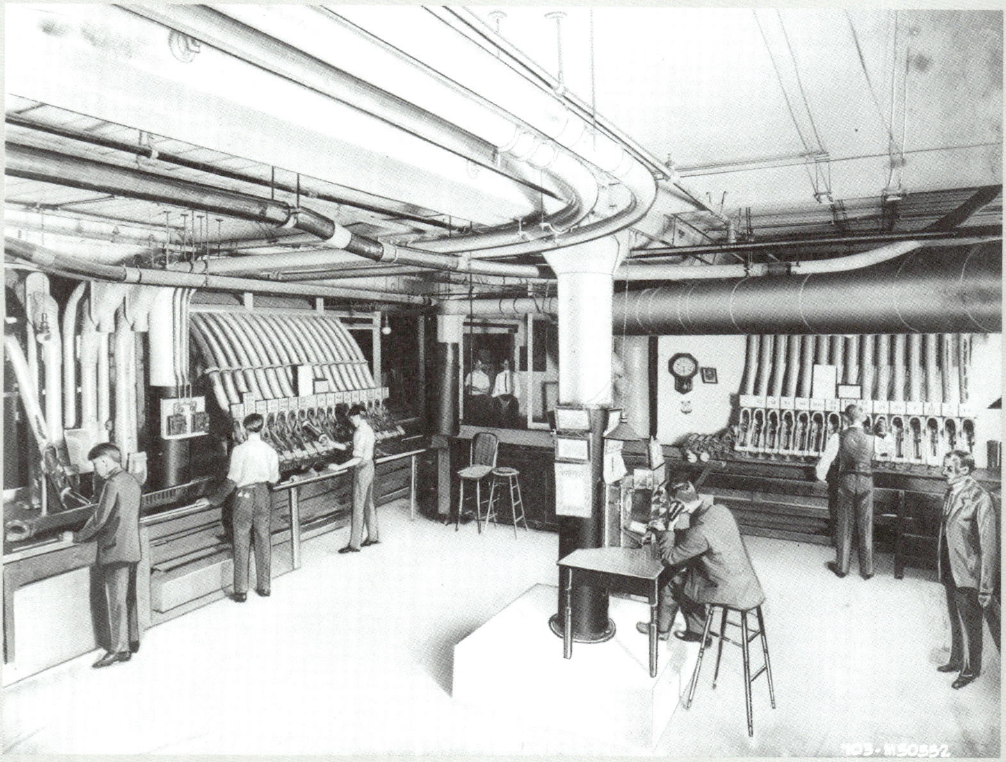

통해 데운 공기를 보내는 것이 가능하며, 이처럼 파이프를 통해 제공되면 사용한 만큼 계량하여 비용을 정산할 수 있습니다. 이로써 연료를 크게 아끼고, 국내 경제라는 매우 어려운 부문의 난관을 일부 해소할 수 있을 것입니다. 그 누구도 이런 시스템을 농촌 민가에 적용하려 들지 않습니다.

또한, 도시 거주자들에게 제공되는 전신 분야의 이점은 이제야 겨우 인지되기 시작했습니다. 기송관[3]은 이제 막 [사업이] 시작되었을 뿐임에도 이미 상당한 이점이 확인되었습니다. 이 두 기술을 통해 도시 반대편에 10마일 떨어져 있는 업자와도 소통이 가능하며, 가정에서 그로부터 물건을 구매하는 일은 옆 블록에 있는 사람에게서만큼이나 아주 빠르고 불편함도 거의 없습니다. 이를 위해 필요한 것은 500여 가구당 기송관 사무소 한 개소, 각 가정으로부터 주문을 받기 위한 송신용 음향 파이프, 소포 전달을 위한 지역 배송 서비스에 불과합니다.

대규모 설비를 활용해 시스템화되고 집중된 경제는 이전의 종잡을 수 없고 노동을 낭비하는 대중 세탁소, 공공 빵집과 부엌 등과 다릅니다. 그럼에도 미국의 대도시는 구세계의 소도시조차 따라잡지 못하고 있습니다.

이와 같은 관점에서 발명품을 기획하고 발전시킨다면 도시 삶의 경제 상태와 편의성이 계속해서 빠르게 개선되어 그 매력을 증대시킬 것이라고 짐작할 수 있으나, 다른 관점에서는 이 모든 수순이 같은 양의 식량 원재료 생산에 필요한 농촌의 노동력을 감소시킬 것으로 보입니다. 이런 상황은 경작, 풀베기, 수확, 건조, 탈곡, 판매 등에 관련된 설비 및 공정의 모든 개선 과정에서 일어납니다.

농업 설비의 발전이 가져올, 그리고 수확이나 판매와 마찬가지로 증기기관이 밭갈이에 적용되면 매우 빠르게 진행될 또 다른 움직임은 경작지와 농장의 확장에 관한 것입니다. 이를 시작으로 시골 농가의

---

3 기송관(pneumatic tube)이란 공기압을 통해 시스템이 연결된 각 부서로 물품을 전송하는 송달 방식이다. 현재 뉴욕의 몇몇 건물만이 이 기술을 유지하고 있다.

숫자가 줄어들고, 분리와 고립은 더욱 심해질 것입니다. 전면이 긴 농장의 경우 농장 간 고속 증기기관 열차가 다닐 수 있는 도로가 날 때까지 오랜 기간이 걸릴 것입니다. 다만 단단하고 특특한, 언제나 평평[하도록 잘 포장된] 도로를 까는 단계까지는 곧 가능할 수도 있겠습니다.

여기서 주목할 것은 우리가 지금껏 이야기한 도시의 다양한 이점, 특히 대도시의 이점은 4분의 1마일이나 반 마일 이상씩 떨어져 사는 사람들은 누릴 수 없으나, 그렇다고 해서 [약간만 떨어져 사는 사람들에게는] 건강하지 못한 인구밀도를 감수할 필요는 없다는 점입니다. 아마도 문명의 이점이 가장 완전하게 펼쳐지고 드러나는 경우는 교외 지역으로, 이웃과 50에서 100피트 정도 떨어져 있으며 공공 도로로부터 일정 거리를 둔 지역입니다. 또한 기억할 점은 시골의 아름다움을 감상하는 즐거움이 문명의 발전에 따라 줄지 않고 오히려 증가했다는 것입니다. 시간 낭비, 편의성 부족, 불편함, 짧은 이동 위주인 현재의 방식을 대체한다는 점 외에 교외의 이점이 무한히 확장되지 못할 이유가 없습니다. 저렴하고 즐거운 수송 수단과 옛 로마제국과 같은 건축법이 있다면 충분히 가능합니다.[4]

철도가 발전할수록 주요 철도역은 도심 혹은 부도심의 중심이 될 것이며, 기타 역은 교외가 될 것입니다. 대부분의 일상적인 목적들, 특히 그것이 집안 살림에 관한 것이라면 도시의 이점을 갖기까지 그다지 많은 인구가 필요하지 않을 것으로 보입니다. 제가 본 한 거주지는 인구가 300명 이하임에도 불구하고 공공 세탁소, 목욕탕, 이발소, 당구장, 비어가든, 빵집이 있었습니다. 매일 아침 식사 전 신선한 빵과 우유가 가정에 공급되었으며, 수확한 지 반 시간이 지나지 않은 말끔한 과일과 싱그러운 채소가 현관문으로 배달되었고, 배송원이 신문과 잡지를 배송하고 있었습니다. 또 어떤 도시는 1,200여 명의 거주민으로도 거리,

---

4 고대 로마제국의 건축법은 건설 자재, 건축 규모, 높이, 건설 방식, 화재 예방을 비롯한 안전 조치를 명시했으며, 나아가 공공 기관 건물의 경우 통행과 위생 관리까지 아울렀다.

마당, 골목 등 곳곳이 집 안 바닥처럼 매일 청소되고 미화원이 모든 쓰레기를 수거하고 있었습니다.

좋은 도로와 보행로를 놓고, 하수도, 상수도, 가스관을 깔고, 도심으로 가는 저렴하고 빠르고 편안한 운송 수단을 갖추는 것은 농업 지역을 도시에 버금가는 건강하고 매력적인 조건으로 만드는 데 필요한 전부입니다. 프랑스 농촌에서 철도, 전보, 가스, 상수도, 하수도 등 도시의 장점을 모든 인구에 제공하는 방식이 우리처럼 거주지를 허겁지겁 만드는 방법에 비해 훨씬 저렴하고 빠르게 진행될 수 있음을 지켜본 사람이라면, 비록 농업에 종사하는 사람이라도 자기 가족이 도시의 편의성 대부분을 누리지 못할 이유가 없음을 알 수 있을 것입니다.

하지만 이런 고찰은 예측의 문제로 연결되며, 제가 지금 이 문제를 다루는 것은 조금 이르다고 보입니다. 제가 생각건대 이는 예측이 아니라 거의 실증에 가까운 상황으로 봐야 합니다. 도시가 커질수록 상업적 목적이 가진 이점만으로도 그 도시 안팎에 사는 사람들에게 주어지는 편의가 늘어날 것이며, 교육, 과학, 예술과 같은 고차원적 분야에서 자산을 축적할 수 있으며, 집의 경제적 문제와 자잘하고 집약적이며 세부적인 문제로부터 남녀 모두가 해방되는 것입니다.

또한 최근 도시가 빠르게 확장되고 시골에 살던 사람들이 이탈하는 현상이 영구적인 상황으로 정착되고 있음은 거의 확실해 보입니다.

그렇다면 상업적 이점으로 인해 최근 빠르게 성장한 도시가 미래에도 여전히 많은 사람에게 매력적일 것임을 짐작할 수 있습니다. 그로 인해 곧 우리가 한 번도 보지 못한 거대한 도시가 생겨날 것이며, 대도시의 삶에서 영향을 받은 인간의 사고와 성격이 이후 문명의 발전에 주요한 영향력을 발휘하게 될 것입니다.

자, 도시에서 사는 사람의 평균 수명이 시골에 비해 짧다는 점이나, 질병과 빈곤, 범죄 행위의 평균 발생률이 도시에서 더 높게 나타난다는 점에서 문명에 매우 어두운 미래가 점쳐질 수도 있습니다. 하지만 현대 과학은 모든 의구심을 넘어 도시에서 사람들을 괴롭히는 특별한 악귀들의 많은 원인을 규명했으며, 이를 방지할 도구를 우리 손에 쥐어 주었습니다. 예를 들어, 일반적으로 인구가 밀집된 대도시 안쪽의 공기에는 우리가 폐로 들이마셔야 하는 필수 요소들이 시골의 공기에 비해, 혹은 도시의 외곽 또는 보다 열린 지역에 비해 현저히 적다는 점이 밝혀졌으며, [도시의 공기는] 폐 안으로 더럽고 자극적인 것들을 가지고 와 활력의 원천을 크게 해치고 있습니다. 얼마나 심각한지는 이런 대기의 영향으로 대도시 내 금속판이나 조각품마저도 부식된다는 설명으로 즉시 드러나며, 이는 시골보다 훨씬 빠르게 진행됩니다.

　같은 원인으로부터 비롯된 체력의 문제와 저하는 확실히 간접적으로, 그리고 매우 심각하게 정신과 도덕성에 영향을 미칩니다. 그렇지만 이런 방식으로는 제대로 설명되지 않는, 어떤 독특한 유형의 도시 출신 사람이 있다는 인식이 전반적으로 있습니다. 좀 더 이해하기 쉽게 말하자면, 우리가 도시의 밀집된 지역을 거닐 때 [앞에서] 마주 오는 사람들과의 충돌을 피하기 위해서 그들의 움직임을 지켜보고, 예측하고, 감시해야 합니다. 여기에는 그들의 의도를 고려하는, 즉 그들의 강점과 약점에 관한 계산이 들어가며, 이는 분명 그들이 아닌 우리 자신을 위한 행위라고 볼 수 있습니다. 따라서 우리의 정신은 다른 정신들과 밀접한 관계를 맺게 될 때 친절을 베풀기보다는 오히려 무언가 받아내려고 합니다. 상업적 목적을 위해 교류하는 사람들 사이에서도 비슷한 경향을 보입니다. 다른 이들을 냉정하게, 또는 심지어 냉혹하게 바라보는 경향입니다. 이런 관계 또는 정신적 교류에 요구되는 관찰 행위의 모든 부분과 사고 과정은 너무 사소하고 흔한 도시 사람들의 경험이어서, 그들은 인식조차 못 할 때가 많습니다. 여기에는 물론 소모 현상이 따라옵니다. 시골에서 온 사람들은 도로에서의 마주침이 자신의 신경과 정신에 미치는 영향에 대해 항상 의식하고 있으며, 헷갈린다고 호소하는 일이 잦습니다. 그리고 만약 낮 동안 이런 고통을 줄이지 않는다면, 그 괴로움을 언제나 의식하게 될 것입니다. 따라서 도시 삶의 편안함뿐만 아니라 이런 완화의 기회야말로 우리의 온화하고, 선하고, 건강한 정신을 유지하는 방법이 됩니다. 소위 말해 길에서 자란 사람들, 가장 직접적이고 완전하게 도시의 영향을 받은 사람들이 일반적으로 놀라울 정도로 빠르게 화를 내고 특히 강한 이기심을 표출하는 여러 상황 중 하나라고 볼 수 있습니다. 그들은 일상적으로 매일같이 수천 명의 타인을 만나며 마주하고 스쳐 지나가면서도, 동시에 다른 이들과 그 어떤 공통의 경험도 가지지 못합니다.

지난 세기 동안 여러 번 드러났듯이 도시의 확장에 있어 옛 방해물들이 제거된 경우, 특히 범죄의 빈번한 발생과 특정 질병의 유행, 주민의 수명 단축 문제로 악명이 높았던 곳이 새로운 지역 계획에 따라 철거와 재건이 일어난 뒤에 모든 문제가 눈에 띄게 개선된다는 점이 바로 확인되었으며, 이런 경향은 소외 지역만이 아니라 도시 전체에서 확인된 바 있습니다.

하지만 이런 실험을 통해 앞서 고려한 두 유형의 해악이 크게 감소했으며 이를 예방할 수 있는 힘이 우리에게 있다는 것을 확인했음에도, 실천하는 데에 큰 어려움이 따랐음을 기억해야 합니다. 이것이 얼마나 어려운지는 어쩌면 한두 가지 사례를 통해 더 잘 이해할 수 있을 것입니다.

30여 년 전 뉴욕시 상업지구가 불탔을 때, 상업 유치를 뚜렷한 목표로 세우고 지역을 계획한다는, 흔치 않은 기회가 있었습니다. 옛 계획은 두서없이 만들어진 것이었습니다. 당시 설계의 결과물이 그랬듯 시골 사람이나 그에 준하는 거주민을 상정하고 만들어진 것이었죠. 이런 방침이 사라진 지는 오래되었으나, 상업적 용도로 쓰기에 불편한 점들은 몇 년째 이어지고 있었습니다. 가까운 가항 수로의 관계를 봤을 때 이곳이 상업 외의 용도로 사용될 것이라 보는 사람은 아무도 없었습니다. 그럼에도 토지의 다양한 소유주들에게 혜택과 피해 보상이 공평하게 돌아가도록 만들기가 어렵다 보니, 기존 도로 형태에 큰 변화를 주는 데 무리가 있었던 것입니다. 앞서 정리한 난점으로 인해 사업의 수익성에서 매일같이 수천 달러의 손실이 발생했으며, 연간 손실액은 수백만에 달했었습니다.

야만스러운 습관을 지닌 이런 사람들은 수천 년 이후 측정할 수조차 없이 많은 인명, 힘, 자산의 낭비를 야기할 방식으로 런던의 일부 지역을 조성했습니다. 대화재가 일어나기 전, 개선해야 한다는 이야기는 많았지만 크게 영향력 있는 실천이 따르지 않았고, 모든 건물은 잿더미가 되었을 뿐입니다. 그 직후 [도시가] 여전히 불타고 있는 와중에 위대한 크리스토퍼 렌 경[5]은 오래된 악폐를 물리치기 위한 계획을 수립했습니다. 그가 단순하면서 뛰어나고 경제적인 계획을 국왕에게 전달하자 국왕은 큰 관심을 보이며 그 계획을 즉시 윤허했으며, 모든 왕권을 휘둘러 실천에 옮겼습니다. 지혜롭고 선한 모든 사람이 크게 만족하고 환영했지만, 기존 시골과 같은 지역 구조로 인한 어려움을 넘어서기는 매우 힘들었고, 이 시도는 결국 중단되고 말았습니다. 새로운 도시는 기존의 야만적인 계획에 따라 실체 없는 변화만으로 지어졌으며, 따라서 아주 작은 개선에 거대한 비용을 지불한 형태로 오늘까지 남게 되었습니다.

나쁜 도시계획에 대한 치료 약이란 이미 지어 버린 후에는 효과가 없으므로, 이제 우리가 이 문제를 이해한 이상 힘이 닿는 데까지 도시 건설 과정에서 일어나는 실수를 예방해야 합니다. 하지만 이상하게도, 이 신대륙에서 수백의 도시가 한꺼번에 생겨나고 있음에도 나쁜 계획을 방지하려는 노력은 전혀 일어나지 않고 있습니다. 우리의 가장 유망한 도시의 계획에는 마치 예전에 우리가 선교단을 파견했던 가장 잔인한 이교도들이 그랬듯 타인의 고통에 무감한 면이 있습니다. 그 책임은 현재 이 도시에 거주하는 사람들에게 있습니다.

얼마 전 이 도시 중 한 곳의 시장이 내게 부탁하기를, 시의회에 출석해 제안된 어떤 변경 사항의 이점을 설명해 달라고 한 적이 있습니다. 특히 여태껏 일부만 개통되어 주변 개발이 진행되지 않은 도시 외곽을 향해 뻗어나가는 두 도로의 폭을 확장하고 싶다는 문제가 있었습니다.

---

5 크리스토퍼 렌(Christopher Wren)은 17~18세기 영국에서 활동한 건축가로, 1666년 런던 대화재 이후 도시 재건에 중요한 역할을 담당했다. 대표작은 런던의 세인트폴 대성당이다.

부탁받은 대로 행한 이후에 시의원 둘이 각각 제게 와서 "이 제안이 좋다는 것은 누구나 알 수 있으며, 분명 적용되어야 할 것입니다. 도시는 분명 혜택을 받게 될 것입니다. 다만, 제가 대표하는 지역의 사람들은 다른 이들에 비해 이 문제에 관심이 적습니다. 멀리 보지 않으며, 자신들보다 직접적으로 혜택을 받는 이들을 질투합니다. 따라서 제가 [이 안건에] 찬성표를 넣으면 지역 사람들이 별로 좋아하지 않을 것 같고, 어쩔 수 없이 [제 표를 드릴] 수 없지만, 부디 진행되길 바랍니다"라는 식의 이야기를 하기도 했습니다.

스스로는 좋은 의견을 내지 못하는 이방인이라도 알아챌 법한 이 제안서의 이점을, 그들은 바라보길 거부하고 있었습니다. 한편으로 그들의 머릿속에는 시의 입법자로서 일반적이고 영구적인 이익을 위해 최선의 판단을 바탕으로 봉사한다는 자신의 의무를 부인하는 데 아무런 수치심도 없었습니다.

만약 우리가 계속 이런 방향으로 나아간다면 문명화된 인류의 건강, 미덕, 행복의 성장이 심각하게 위태로워질 것임은 자명합니다.

오늘날의 보스턴이 앞으로의 보스턴에서는 작은 핵에 불과하다는 것은 기정사실입니다. 현재 시골의 성격을 띤 지역으로 수 마일에 걸쳐 확장될 것도 기정사실입니다. 공평한 유산 분배를 목적으로 그은 옛 토지 구획법의 형태에 지배를 받는 일부 지역에서는 현재 농부들이 도로를 놓아 조림지와 철도역 사이의 거리를 좁히려 하고 있으며, 또 다른 일부에서는 외부 투자자들이 보게 될 인쇄된 지도의 인상을 [좋게 만들겠다고] 중개인 사무실에서 자와 연필로 그어진 계획을 바탕으로 몇몇 자유로운 투자자들이 말뚝으로 도로를 구획하고 있습니다. 이런 방식으로 계획하면, 아직 일반적이라고 볼 수 없는 책임이나 이해관계가 없는 한, 그리고 만약 보스턴이 현재의 속도로 그저 몇 세대 정도만 확장하다 어느새 멈추고 링컨셔의 보스턴[6]과 같이 세월이 흐른다면, 더

---

6 미국 매사추세츠주에 있는 보스턴은 잉글랜드 링컨셔 지역에 위치한 보스턴에서 따온 이름이다.

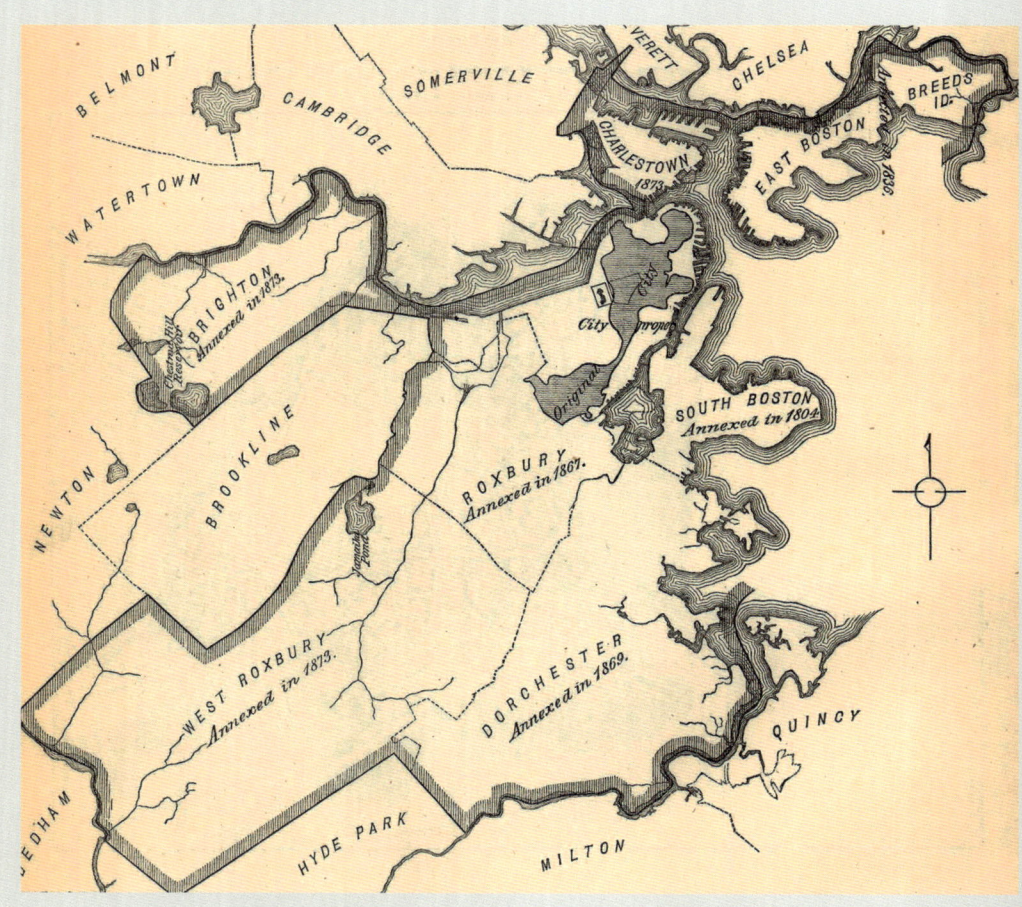

↑ 보스턴의 확장과 대도시로의 진화, 1880. 기존 보스턴은 지도
오른쪽 상단에 있는 이스트 보스턴 지역만을 의미했다. 이후
도시가 확장함에 따라 1804년에는 사우스 보스턴, 1867년에
는 록스버리, 1873년에는 찰스타운과 웨스트 록스버리 등과
같이 주변 교외 지역이 보스턴 수도권으로 편입되었다.
조지 E. 웨어링 Jr. 제작.

많은 남자, 여자, 아이들이 현재 이 대륙에 살고 있는 사람들보다 더 심각한 건강과 정신적 타격을 받게 될 것입니다.

이것을 사소한 일, 겨우 취향의 문제, 감상적 예측에 불과하다고 할 수 있습니까?

도시에서 원래 폭이 20피트인 차도를 아주 힘들게 비용을 들여 30피트로 확장했다고 해도, 현재 폭이 이전에 비해 오늘날의 사업에 적합한 것은 아닙니다. 장애물은 더 빈번하게 나타나고 교통은 느리고 자주 멈추며, 충돌 문제가 더 증가했다는 것은 우리들 대부분이 관찰할 수 있는 사실입니다. 보행로도 마찬가지입니다. 수목을 잘라내고 현관, 돌출창 및 기타 방해물을 제거했지만 매년 보행로를 이용하려는 사람들이 편안하게 지나가기에는 충분하지 않습니다.

인구의 증가에 따라 도심에서 변두리까지의 거리가 멀어질수록, 필요한 서비스에 비해 건물 사이의 공간이 상대적으로 부족해질 것은 확실합니다.

이와 마찬가지로 도시에 살 때 인간이 특별히 책임져야 하는 모든 해악은, 그것을 방지하기 위한 수단을 미리 고안하고 적용하지 않는 한 미래에 악화될 가능성이 큽니다.

그러므로 우리는 수백만 명에 달하는 동료의 불행이나 행복을 책임질 문제들을 상당히 진지하게 다루어야 합니다.

지금 우리가 앞서 본 두 가지 상실과 부패의 원인을 고민의 최전선에 둘 것이며, 고칠 수 있기에 예방할 수도 있습니다. 상업으로 인해 도시의 일부 지역에는 건물이 [특정 방식으로] 배치될 것이라고, 그리고 거리와 교통에도 특정한 성격을 부여해 부패와 육체적, 정신적 불쾌감을 일으킬 조건이 만들어지리라는 점은 인정합니다. 그러나 상업은 도시의 모든 지역에서 동일한 조건을 유지할 것을 요구하지는 않습니다.

공기는 햇빛과 잎사귀에 의해 정화됩니다. 또한 식물은 공기를 여과하는 기계적 방식으로 정화 작용을 합니다. 상업지구의 밀폐되고 탁한 공기에서 종종 벗어나 수목에 의해 걸러지고 정화되는 방금 막

햇빛의 작용을 받은 공기를 폐에 공급할 기회, 그리고 다른 사람을 의식하고 조심하며 상대해야 하는 조건에서 벗어날 방법과 유인책이 있다면, 게다가 이것들을 경제적으로 얻을 수 있다면, 우리의 문제는 해결될 것입니다.

성벽으로 둘러싸인 옛날 마을에서는 모든 상인이 상점 지붕 아래 살았고, 그들의 자녀, 견습생, 하인들은 저녁이면 부엌 불 앞에 함께 앉곤 했습니다. 그러나 지금은 주거지가 단독으로 지어지고 공간은 넓어져 거주자들이 저녁을 보낼 응접실이 생겼고, 바닥에 카펫을 깔아 조용함을 얻고 창문에는 커튼을, 벽에는 종이 벽지를 붙여 은둔과 아름다움을 가지게 되었습니다. 이제 우리의 도시가 무게를 지탱할 벽 없이도 지어지고 원하는 모든 공간을 가질 수 있게 된 만큼, 주거 공간과 상업 전용 공간을 구분하지 말아야 할 이유가 있습니까?

예를 들어 한적함과 그늘, 아름다움을 위한 수목을 특정 거리의 길가에 심으면 잘 어울리지 않을까요? 미국 전역에서 수목은 일반적으로 길가에 심어지기 때문에 이런 질문을 할 필요는 거의 없을 것입니다. 안타깝게도 이러한 상황에서 수목을 체계적으로 관리하는 것이 바람직한지에 관한 의문을 해결할 수 있을지 고민하며 수목을 심는 경우는 거의 없습니다. 애초에 거리는 어디에 있든 본질적으로 비슷하게 계획되어 있죠. 보행을 위해 할당된 공간에 수목을 심는데, 처음 묘목을 심을 때 주변이 시골이나 교외라면 크게 방해가 되지 않습니다. 하지만 수목이 커지고 주변이 도시화되면서 점점 더 많은 공간을 차지하고, 동시에 통행에 필요한 공간이 점점 더 많이 요구됩니다. 그뿐 아닙니다. 매년 수천, 수만 그루의 수목이 완전히 폐사되거나 생명력이 약화되어 자연스럽고 아름다운 성장을 방해하고 조기에 노쇠할 것이 거의 확실한 조건에서 심어지고 있습니다. 거리를 조성할 때 공간을 충분히 마련하지 않아서 종종 아랫단의 나뭇가지가 불편을 일으키는 수목이 있는데, 이 경우 무자비하게 절단하여 기형을 만드는 경우도 있습니다. 드물게 운이 좋아 아름답게 자라나더라도 수목은 여전히 고속 통행의 장애물로서 언제든지

↑ 파크웨이와 주변 도로 및 부지의 구성에 대한 스케치, 1876. 보스턴 공원위원회에서
만든 보스턴 에메랄드 네크리스 공원 시스템의 파크웨이 구성에 대한 도판이다.
1868년 옴스테드가 브루클린의 프로스펙트파크 계획 시기부터 주장했던 도시의
푸른 인프라로서 파크웨이의 가능성이 실제로 적용된 사례로 볼 수 있다.

사형 선고를 받을 수 있습니다.

제가 묻고 싶은 것은, 경제적인 측면에서 수목이 도시의 영구적인 시설로 남을 수 있도록 도로의 일부에 20분의 1, 아니면 50분의 1이라도 특수한 공간을 두면 안 되는지, 그 여부입니다. 그 말인즉슨, 수목이 자연스럽고 우아하게 자랄 수 있는 공간을 만들자는 것입니다. 집 사이의 간격을 상업지구의 도로가 요구하는 것의 절반으로 만드는 방식으로라도 공간을 전혀 확보할 수 없을까요? 도시 외곽 공간에서는 조기에 확보한다면 비용이 많이 들지 않습니다. 거의 모든 경우, 이런 도로가 제공됨으로써 생기는 혜택의 평가액은 필요한 토지 비용을 감당할 수 있습니다. 수목을 위해 마련된 6, 12, 20피트 너비의 땅에는 도로포장이나 깃발, 말뚝을 심는 비용이 들지 않습니다.

도시 안에 갇혀 있을 수밖에 없는 상업지구 내부 종사자들이 수목이 위엄 있고 우아해진 뒤에 그러한 도로를 지나간다면 그때 얻을 수 있는 풍경과 공기의 변화는 높은 가치를 지닐 것입니다. 이와 같은 도로가 큰 쇼핑몰과 함께 일부 지역에서 더욱 넓은 폭으로 조성된다면 이점이 증가할 것입니다. 이런 도로에 각각 적절한 수용량이 부여되고, 도시의 두 큰 지역 사이, 또는 상업지구와 교외 사이에서 편리한 간선 역할을 하도록 적절한 방식으로 수평 도로와 연결된다면 매우 많은 사람들이 우리가 매일같이 피하고자 하는 문제 요소가 약해지는 결과를 얻을 수 있을 것입니다.

그러나 이것들은 모든 주요 도시에서 일반적으로 사용되는 도로 구조를 매우 간단하게 개선한 것에 불과합니다. 이런 장점은 도로 자체의 일반적인 용도에 부수적으로 따르는 것입니다. 그러나 사람들은 거의 언제나 여가 활동을 추구할 뿐만 아니라 이를 기꺼이 받아들입니다. 실제로 여가 활동을 위한 조항을 명시적으로 수립할 수 있으며, 편리성이 따라온다면 확실히 활용될 것입니다.

다양한 종류의 여가 활동은 크게 두 유형으로 나눌 수 있습니다. 하나는 몸의 특정 부분이나 모든 부분을 자극하는 것이 주된 목적인 경우를 가리킵니다. 다른 하나는 의식적인 노력 없이 즐거움이나 이익을 구할 수 있는 모든 것을 말합니다. 체스와 같은 정신적 기술이 필요한 것과 야구와 같은 스포츠는 주로 첫 번째 유형에 관련된 예시이며, 이는 운동형 여가 활동이라고 할 수 있습니다. 음악과 미술은 일반적으로 두 번째 또는 수용적 유형에 속합니다.

첫 번째 유형 그 자체만을 고려할 때, 대도시에서 어떤 형태의 운동 여가 활동이 질서, 안전 및 관리 면에서 경제적으로, 또 지속적으로 제공될 수 있는지 결정하는 것은 그리 간단한 문제가 아닙니다. 앤서니 트롤로프 씨[7]라면 여우 사냥을 추천할 수도 있겠죠. 허들 경주는 이 운동의 장점에 특별한 관심을 기울인 신사들에 의해 본격적으로 추진된 바 있습니다. 반면 뉴욕에서는 몇 년 간의 숙고와 몇 번의 실험 끝에 야구, 크리켓, 풋볼 클럽을 위한 공간조차도 빠르게 제공하기 어렵다는 결정이 내려졌으며, 이는 전체 인구 중에서도 매우 큰 영향력을 지닌 이들에게 큰 실망을 안겨 주었습니다.

저는 지금 이 질문에 따른 여러 세부 사항을 논의할 것이 아니라, 사방으로 트인 공간이 아니고서야 비참여자들의 안전을 보장하기 힘든 어떤 종류의 오락도 고려하지 않을 것, 학교에 다니는 소년들만을 위한 공놀이용 일상 공간이 공공 비용으로 제공되어야 한다는 결론을 채택하지 않을 것, 그리고 이것이 도시의 여가 활동 시스템이 아닌 교육 시스템의 일부로 제공되어야 한다는 결론에 도달하지 않기를 제안합니다. 제가 단지 말하고 싶은 것은 이것입니다. 이곳이나 다른 곳에서 제안한 넓은 도로에서, 혹은 비교적 작은 트인 공간이 충분히 제공되더라도 하기 어려운 운동을 꼭 해야 할 목적이 없다는 점, 그리고 물론 넓은 땅에서 할 수 있는 활동적인 여가 활동이 가진 이점이 있겠지만, 그럼에도 전반적으로 봤을 때 특수한 목적을 가진 넓은

---

7 앤서니 트롤로프(Anthony Trollope)는 19세기 영국 빅토리아 시대의 소설가이자 여행 작가, 정치인으로, 미국 여행기를 펴내기도 했다.

공간보다 여러 개의 작은 공간을 조성하는 것이 나을 것이라는 점만큼은 말씀드리고 싶습니다.

이제 수용적 여가 활동에 대해 이야기를 해봅시다. 우리는 사회 활동으로서 또는 여럿이 함께 참여하는 여가 활동의 형태를 고려할 것이므로, 많은 사람이 모였을 때 평균적인 즐거움이 가장 큰 정도에 따라, 또는 적은 수가 모여 개인적인 친근감을 보이는 것이 편안한 경우를 기준으로 이 주제를 다시 하위 유형으로 나누는 것이 편리할 것입니다. 이 중 첫 번째 하위 유형의 여가 활동에 따른 우리의 즐거움은 일반적으로 충분히 설명하기 힘든, 모두가 지닌 본능에 의존하는 것으로 보이며, 따라서 저는 그것을 사교성을 띤 사회 수용적 '여가 활동'이라고 부릅니다. 또 다른 하위 유형은 '이웃'이라는 단어로 앞의 유형과 충분히 구별될 것입니다.

뉴잉글랜드 사회에서 순수하게 즐거운 여가 활동은 유치하고 야만적인 것으로 평가받는데, 아마도 소위 지적 만족이라고 부를 것이 없기 때문이라고 생각됩니다. 우리는 간접적으로, 은밀하게, 그리고 복잡한 방식으로 이를 누리려는 경향이 있습니다. 그럼에도 제가 봤을 때는 단순한 즐거움에서 만족을 얻는다는 점에서 인기가 있는 여가 활동의 형태가 존재하며, 그에 빠져든 사람들에게 이런 활동은 너무나도 인기가 높아 참여 조건을 내세우기도 합니다.

공공장소와 현관 밖에서, 수목 사이에서 이와 같은 본능이 가장 완벽하게 충족되었던 곳이 어딘지 자문해 보면, 답은 샹젤리제의 산책로일 것입니다. 그 뒤를 바짝 따르는 유럽의 다른 산책로와 뉴욕 공원의 이름도 댈 수 있습니다. 저는 후자를 몇 년 동안 열심히 지켜보았습니다. 5만여 명의 사람들이 이곳에 참여하는 것을 여러 차례 보았습니다. 그리고 보면 볼수록 도시 생활의 해악에 대항하는 수단으로서 이 공간들의 가치를 더 높이 평가하게 되었습니다.

뉴욕과 브루클린의 공원(센트럴파크와 프로스펙트파크)은 그리스도 탄생 이후 1870년이 지난 오늘날 그리스도인들이 함께 모이는 유일한

↑ 센트럴파크 프롬나드의 산책자들, 1906. 센트럴파크의 산책로는
단순히 명상과 사색만을 위한 곳이 아니라, 시민이 서로를 만나고
도시 사회를 향유하는 중요한 사교의 장소였다.

장소이자, 이렇게 함께 모인다는 기대에 매우 기뻐하고, 모든 계층이 잘 대표되고 있으며, 공통의 목적을 지니고, 전혀 지적이지 않고, 경쟁심도 없이, 누구에게도 질투심과 영적 또는 지적 허영을 부리지 않으며, 각자의 존재가 그저 다른 모든 이의 기쁨에 더해지며, 모두 서로의 행복을 돕는 상황을 발견할 수 있는 각 도시의 유일한 공간입니다. 따라서 종종 빈자와 부자, 젊은이와 노인, 유대인과 비유대인이 가까이 모여 있는 방대한 수의 사람들을 볼 수 있을 것입니다. 저는 십만여 명이 모인 것을 본 적이 있는데, 그중 몇 명은 약간 멍해 보이며 그 상황을 잘 이해하지 못하고 아마도 조금 부끄러워하는 것 같기도 했지만, 전반적으로는 선하고 기분 좋은 표정이었습니다. 이에 전혀 공감하지 못하는 사람을 한 명이라도 찾고자 열심히 노력했으나 아무런 소득이 없었습니다.

사람들이 이런 방식으로 깨끗한 공기와 하늘의 빛 아래에 함께 모이는 것이 좋은 일인지, 또는 이것이 도시 생활의 힘들고 바쁜 보통의 일상에 직접적인 순화 작용을 미치는지에 대해 이의가 있을 수 있습니까?

여러분의 생각이 저와 같으리라고 확신하는 것은, 이와 같은 인파에게 기회, 다시 말해 편리하고 매력적인 기회를 제공하는 것은 도시의 확장을 계획할 때 아주 좋은 일이기 때문입니다.

제가 특히 샹젤리제 거리를 언급한 것은 그곳 산책로가 최신이 아닌 매우 오래된 작품이고, 또 목적 달성을 위해 공원처럼 넓은 땅을 활용하지 않은 사례이기 때문입니다. 또한, 스페인과 포르투갈의 알라메다 거리[8]가 동일한 상황에서 매우 흥미로운 또 다른 사례를 제공한다는 것을 인정해야 합니다. 하지만 알다시피 소규모 지역 공간, 즉 우리가 가장 활동적인 여가 활동에 적합하다고 본 것들은 앞서 설명한 수용적 여가 활동에 전혀 적합하지 않습니다.

이 항목에 추가할 것이 하나 더 있습니다. 저는 개인적으로 보스턴의

---

8 알라메다(alameda)는 스페인과 포르투갈 지역에서 공원길 혹은 프롬나드와 같은 도로를 부르는 명칭이다.

관습을 잘 알지 못하나, 뉴잉글랜드의 다른 여러 도시와 미국 다른 지역에서 살거나 머무른 경험이 있습니다. 저는 동서남북 어디든 한 지역에서 오래 머무는 동안 지독히도 불완전한 형태의 집단 야외 여가 활동이라는 *관행*을 목격하지 않은 적이 없습니다. 이런 관행은 보통 목적이 완전히 다른 형편없는 핑계로 포장되는데, 예를 들어 공동묘지 방문을 들 수 있습니다. 만약 모든 사람에게 이와 같은 여가 활동이 필요하다는 것을 인정하고 그에 따라 적절하게 제공된다면 훨씬 좋고, 저렴하고, 모든 면에서 덜 해롭고, 몸과 마음과 영혼을 더 건강하게 할 것이라 확신합니다.

다음으로, 사람들이 대도시의 퇴폐화와 도덕적 타락에 대한 편견에 강하게 대항할 수 있다는 조건 아래, 제가 '이웃과 함께 즐기는 여가 활동' 이라고 부르는 일에 참여하도록 유도할 방법을 알아봅시다. 제가 하고 싶은 말이 무엇인지 더 명확하게 설명하기 위해 익숙한 가정 내 모임에서 볼 법한 예를 들겠습니다. 그곳에서 아이들이 재잘대는 소리는 좀 더 차분한 어른들의 편안한 대화와 섞여 들어가고, 신선한 공기, 기분 좋은 빛, 적당한 온도, 아늑한 쉼터, 그리고 눈을 즐겁게 해주는 가구와 장식, 좋은 분위기로 신체적 욕구가 충족되고, 한편으로는 과한 감탄을 불러일으키거나 피로감이나 혐오감을 불러일으키지 않습니다. 정신을 자극하는 노력 없이도 모든 상황이 즐거운 각성을 가능하게 합니다. 동시에 가정, 아이들, 어머니, 연인, 혹은 연인이 될 수 있는 사람들과의 밀접한 관계는 더 섬세한 공감을 일으키고 유지하며, 업무 중이거나 산책할 때는 잠들어 있던 능력을 발휘하게 합니다. 동시에 가족의 모든 요구를 세세하게 충족시키고, 지도하고, 가르치고, 책망하는 등의 일은 의식적인 노력의 영역으로 가능한 한 제쳐 놓습니다.

우리는 모두 본능적으로 이와 같은 사회적이고 친근하고 힘을 들이지 않는 형태의 여가 활동을 선호합니다. 이는 어떤 식으로든 간에 지금 우리가 서 있는 곳에서 몇 마일 안에 사는 수백만 명의 남녀에게 끊임없이 영향을 미칠 것입니다. 건강과 덕을 기르는 데 어느 정도나 영향을 미칠지는 대부분 [주어진] 기회와 독려에 달려 있습니다. 그리고 이 질문은 오늘날 우리가 천 년 동안 만들어 낸 결정과 연관되어 있습니다.

이 도시의 진입 지점에서 많은 사람들에게 있어 평범한 상태가 무엇인지 생각해 봅시다. 대중은 지금 여러분이 자랑스럽지 않게 생각하는 몇몇 거리가 묘사된 책을 읽고 있습니다. 내년 여름의 어느 날씨 좋은 저녁에 붉은색 십자가[9]가 표시된 거리 중 하나로 가 그곳에서 사는 사람들과 잘 지내고 있는지 물어보십시오. 종종 여러분은 답답한 실내를 피해 밖으로 나온 사람들 대여섯 명이 문앞 연석에 일렬로 앉아 발을 홈통에 담그고 있는 모습을 보게 될 것입니다. 어머니들은 포장도로를 지나는 시끄러운 바퀴 사이에서 아이가 놀며 돌아다니는 모습을 걱정스럽게 지켜보고 있겠죠.

이번에는 젊은 남성 대여섯 명쯤이 무리 지어 무례하게 보도를 막고 있는 모습을 얼마나 자주 보는지 생각해 봅시다. 그들은 주로 길에서 지나가는 사람들이 남성이든 여성이든, 또는 아이들이든 간에 누구인지도 알지 못한 채로, 존경심이나 동정심도 없이 행인들에 대한 수다를 나누며 나른한 태도를 보입니다. 그들에게, 또는 그들 사이에는 감탄이나 고상함, 남성미, 다정함을 느끼게 할 만한 것이 아무것도 없습니다. 당장의 육체적 안락함을 찾아 환하게 불이 켜진 지하실로 내려가 자신과 같은 종류의 다른 사람들을 만나고, 온갖 추잡한 것들을 보고, 듣고, 냄새를 맡고, 마시고, 먹어 댑니다.

길가에서든 술집에서든, 이 젊은이들은 이웃과 아내, 어머니와 아이들과 함께 깨끗하고 건강하며 섬세하고 세련된 상황에서 차를 마시는 것으로 채워지는 만족감과 동일한 본능의 영향을 받고 있습니다.

만약 이곳에 대도시가 조금씩 건설되고, 주로 토지 소유주들의 견해에 맞춰 개별적으로 진행된다면, 그리고 그들이 하는 일이 당장 다음 주 또는

---

9 19세기에 전염병 감염자가 나온 집의 현관문 위에 방역을 목적으로 그린 역병 십자가(plague cross)를 의미한다.

다음 해에 자신이 보유한 몇몇 토지에 어떤 영향을 미칠지만 고려한다면, 폐에 맑은 햇살이 녹아 깃든 공기를 쐬고, 도시 생활의 열망과 지적 투쟁에서 벗어나 휴식을 취할 기회는 항상 소수에게만 돌아갈 것이며, 대부분의 사람에게는 전혀 제공되지 않을 것입니다.

그러나 본질적으로 가정에서 은둔하는 계층의 사람들에게 공공이 여가 활동을 제공할 수 있을까요?

물론 이 질문은 경험에 의해서만 확실하게 대답할 수 있습니다. 그리고 제가 지닌 어느 정도의 경험을 바탕으로 대답해 보겠습니다. 미국에 큰 도시가 하나 있는데, 그곳에서는 어느 계층의 남자라도 아침에 출근할 때 아내에게 이렇게 말합니다. "여보, 아이들이 학교에서 돌아오면 바구니에 빵과 버터, 샐러드를 챙겨서 지난주에 우리가 존슨 가족을 만났던 밤나무 아래 개울로 가 있으세요. 내가 사무실에서 나오는 대로 그곳에서 합류할게요. 우유 배달부네 오두막으로 같이 걸어가서 차와 아이들이 마실 신선한 우유를 사 와 개울가에서 저녁을 먹읍시다." 이것은 농담이 아니라 바로 현재 일어나고 있는 진솔한 이야기입니다.

브루클린파크[10]가 완공되면 여름 내내 수천 명의 가족과 이웃들이 서로를 또는 다른 사람을 방해하지 않고 일정한 간격을 두고 야영을 하거나, 작년처럼 하루를 즐기러 나온 사람들을 위한 충분한 공간이 생길 것입니다. 준비가 여전히 매우 불완전하고 기반도 거의 마련되지 않았음에도 한두 가족으로 구성된 작은 모임들, 그리고 30명에서 150명에 이르는 단체로 오거나, 부모나 주일학교 선생님 또는 다른 안내원이나 친구들과 함께 온 2만 명에 달하는 어린이들이 나무 아래와 잔디밭에서 하루의 대부분을 보냈습니다. 이 경우 이웃과 함께 즐기는 수용적 여가 활동이 주된 활동이었습니다. 이들은 종종 바이올린, 플루트, 하프 등등의 악기를 가지고 왔습니다. 탁자, 의자, 그늘, 잔디, 그네, 시원한

---

10 뉴욕 브루클린에 있는 프로스펙트파크를 가리킨다. 옴스테드는 센트럴파크 설계 이후 1866년부터 프로스펙트파크 설계를 시작했으며, 설계 및 공사가 한창 진행되던 시기에 이 글을 발표했다.

↑ 노동절 휴일을 보내는 센트럴파크의 방문객들, 1907. 멀리 나가지 않더라도
도시 한복판에서 휴일을 보내는 것, 이는 일찍이 윌리엄 컬런 브라이언트가
주장한 공원의 가장 큰 목적이자 용도였다.

샘물과 반 마일 이상 뻗어 있는 쾌적한 시골 풍경이 마차 도로나 도시의 흔적 하나 없이 무료로 제공되었으며 빵과 우유, 아이스크림은 적당한 요금으로 판매됩니다. 실제로 가난한 여성들이 자신의 아이들이 스스로 즐기는 모습을 보면서 감사의 눈물을 흘리는 경우를 여러 번 보기도 했습니다.

이러한 동네 단위 축제에 드는 비용은 도시의 먼 곳에서 출발한 기차 비용을 포함하더라도 1인당 평균 25센트를 넘지 않습니다. 그리고 공원이 완료되면 지금 수백 명이 이용하는 곳에 수천 명이 이용하러 매일 오지 않을 이유가 없다고 생각합니다. 그렇다면 과로에 시달리며 대도시에 갇혀 지내는 사람들에게 수세대에 걸쳐 제공될 이런 여가 활동의 가치를 측정할 수 있을까요?

이를 위해서는 지금까지 고려한 어떤 지형도 전혀 적합하지 않습니다. 우리는 사람들이 하루 일과를 마치고 쉽게 갈 수 있으며, 거리의 번잡함과 소음을 느끼지 않고 한 시간 동안 산책할 수 있는 곳, 그래서 도시가 멀리 떨어져 있는 것처럼 느껴지는 곳을 원합니다. 도시의 거리, 상점, 주택과 최대한 대비되어 질서와 청결함을 보존하고 그 편리성을 유지하기를 원합니다. 특히 도시의 억압적이고 제한적인 조건, 즉 우리가 신중히 경계하며 질투심을 안은 채로 걷게 만들고 그로 인해 공감하지 못하고 다른 사람들을 예의 주시하도록 강요하는 조건과 최대한 대비되기를 원합니다. 정리하자면 우리가 가장 원하는 것은 깨끗한 잔디밭으로 이루어진 넓고 개방된 공간으로, 그 위에 충분히 놀 수 있는 공간이 있고 그 주변으로는 다양한 빛과 그늘을 제공하는 수목이 충분한 곳입니다. 이것이 우리가 원하는 핵심적인 특징입니다. 우리는 더운 날 편안함을 느끼게 해 줄 뿐만 아니라 도시를 풍경 밖으로 완전히 차단할 수 있을 만큼 두껍게 수목을 심기 바랍니다. 이것이 제대로 된 공원의 특징입니다.

이보다 더 가치 있는 여가 활동은 없습니다. 도시계획상 [지정된] 공간을 포함해 도시 안의 여러 지구 간의 직접적인 교류를 방해하더라도, 이 이상 중요한 것이 없습니다. 따라서 적절한 부지를 찾아 초기에 확보하여 보존하는 데 우리는 가장 많은 신경을 써야 할 것입니다.

산책로가 공원 경계면의 수풀 바깥쪽을 따라 이어지는 것은 큰 장점이 될 수 있으며, 여기저기 수목 사이로 열린 경관이 산책로에 있는 사람들에게 드러나도 아무런 문제가 없을 것입니다. 그러나 당분간 후자의 목적은 영광스럽고 필연적인 인공 환경 아래 *모인 인간의 삶을* 보는 것이고, 자연 경관은 여기서 필수적이지 않습니다. 그럼에도 아름다운 초원에 무성한 수목이 그늘을 넓게 드리우고, 초원 위로는 귀여운 소와 검은 얼굴의 양 떼가 흩어져 있고, 남녀노소가 그늘에 모여 여기저기 둘러앉아 있거나 수목이 우거진 곳과 물가를 오가는 것 이상으로 아름다운 그림이 없을 것입니다.

제가 앞서 말한 것에서 미루어 보았을 때 매우 울퉁불퉁한 땅, 가파른 언덕, 단순히 아름답거나 그저 기분 좋은 풍경과 달리 소위 픽처레스크라고 불리는 풍경이 도시공원에 바람직하다고 추론할 수 있을 것입니다. 제 생각은 완전히 다릅니다. 공원은 가능한 한 도시를 돋보이게 해야 합니다. 건축에서 개방성은 얻을 수 없으나, 픽처레스크스러움은 가능합니다. 예술가가 할 수 있는 만큼 픽처레스크하게 건물을 만들기 바랍니다. 이것은 도시의 아름다움에 해당합니다. 따라서 공원의 아름다움은 다른 어떤 것이 되어야 합니다. 들판, 초원, 대초원, 푸른 목초지, 잔잔한 물의 아름다움이 되어야 합니다. 우리가 구하는 것은 마음의 평온과 휴식입니다. [반면] 산은 노력을 암시합니다. 그러나 이 반대 의견 외에도 제가 정돈 수준이라고 부를 수 있는 다른 의견들도 있습니다. 매우 예외적인 상황이 아니고서는, 아주 픽처레스크한 성격의 대규모 공간에 다양성을 넣어 대중에게 제공하는 동시에, 공원이 지향해야 할 모든 좋은 목적에 파괴를 일으킬 조잡함, 무질서, 무례함, 음란함의 기회와 유혹이 발생하지 않도록 충분히 경계하는 것은 불가능에 가깝습니다.

또한, 공원 *자체*에서 정원다움[11]과 같은 아름다움을 추구하는 것도
좋지 않다고 생각합니다. 최근 프랑스인들이 아열대식물을 심는다는
명목으로 도입한 매우 인위적이고 이국적인 형태의 정원은 적절한
위치에 조성되어 흥미롭고 매력적인 결과를 얻었지만, 영국인들이 이를
무분별하게 따르면서 예전 공원이 지녔던 단순하되 유용함을 지닌
독특한 아름다움이 희생되고 있습니다. 이 두 가지 모두 장소, 그리고
매우 중요한 장소가 될 수 있지만, 부수적인 풍경과 조건이 아니라면
공원에 속하지 않습니다. 20년 전 하이드파크는 확실히 거칠고 예술성이
부족했지만 가장 기분 좋은 곳이었고, 개방적이며 자유롭고 매력적인
모습을 보였습니다. 그러나 지금 이곳은 철제 펜스가 쳐진 길고 거친
선들로 인해 예술성이 손상되었고, 그 뒤로는 온실 식물 다발이 여기저기
흩어져 있는 가운데 대중은 환자들이 침구 정리 시간에 잠시 나와 병원
마당을 돌아다니는 것처럼 그 사이를 돌아다니고 있습니다. 공원에서
대중을 죄수나 야수 취급해서는 안 됩니다. 공원에서 행해지는 모든 일,
공원 내 모든 예술의 가장 큰 목적은 사람들의 상상력을 통해 그들의
마음에 영향을 미치는 것이기에, 철제 장애물이 결코 좋은 영향을 줄 수
없습니다.

우리는 이렇게 대도시를 위한 공원의 이상을 충분히 정의했습니다. 이
이상적인 상태가 완전히 실현되는 경우는 거의 없을 것입니다. 다음
단계는 큰 비용을 들이지 않고 그 이상에 가장 근접한 상황을 선택하는
것입니다. 여기서 비용이란 단순히 토지나 건설 비용만이 아니라
불편함으로 인한 비용과 질서 유지의 비용, 즉 훨씬 더 심각한 문제를
의미하며, 이에 대해서는 더 많은 고민이 필요합니다.

큰 도시 근처에 잘 관리된 공원이 있다면 그 공원은 분명 도시의 새로운
중심지가 될 것입니다. 따라서 위치, 크기, 경계를 결정하는 일은 기존의,

---

11 정원다움(gardenesque)은 19세기 영국에서 유행한 정원 양식으로, 주요 특징으로는 화려하고
    다채로운 식재, 프랑스 전통 정원 요소인 파르테르에서 영감을 받은 색색의 융단형 잔디 식재
    등이 있다.

그리고 앞으로 생길 도시의 먼 지역과 공원 사이 새로운 간선 교통로를 마련하는 일과 관련이 있어야 합니다.

이런 도로는 폭이 200~500피트 정도 되는 좁고 비공식적인 공원의 연장선에서의 도로로, 여기부터 불규칙적으로 뻗어가는 길일 수도 있습니다. 또는 불행히도 뉴욕과 브루클린, 샌프란시스코와 시카고처럼 도시가 이미 안타까운 방식으로 배치된 경우라면, 물론 보스턴은 마차를 본 적조차 없는, 신을 두려워하는 양심적인 누군가가 오래전에 만든 계획에 따라 도시가 배치되어 [다행히] 그렇지 않지만, 아마 정형적인 파크웨이를 채택해야 할 것입니다. 파크웨이는 소음이 없고 혼잡하지 않도록 계획되고 건설되어야 하며, 여가용 차량이 가는 직진 방향이 절대적으로 필요한 교차로가 아니고서는 상업용으로 사용되는 대형 저속 차량에 방해받지 않도록 해야 합니다. 또한 가능하다면 비슷한 종류의 다른 길과 연결되거나 그물망처럼 얽힘으로써, 도시의 어디든 이런 도로로부터 도보 몇 분 거리 내에 있어야 합니다. 그리고 그 도로들은 식재와 장식의 과정을 통해 흥미롭게 조성되어 공원을 오가거나 출퇴근 시 그 도로를 지나며 부수적으로 여가 활동의 상당한 이점을 얻을 수 있을 것입니다. 공원을 그 자체로 완성된 것으로, 어떤 캔버스에 그려질 그림으로 간주하는 것은 흔히 하는 실수입니다. 오히려 외부의 개체들을 지속적으로 고려하면서, 그중 일부는 꽤 멀리 떨어져 있거나 심지어 화가의 상상 속에만 존재하는 상황에서 프레스코처럼 계획해야 합니다.

저는 이렇게 공공의 여가 활동 문제와 관련하여 우리가 손에 쥔 수단을 장기적 목적에 적용해야 한다는 의무를 인식할 수 있는 몇 가지 요점을 간략히 언급 드렸습니다. 대규모 건설 작업은 당장은 바람직하지 않을 수 있지만, 민간 개발로 인해 토지 정리가 지금보다 훨씬 어려워지기 전에 앞서 언급한 목적의 토지를 최대한 빨리 확보해야 한다는 데에 대해서는 의문의 여지가 거의 없을 것이라 믿습니다.

이 예비 공간의 건설에 관해 현세대에서는 단 1달러도 지출하면 안 되지만, 민간 건설 계획이 수립되는 순간부터 이 예비 공간의 보존을 반드시 준수해야 합니다.

현세대를 위해 아무것도 하지 말자고 주장하는 것이 아닙니다. 다만 포괄적이고 사업적인 통찰력과 연구가 부족하므로, 현세대에 어떤 일이 일어나더라도 후대에 어려움과 지출이 쌓이게 두어서는 안 된다는 것뿐입니다. 높은 확률로, 뉴욕과 마찬가지로 세금을 지금보다 크게 늘리지 않고도 현세대를 위해 많은 일을 할 수 있음이 밝혀질 것입니다.

하지만 여기서 질문이 생기죠. 공동체가 어떻게 하면 이 일을 가장 잘 처리할 수 있을까요?

이것은 사적이고 지엽적이며 특수한 이해관계가 서로 적대적으로 대립하는 작업이고, 격렬한 편견이 무의식중에 형성되기 쉬운 작업입니다. 또한 개인적인 욕심으로 인해 어떤 좋은 계획이 나오더라도 실망할 사람들이 오히려 합심해 그 계획을 없애기 위해 노력할 가능성이 매우 높은 작업(보통 여론 조작이라고 불리는 일)이므로 일반적인 지방 행정 조직은 그 목적에 부합하지 않습니다. 아마도 대중이 자신의 이익이나 현재의 대중에게 권한을 위임한 미래 모든 이들의 이익을 우선시하여 이 문제가 가능한 한 빨리 자신의 손에서 떠나 소수의 선별된 사람들이 효율적으로 처리해야 한다고 말하는 것은 무척 대담한 일일 터입니다. 그러나 이 일이 실제로 이루어지기 전까지는, 무의식적으로라도 자신의 돈주머니에 매우 가까운 실제 목적을 가진 이들이 산업적이고 독창적인 사업적 능력을 활용함으로써 여론을 더 포괄적이고 공정한 연구 결과를 무시하도록 유도하게 될 위험이, 공익에 관한 대부분의 문제보다 훨씬 더 크다고 감히 말씀드리고 싶습니다.

[그렇다고 해서] 여러분이 제가 대중이 참여하는 토론의 장점을 반대하거나 과소평가한다고 생각하지는 않을 것입니다. 제가 강조하고 싶은 것은 공원에 대한 질문, 심지어 부지와 전반적인 윤곽, 접근 방식과 같이 공원의 가장 기본적인 문제에는 모든 사람이 스스로 이익을 고려하고 그에 도움이 될 것을 스스로 판단하고, 자신의 이익을 위해 영향력을 행사해야 한다는 규칙이 적용되지 않는다는 점입니다. 그러나

이런 종류의 질문은 일반적으로 상식적인 사람이라면 직접적이고 중대한 사업적 책임의 문제로 보고, 이를 종합적으로 파악할 수 있는 누군가의 손에 가능한 한 빨리 맡기고 싶어 하기 마련입니다.

이 마지막 요점이야말로 다른 어떤 것보다 뉴욕의 경험이 다른 도시에 교훈이 되는 이유입니다. 따라서 여러분의 시간을 조금 더 써서 이 경험에 관한 부분을 직접적으로 다루고, 이를 통해 제가 발표를 요청받은 부분을 설명드리고자 합니다.

1851년, 뉴욕 주의회는 [맨해튼] 섬의 동쪽에 공원을 조성하는 법안을 통과시켰습니다. 그 후 이 주의회는 급작스럽고 뒤늦게, 현재 센트럴파크 부지 대부분을 도시가 소유할 수 있도록 하는 법안을 통과시켰습니다.

이 최종 조치는 첫 번째 법안이 통과된 후 한 시의원이 사적인 억울함을 해소하려고 시작했던 대응의 결과라고 합니다.

이 대응 과정을 보면, 두 번째 법안에 어떤 부지를 명시해야 하는지에 대한 질문이 제기되었을 때 발의자가 지도를 보며 물었습니다. "이제 어디로 가야 할까요?" 그의 동료가 어깨 너머로 바라보며 조금도 망설이지 않고 손가락을 짚었습니다. "저기로 갑시다." 가리킨 지점은 섬의 중앙쯤이었고, 이후 알게 된 바에 따르면 [이곳이] 그가 생각하기에 지역적 편중으로 인한 문제가 가장 적게 발생할 위치였습니다.

초기의 부지 선택은 이처럼 그 부지에 관해 특별한 책임이 없었던 한 사람에 의해 즉흥적으로 이루어졌습니다. 그는 이전에도 공원의 목적에 대해 잘 알고 있거나 관심을 가질 만한 업무를 해 오지 않았습니다.

가파른 능선에 있는 좁고 긴 땅을 제외하면, 이 섬에서 600에이커의 또 다른 부지를 찾기는 어려웠습니다. 우리가 공원의 가장 바람직한 특성이라고 생각하는 조건을 가지고 있거나, 그런 조건을 조성하기 위해 더 많은 시간과 노동력, 비용이 필요한 땅도 말입니다.

그러나 지형에 관한 문제점 외에도, 이곳에 시민들을 위한 휴양 시설을 제공해야 한다는 사실이 실질적으로 확실해졌을 무렵에는 등고의 결함이 발견되었고, 그 후 시가 100만 달러 이상을 들여 이 문제를 부분적으로나마 보완해야 했습니다. 처음부터 지혜롭게 고안했다면 그 비용을 절약해 공원의 접근로 중 하나를 확장할 수 있었을 것입니다. 현재라면 공정한 과정을 거쳐 200~300만 달러의 비용을 들이는 한이 있더라도 거의 만장일치로 납세자들이 지지를 보낼 접근로 확장안이었다고 확신합니다. 당시 공공의 담론은 이 실수를 바로잡는 데 완전히 실패했고, 그때의 상황이나 그 일을 맡은 사람들에 대해 크게 불만족스러워하지도 않았었습니다.

이후 6년 동안 위와 같은 공원 문제에 대한 많은 공개 및 비공개 토론이 이루어졌지만, 대중이 세운 기준에 따라 그간 여론이 진행된 양상을 판단한다면, 대체로 후퇴한 것으로 보입니다.

이 상황은 부와 영향력을 지닌 많은 사람이 해당 주제에 대해 무지하거나 성숙한 성찰이 부족한 탓에 공원 조성이 개개인에게 이익을 가져다줄 것이라고 예상하지 못했다는 점, 그리고 공원 조성 사업 비용이 단지 자신들이 내는 세금을 증가시킬 것이라 두려워하여 모든 희망적인 기대를 저버리게 만드는 습관에 젖어 버렸다는 사실에서 어느 정도 비롯된 것입니다.

[이들은] 옛 국가의 몇몇 도시들이 공원을 통해 여러 이점을 얻었다는 데에 반박할 수 없었음에도 쉽사리 "우리의 상황은 아주 다르다. 사방이 넓은 바다로 둘러싸여 있어 바닷바람이 불어오기 때문에 숨을 쉬기 위한 인공적인 장소가 필요하지 않다. 설령 그런 장소가 필요하다 하더라도 귀족들이 통치하던 옛날 도시공원과 같은 것은 이곳[미국]에서 절대 가능하지 않다"라고 말했습니다.

이 주장이 너무도 인상적이다 보니 많은 사람들이 이미 구매한 땅에 그저 공원이라는 이름을 붙이는 것 이상의 어떤 조치가 취해질 필요가 없다고 믿게 된 것입니다. 공론을 이끌던 한 시민은 당장 부지 경계선 안의 땅을 갈아엎어 그곳에 묘목을 심는 것 이상은 필요 없다고 말하며, 주로 포플러 묘목을 심었다가 나중에 성장하면 [공원 부지] 내부로 이식하는 방법을 통해 공원을 경제적으로 조성함으로써 이후 공원이

해야 할 역할을 충분히 수행할 수 있을 것이라 말하기도 했습니다.

또 다른 저명한 전문가가 대중매체를 통해 강력하게 주장한 내용은 이 부지를 양 떼가 다니는 길로 임대해야 한다는 것이었습니다. 양 떼가 우리로 드나들 때 생겨나는 길은 대중에게 완벽한 보행로를 선사하므로, 시간이 지나면 이 공간에 머물고 싶은 사람들에게 픽처레스크하고 산책하기에 아주 적합한 길을 조성하는 데 필요한 모든 것을 제공하리라 여겼습니다.

기존의 공공 공간을 이용하는 것이 폭동과 방탕한 습관을 조장한다는 주장이 자주 제기된 바 있습니다. 대형 공원은 필연적으로 [이런 폭동과 방탕한 습관이 생길] 더 큰 기회를 제공하기에 결국 이 양상의 악화된 형태를 보일 가능성이 높고, 따라서 [공원을] 섬세하게 조성하는 것은 완전히 낭비에 불과하다는 주장도 있습니다.

법안 제정 7년 차에 「헤럴드」에 실린 사설 일부를 인용해 보면, 이 주제를 둘러싼 당시 대중의 확고한 신념에 관해 신문의 노련한 논설위원이 어떤 견해를 가지고 있었는지 알 수 있습니다.

이 나라에서 옛 귀족제 국가들과 같은 공원을 기대하는 것은 어리석은 일이다. 우리가 공원을 개원하면 일반적인 미국인들은 그 안에서 퍼질러져 있을 것이고, 교회, 거리, 또는 다른 곳에서 친구들을 데려올 것이다. 그는 자신과 논쟁을 벌이는 더 잘 차려입은 남자에게 주먹질하고, 벤치에 마냥 앉아 말하고 노래나 부르다 다소 거친 방식으로 보육 교사들과 시시덕거릴 것이다. 이제 우리는 윌리엄 B. 애스터와 에드워드 에버렛에게 이 동료 시민들을 어떻게 할 것인지 물어야 한다. 그 미국인들과 이들이 과연 같은 장소를 즐길 수 있을까? 미국인들은 이들을 내쫓을 것이 분명하고, 위대한 센트럴파크는 안타깝고 측은한 기도의 대상이 되는 도시 내 최하층 주민들을 위한 위대한 불곰 소장으로 전락하리라는 게 분명하지 않은가?

이 사설은 또한 공원 건설이 주변 지역의 부동산 가치에 부정적인 영향을 미칠 것이라고 주장하며, 아일랜드와 독일의 주류 판매상이 이 지역을 위스키숍이나 맥줏집으로 활용하는 경우만 [가치 하락에서] 예외로 할 수 있을 것이라 주장했습니다.

이 법이 통과된 후 6년, 7년, 8년이 지난 시점까지도 앞서 언급한 것과 비슷한 견해를 가진 저명한 시민들이 많이 있었습니다.

저는 이런 '신사'들이 공원에 갈 것이라고 생각하는지, 또는 그들이 아내와 딸들의 공원 방문을 허락할 것이라 생각하는지에 관한 질문을 받은 적이 있습니다. 또 어떤 유명 변호사가 주장하기를, 뉴욕의 일반 대중에게 개방된 넓은 공간에서 경찰이 질서와 품위를 유지하기 위해 무슨 조치를 취하리라는 생각은 터무니없다는 말을 듣기도 했습니다. 공사가 시작된 후에는, 공원 담당자들의 무모하고 사치스럽고 배려심 없는 정책이 중단되지 않는다면 과세 부담과 부유층에서 일어날 혐오감이 그 담당자들을 도시에서 쫓아낼 것이며, 따라서 도시 번영에 심각한 손상이 초래할 것이라는 확신에 찬 비난을 자주 들었습니다.

여러분 모두가 익히 명성을 들었고, 또 많은 이들이 개인적으로 알고 있는 한 사람은 "내 가족이 사용할 목적으로 내 사유지에 더 좋은 것을 요구할 수도 있지 않은가?"라고 물은 적이 있습니다. 이에 대해 누군가 그에게 답했습니다. 한 가족을 위해 설계하는 경우보다 20만이 넘는 가족과 그들의 손님을 위해 설계할 때, 더 신중하게 부지를 준비할 수 있다고 말입니다.

공원이 성급하고 무분별한 사업이라는 확신이 점점 커지고 그 사업에 예산이 목적 없이 남용될 것이라는 우려가 생기는 것은, 의심할 여지 없이 6년 차에 주지사가 임명한 사람들, 즉 [공원을] 관리하는 위원들의 성격과 그들에게 부여된 매우 특별한 권한과도 무관하지 않았을 것입니다. 어쨌든 위원 대다수는 정치권에서의 역할보다 은행, 철도, 광산업, 제조업 분야에서 훨씬 더 잘 알려져 있었으니까요. 반면 공원의 모든 내부 문제에 대해 스스로의 판단과 의지를 따르도록 그들에게 부여된 권한은 유사한 중요성을 지닌 그 어떤 공공 단체에 부여된 것보다 더 컸습니다.

대부분의 다른 사업가에 비해 위원들은 임명 당시 자신의 직무에 대해 알고 있거나 관심을 가졌던 적이 거의 없었을 것입니다. 아마도 업무 관리 방법에 있어 평균적인 대중의 의견을 상당히 잘 반영했을 것 같습니다. 이 상황에서 그들이 어떻게 대중의 의견과 매우 다른 길을 선택하게 되었고 그 길을 꿋꿋이 추구하게 되었는지 묻는다면, 아마도 그 누구도 임명을 원했거나 요청하지 않았다는 사실, 특정 단체나 정당, 개인을 위해 봉사해야 한다는 조건이나 의무가 전혀 없이 임명이 이루어졌다는 사실, 그들에게 부여된 특별한 권한 덕분에 이 문제에 대한 그들의 책임감이 매우 단순하고 직접적인 성격의 것이었으며 따라서 훈련된 사업가의 기술로 [다음의] 질문을 바로 마주할 수 있었다는 사실에서 찾을 수 있다고 생각합니다.

"여기 우리 손에 토지가 들어왔습니다. 어떤 정책을 써야 주주들에게 가장 좋은 이익을 가져다줄 수 있을까요?"

또한 이 위원들은 이 특별한 사업에 대해 어느 정도 이해하게 된 시기에 임기를 완수해 떠나는 대신 지금까지도 그 자리에 남아 있습니다. 12년 동안 말입니다.

그들은 최대한 민간 법인회사 이사회와 비슷한 업무 처리 방식을 채택했습니다. 비공개로 회의를 진행하는 등 공무원에게 일반적으로 적용할 절차를 무시하고, 서기는 그 결과가 담긴 보고서를 신문에 제공할 것만을 지시받았죠. 그들은 임용 첫해 동안 정책, 조직, 계획에 대한 안건으로 시간을 보냈고, 실질적인 작업은 전혀 하지 않았습니다.

공사가 시작되자 그들은 뉴욕 공무원이라면 보통 업무 시간과 정신의 90퍼센트를 쏟는 계약 체결, 임명, 승진, 해고 등의 일에 직접 관여하는 것을 거부했습니다. 대신 이 모든 것이 운영 책임자들에게 넘어갔습니다.

이렇게 대중이 전혀 대비되지 않았던 상태에서 이 독특한 업무 처리 방식의 특징은 [현장에 적용된] 공사 관련 정책과 결합했습니다. 이미 도시의 가장 큰 납세자들이 강력하게 반대하는 상황에서 다양한 사적 목적을 추구하는 사람들과 그 지인들이 지닌 영향력이 위원회로부터 무시당하자, 여론은 위원회를 매우 적대시하는 방향으로 형성되었습니다. 시장은 위원회를 비난하는 메시지를 보냈고, 시의회와 다른 행정 부서는 그들과 협력하기를 거부했으며, 종종 그들의 업무를 가로막는 장애물이 되기도 했습니다. 그들은 탄핵과 기소 위협을 받았고, 한동안 일부 신문은 매번 그들을 공격했으며, 비난과 조롱을 일삼았습니다. 한 번은 폭도들에 의해 회의가 중단되었고, 입법 조사 위원회는 그들의 업무에 대해 다섯 번이나 감찰했는데 한두 번은 막대한 비용을 들여 변호사, 회계사, 엔지니어 및 기타 전문가를 고용하기까지 했습니다. 따라서 한동안 여론은 거의 모든 공개적인 방법을 통해 위원회를 반대하는 것처럼 보였습니다.

부분적으로는 개개인의 성격으로 인해, 부분적으로는 입법부에서 부여한 특별한 권한 덕분에, 또 부분적으로는 특이한 정치적 상황으로 인한 우연의 결과이든, 이 사람들만큼 힘이 있거나 그에 대한 자신이 있는 사람이 아니었다면 이처럼 대중의 즉각적인 지지를 거의 받지 못하는 정책과 방법을 추진할 수 없었을 것입니다. 결과적으로 개개인의 성격이 가장 중요하게 작용했으며, 결국 그들이 정직하다는 사실이 문제의 타개책이 되었습니다. 겨우 칼날 하나 차이로 추격하는 반대자들을 따돌렸고, 이 사실은 공원 곳곳에 임시로 남겨 둔 부분이 영구적인 형태로 남아 있는 데에서 여전히 확인됩니다. 한때는 거의 4천 명의 노동자가 고용되었고, 약 1년 동안은 밤낮으로 일을 계속하여 공사를 가능한 한 빨리 중단시키려는 사람들이 손을 쓸 수 없는 수준까지 도달하고자 했을 정도입니다. 그런 상황에서도 반드시 지켜야 할 규칙이 있었습니다. "중요한 기회를 놓치지 말자. 우리는 말馬을 아낄 수 있지만, 총알은 반드시 사수해야 한다." 그리고 지금 모든 것이 완벽한 상태라고 생각하지 않더라도, 어쨌든 모든 상황에서 총알은 아낄 수 있었습니다.

지금까지의 결과가 지닌 중요성을 완전히 이해하기 위해서는 센트럴파크가 오늘날까지도 일부 지점에서 미완성 상태라는 점, 인구가 모인 도시 중심부에서 공원 한가운데까지의 거리가 여전히 4마일이라는 점, 증기 수송 수단이 없다는 점, 다른 교통수단이 간접적이고 지나치게 불편하거나 너무 비싸다는 점을 고려할 필요가 있습니다. 일상적이고 실질적인 의미에서, 대다수에게 이 공원은 100마일 떨어져 있는 것이나 다름없습니다. 공원을 본 적이 없는 사람이 수십만 명이고, 일요일이나 공휴일에만 본 적 있는 사람이 수십만 명입니다. 공원을 가장 유용하게 사용해야 할 도시의 아이들은 공휴일이나 방학 때만 공원에 갈 수 있고, 그때마저도 왕복 차비를 지출해야 합니다.

또한, 센트럴파크는 현재와 같은 용도로 계획된 것이 아니라, 장차 [맨해튼이] 사방이 물에 둘러싸이고 200만의 인구가 밀집된 중심부에 이 공원이 자리할 것을 상정하고 계획된 것임을 기억해야 합니다. 따라서 이 공원에서 수행된 작업의 상당 부분은 아직 결과가 나오지 않은 것입니다.

소위 보편적 상식이라고 불리는 것과 특별히 의도된 사업과 같은 형태 간의 상대적 가치에 대한 문제는 비용 대비 편익의 비교를 통해 해결되어야 합니다. 지난 4년간 센트럴파크를 방문한 사람은 실제 집계 기준으로 3천만 명을 넘었고, 집계되지 않은 방문객도 많을 것으로 추정합니다. 하루에 5만에서 8만 명이 도보로, 3만 명이 마차를 타고, 4천에서 5천 명이 말을 타고 자주 방문하고 있습니다.

자주 오는 방문객 중에 몇 년 전만 해도 이 공화주의 국가에, 특히 뉴욕이라는 도시에 '신사'를 위한 휴양지로서 적합한 공원은 있을 수 없다고 믿었던 사람들까지도 모두 발견할 수 있었습니다. 그들은 아내와 딸들과 함께 오페라나 교회보다도 공원을 더 자주 찾고 있습니다.

많은 부유층 남성은 사업가들이 사업장을 찾는 것처럼 습관적으로 그리고 정기적으로 공원을 찾습니다. 물론 그럴 만한 이유가 있고, 그 이유는 그들의 경험에서 비롯된 것입니다.

공중 보건에 이미 큰 영향을 미치고 있다는 데에는 의심의 여지가 없습니다. 이 점에 관해서는 도시의 중견 의사들의 증언이 일치할 것입니다. 혹자는 말합니다. "예전에는 특정 계층의 환자들에게 사업을 완전히 관두고 도시를 떠나라고 말했지만, 이제는 단순히 절제하라고 조언하고, 사무실에 가기 전에 공원을 산책하라고, 또는 저녁 식사 전에 가족과 함께 마차를 타고 돌라고 처방하는 경우가 많습니다. 이 과정을 습관으로 삼는 것만으로도 건강이 자주 나빠지던 남성들이 빠르게 기력을 회복하고, 중요한 사업에서 활동적이고 주도적인 영향력을 유지할 수 있게 됩니다. 아니라면 은퇴를 강요받았을 것입니다. 나는 특정 상황에서는 여학생들에게 학업을 완전히 또는 일시 중단하고 하루에 몇 시간씩 공원에서 산책하라고 말합니다."

너무 가난해서 시골에서 요양할 수 없는 수많은 여성과 아이들의 삶 역시 이제 공원에 가도록 함으로써 구할 수 있게 되었습니다. 뜨거웠던 지난 7월의 어느 날, 저는 대부분 취학 연령 미만의 자녀를 동반한 어머니들로 구성된 18개의 단체가 동시에 공원에 방문한 것을 보았습니다. 이들은 피크닉을 하며 집에서 가져온 점심을 함께 먹고 있었죠. 이 관행은 의료계의 권고에 따라 특히 여름철 불쾌감이 만연할 때 증가하곤 합니다.

환자들이 하루에 몇 시간 동안 공원에서 보내면 회복 속도가 훨씬 빨라지고, 중병을 앓은 후에도 안전하게 일상의 직업으로 복귀할 수 있다는 사실이 알려지기 시작했습니다. 따라서 도시의 생산적인 노동을 증가시킨다는 부분은 중요한 지점입니다.

이에 더해 이 공원은 방문객으로 하여금 도시를 매력적으로 느끼게 해 도시의 교역량을 늘리고, 다른 곳에서 재산을 모은 많은 사람들이 이곳에 정착하여 납세자가 되도록 했습니다. 이런 면에서 도시가 보유한 모든 대학, 학교, 도서관, 박물관, 미술관보다도 훨씬 더 큰 영향을 미쳤습니다. 또한 이 지방에서 부를 축적한 많은 외국인을 불러 모았으며, 이들은 부를 향유하기 위해 유럽으로 가는 대신 이 도시에 영구적으로 정착하게 되었습니다.

그러면 공원의 엄청나게 '나쁜 징후'는 어떻게 되었을까요? 다음은 이후 「헤럴드」에 실린 내용입니다.

누군가 국가에 대해 절망하고 싶을 때는 토요일에 센트럴파크에 가서 몇 시간 동안 사람들을 바라보라. 화려한 마차를 타고 오는 사람이 아니라 걸어서 오거나, 대단히 민주적인 교통수단인 철도마차를 타고 오는 사람들을. 그리고 만약 해가 나무들 너머로 지기 시작할 때 그가 기쁜 마음으로 집으로 돌아가지 않는다면…

이런 식으로 감정적인 표현이 이어지다 결론을 짓습니다.

우리는 마차와 의복이 더 화려할수록, 그 마차를 타고 고급스럽게 차려입은 매우 잘생긴 사람들의 나쁜 매너가 더욱 부끄럽다는 것을 유감스럽게 생각한다. 보행자들은 항상 예의 바르게 행동한다는 점을 덧붙이고 싶다.

여기서 우리는 공원의 역사에서 다른 어떤 것보다 사회과학적으로 더 가치 있는 사실을 접하게 됩니다. 그러나 그것을 완전히 이해하려면 저녁나절을 할애해야 할 것입니다. 위원회는 뉴욕 사람들과 같은 인구가 무차별적으로 이용하는 공원에서 난폭한 행동과 무질서를 방지하는 것이 가장 큰 과제라는 인식을 처음부터 갖고 있었으며, 이를 극복하기 위한 방안은 다른 어떤 것보다 많은 연구가 필요했습니다.

임시방편에 불과한 것의 가치를 판단하기에는 아직 이르지만, 공원에서 특별한 보호 없이도 여학생들이 돌아다니도록 두는 부모들이 아직 많고, 이런 일은 [공원이 아닌] 뉴욕의 다른 곳에서는 거의 찾아볼 수 없습니다. 공원이라고 해서 교회에 비해 불량한 행동이나 음란한 행동을 더 자주 볼 수 있는 것은 아니며, 시골 사람들의 무지 때문에 발생하는 가장 가벼운 경범죄를 포함한 모든 범죄 행위는 방문객 수백만 명당 겨우 20건에 불과했습니다. 그중 극히 일부 건만이 공원을 점령해 버리고 이 공간을 안전하지 않고 품위 있는 사람들에게 적합하지 않은 장소로 만들 것으로 예측했던 계층과 관련이 있었습니다.

공원에는 섬세한 작업이 많이 이루어지고 있으며, 그중 일부는 개개인의 기부로 진행됩니다. 이는 파라솔을 든 소녀나 자갈을 던지는 소년이 순식간에 무가치하게 만들 수 있는 것들에 해당합니다. [하지만] 경영진의 관리 정책 범주에서 벗어났던, 그래서 규칙의 필요성을 드러낸 한두 경우를 제외하고는 무분별함, 부주의함, 또는 난폭함으로 인한 사소한 피해는 발생하지 않았습니다.

제러미 벤담은 '범죄 예방 수단The Means of Preventing Crimes'을 논하면서 인간의 마음이 만들어 낼 수 있는 모든 무해한 오락은 두 가지 관점에서 유용하다고 했습니다. 첫째, 그 자체로 즐거움을 가져다주기 때문이고, 둘째, 인간의 본성에서 비롯되는 위험한 성향을 약화시키는 경향이 있기 때문입니다.

공원을 방문하는 사람들의 행동을 면밀하게 관찰해 본 사람이라면, 공원이 도시의 가장 불행하고 가장 무법한 계층에 명확하고 조화롭고 세련된 영향을 미친다는 사실을 의심할 수 없을 것입니다. 공원은 예의, 자제력, 절제에 유리한 영향을 미칩니다.

공원 한가운데에 자리한 서너 군데에서 맥주, 와인, 시드르를 다른 간식과 같이 방문객들에게 판매하고 있는데, 바가 아니라 남성과 여성이 함께 앉을 수 있는 테이블에서 서빙됩니다. 어떤 해악이 있었을지 모르겠지만, 확실한 것은 공원 경계부에 술집이 생기는 것을 막는 데 좋은 효과를 냈습니다. 예상과 달리 공원 개원 이후로 술집의 수가 증가하지도 않았습니다.

센트럴파크에서 술을 마시고 인사불성이 된 남성과 여성이 있었다는 것은 본 적도 들은 적도 없습니다. 몇몇 방문객들이 술을 가져와 몰래 마셨던 사례를 제외하고는 말이죠. [물론] 현재 제공되는 판매 음료 구성은 아직 임시적이며 불완전하다고 생각합니다.

여름철이면 일요일마다 평균 3~4만 명이 도보로 공원에 방문하며, 날씨가 좋은 날에는 그 수가 10만 명에 달하기도 합니다. 주세법에 따라 대부분의 주류 판매점이 경찰 단속으로 일요일마다 문을 닫지만, 공원 방문객은 이전보다 훨씬 더 늘었습니다. 교회에서 비슷한 증가세가 확인된 바는 없습니다.

센트럴파크가 매력적인 곳이 된 직후 일요일 주류 판매를 막고자 하는 시도가 진지하게 추진되기 전, 공원 관리 책임자는 방문객 중 한 명이 도시에서 손꼽는 대형 술집의 주인임을 알아차렸다고 합니다. 그에게 말을 걸고 놀라움을 표현했죠. 그 술집 주인은 "내 일요일 손님들을 왕창 빼앗아 간 이 악마 같은 곳을 보러 왔습니다"라고 말했다고 합니다.

저는 공원이 주류 판매점이나 더 나쁜 장소들과 경쟁 관계에 있다는 추론이 가능하다고 생각합니다. 그러나 교회나 주일학교와는 경쟁 관계에 있지 않습니다.

공원 주변의 토지는 전면의 길이가 7마일에 달하는데, 위원회의 정책에 반대하는 사람들이 예상한 대로 진행되지 않고 매년 200퍼센트씩 그 가치가 상승해 왔습니다.

공원 조성에 비용이 매우 많이 들었는데(500만 달러에 달합니다), 이는 부지가 지닌 아주 특수한 난관을 특별한 방법으로 극복해야 했기 때문입니다. 그러나 이 비용에 대한 이자는 지금도 도보 방문객에게 3센트, 다른 사람들에게는 6센트의 입장료를 부과하는 것만으로 충분히 충족될 수 있습니다. 그리고 먼 곳에서 오는 거의 모든 방문객이 이 특권을 누리기 위해 자발적으로 이보다 훨씬 더 많은 돈을 지불하고 있다는 점을 기억해야 합니다.

그러나 초기에 무심코 내렸던, 상식 수준에서 이해할 법한 실수를 포함한 모든 공원 조성 비용은 이후 공원의 영향으로 인해 도시에 유입된 추가 자본으로 이미 오래전 보상되고도 남았다는 점이 보편적으로 인정받고 있습니다.

마지막으로, 세속적인 지혜에 관한 질문으로 돌아가 봅시다. 센트럴파크가 본격적으로 활용되기 시작하자 여론이 바뀌어 갔고, 몇 달 만에 안정화되었습니다. 오랫동안 자신의 본분을 지키려고 끈질기게 노력한 결과, 위원들은 현세대에서 시민 관련 업무를 담당한 사람 중 가장 인기 있는 인물들이 되었습니다. 그들은 실제로 거의 불편할 정도로

인기가 많아져, 때로는 그들에게 맡기려는 업무를 일부 '로비'하여 분배할
필요까지 있었을 정도입니다.

　몇 가지 사실은 여론의 변화가 어떠했는지를 보여 줍니다. 위원들이
일을 시작했을 때, 많은 관계자들이 600에이커의 토지가 공원의 모든
목적에 비해 너무 크다고 생각했습니다. 센트럴파크가 사용되기 시작한
이후 뉴욕만의 두 주요 도시 내 공원 면적이 3배 이상 증가했으며, 공원
전용으로 보존된 면적만 약 2,000에이커에 달하는 한편, 대중의 요구는
줄어들기는커녕 점점 더 커지고 있습니다. 12년 전만 해도 뉴욕에서
드라이브하는 즐거움을 누릴 수 있는 곳이 거의 없었습니다. 현재, 적어도
1만 마리의 말이 승마용으로 사육되고 있습니다. 12년 전만 해도 경형
마차가 달릴 수 있는 도로가 없었습니다. 현재 공원 내에는 14마일의
시골풍 길이 완공되어 사용되고 있으며, 종종 혼잡할 정도입니다. 두
도시와 그 교외 사이에는 식재된 경계면과 간격까지 합쳐 최소 폭이
150피트인 50마일의 파크웨이를 위한 부지가 확보되어 있습니다.

　토지 소유주들은 맨해튼섬의 상단부에 위치할 새로운 도로 계획에
합의하고자 수년간 노력해 왔습니다. 그들의 요청에 따라 특별 위원회가
임명되었지만, 상충한 이해관계를 조정하는 데에는 완전히 실패했습니다.
센트럴파크 개원 1~2년 후 그들은 다시 입법부에 가서 공원위원회에 그
일을 맡겨 달라고 요청했습니다. 그들에게 절대적인 통제권이 주어졌고,
해당 도로 계획은 대체로 만족스러운 방식으로 정리되었으며 그 결과
모든 이해관계인의 자산이 크게 증가했습니다.

　[또한] 인접 지역 주민들의 요청에 따라 위원들의 활동 범위가 그 인접
지역까지 확대되었으며, 이에 따라 그들이 수립한 레저용 도로, 마차로,
보행로 계획은 이미 시골 지역으로 완벽하게 확장된 바 있습니다.

　다른 위원들은 항구의 서쪽에서 비슷한 시스템을 30~40마일 떨어진
시골까지 확장하는 계획을 세우고 있으며, 뉴저지 주의회는 700에이커
규모의 또 다른 공원을 조성하기 위한 법안을 상정했습니다.

　저는 이 공원에서 민간 기업에 대한 부분을 고려하지 않았지만, 사실 몇

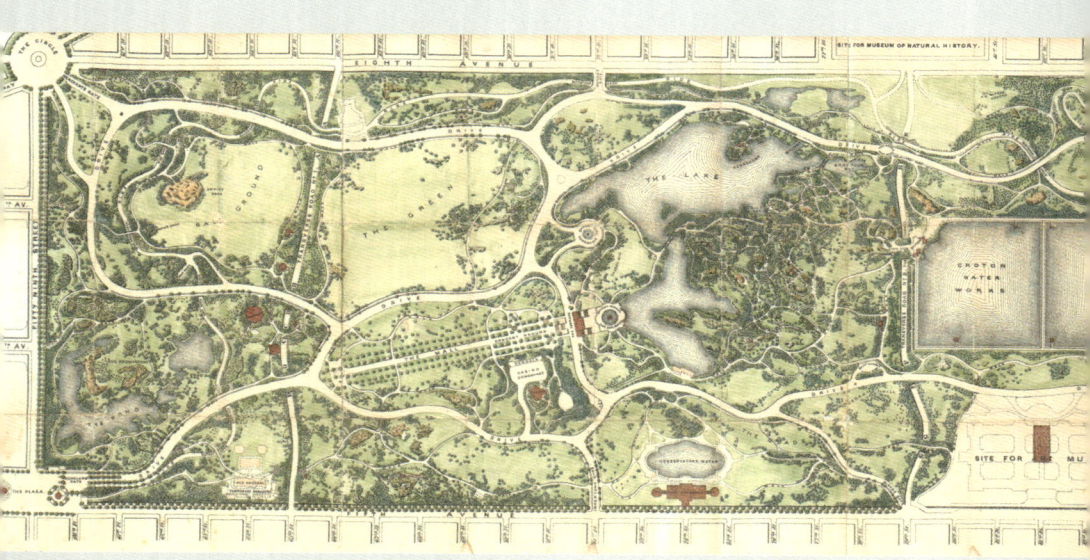

↑ 센트럴파크 지도, 1873. 센트럴파크는 1876년 정식 준공 및 개원했다.
이 지도는 개원을 앞둔 시점에 뉴욕시 공원위원회에서 제작한 것이다.
공원 계획을 담은 그린스워드와 달리, 각 수목과 보행로가
구체적으로 표기되어 있을 뿐 아니라 기존 계획에 없었던 베데스다 분수와
미술관(오늘날 메트로폴리탄 미술관)도 나타나 있다.

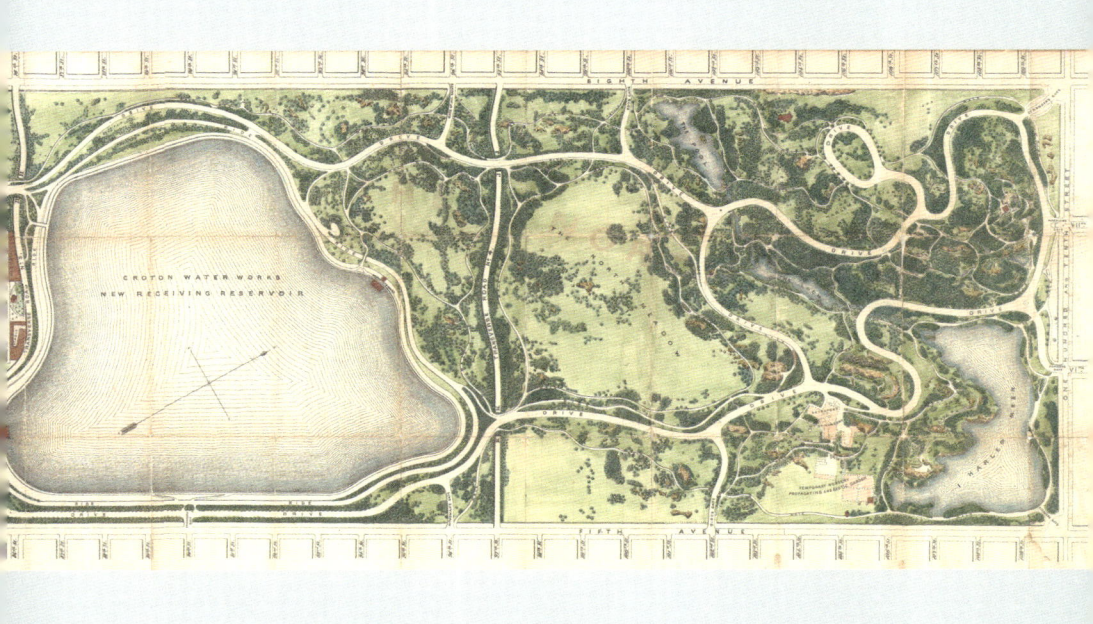

가지 사례가 있습니다. 12년 전, 뉴욕 시민들이 공원을 원한다고 허세를 부리는 자가 바보보다 훨씬 나쁘다고 여기던 사람이 있습니다. 바로 그 사람조차 인접한 다른 토지를 개발한다는 단순 상업적 목적으로 최근에 자신의 사유지 중 150에이커를 공공의 이익을 위한 공원으로 조성하기도 했습니다.

국내외의 다른 사례들을 통해 이 역사의 교훈을 강조할 수도 있습니다. 저는 임시방편적으로, 즉흥적이고 단순한 방식으로 조성되고 관리된 공원이 이웃의 재산에 해를 끼치고 푼돈을 아끼려다 큰돈을 잃는 어리석은 방법이라는 것을 보여 줄 수 있습니다. 특히 뉴욕의 경험이 브루클린의 강 건너편에서 어떻게 반복되고 있는지도 보여 줄 수 있죠.

그러나 이미 여러분을 너무 오래 붙잡은 것 같습니다. 공공 여가 공간의 문제가 여러분의 영광스러운 도시의 미래 성장이라는 더 큰 문제와 불가분의 관계에 있으므로, 매우 명확하고, 엄격하며, 결과적으로 넉넉한 성격을 지닌 책임의 대상으로서 수립되어야 한다는 점을 여러분이 충분히 만족할 만큼 설명해 드렸기를 바랍니다. 그 외에는 다른 어떤 방법으로도 적절하게 대처할 수 없을 것입니다.

모두를 위한
여가 공간

어린이를 위한 여가 공간은
결국 모두의 여가 공간이다

앞서 살펴본 바와 같이, 옴스테드는 공공이 발전해야 할 이상향을
실천으로 옮기려 했던 이상주의자였다. 옴스테드의 이상은 공원, 여가,
도시 사회를 넘어 우리의 삶, 특히 평범한 서민의 일상과 맞닿아 있었다.
이 글에서 옴스테드는 어린이부터 시작해 성인이 될 때까지 개인이 갖출
가장 큰 자산인 여가의 가치와 쉼의 중요성을 공원의 필요성과 연계하여
주장한다.

19세기 중반 어린이의 삶은 현재 우리가 생각하는 '어린이'의 일상과
사뭇 달랐다. 당시에도 아동 노동을 비판하는 정책과 법안이 등장하고
있었지만, 실제로 20세기 초중반까지 아동 노동은 계속되었다.
노동하지 않는 아이들은 도덕적이고 모범적이며, 성경에 근거한 올바른
삶을 살도록 학교 내외의 교육을 받았다. 즉, 배움이나 노동과 같이
생산적이지 못한 '놀이'와 '여가 활동'은 도덕적 해이와 동일시되고
있었다.

이러한 시대 분위기 속에서 옴스테드는 교육과 여가 활동의 관계를
재고하며, 오히려 여가 활동을 적극 장려하고 양지로 끌어올려 여가
활동과 놀이가 지닌 장점을 살리도록 노력해야 한다고 설파한다. 특히
일반 학생들에게 제공되는 공립 교육의 한계를 짚으면서도, 그 원인을
도시 환경과 여가에 대한 오해에서 발견함으로써 공원과 같은 대중의
여가 활동 공간의 가치를 다시 한번 설명하고 있다. 즉, 놀이의 교육적
가치를 주장하면서도 이면에서는 공원의 경관복지적 가능성을 드러낸
것이 특징이다.

이 글은 조각글 형태로만 남아 있으며, 옴스테드가 여기에 정식
제목을 붙이지는 않았던 것으로 보인다. 다만 이후 옴스테드를 연구하는

학자들이 여러 학술 및 출판 과정에서 '여가 활동과 공립학교 교육에 관해On Recreation and Common School Education'라는 제목을 임의로 붙인 바 있다. 이번 번역 과정에서는 기존의 영문 제목이 내용을 충분히 아우르지 못한다고 판단하여 새롭게 '모두를 위한 여가 공간'이라는 제목을 붙였다.

모든 위험을 예측하는 가운데 우리 공화국을 지키고자 하는 정치가라면 오늘날의 어떤 상황에서 가장 큰 당혹감을 느낄지 스스로 물어보자. 주변을 둘러봤을 때, 모든 국민에게 영구적으로 좋은 정부를 보장한다는 요건에 적합한 정책을 수립하는 데 가장 취약하다 느끼는 지점은 어디일까? 남부도 아니고, 서부도 아니다. 무능하거나 부도덕한 판사나 입법자 또는 정부 관계자들의 행동으로 크게 위협받을 수 있는 사회 문제에 무관심하다는 것조차 깨닫지 못하는 시민들, 또 정직하고 훌륭한 애국 시민의 의견을 뒤로 하고 다른 고려 사항에 의한 투표가 진행됨을 모르는 시민들의 비율이 점점 늘어나는 바로 그 지역이 될 것이 자명하다. 국가 전체에 영향을 미치는 권력과 영향력의 중심지에서 공직자들의 무지와 무모함, 부패의 증거가 급속도로 증가하고 있다. 절망적인 빈곤과 타락의 증거가 끊임없이 늘어나는 가운데 어떤 공동체의 일부에서는 이를 영구적 상황으로 받아들이고, 다른 일부는 막대한 부의 과시가 계속 확대되는 가운데 이를 제대로 활용조차 못하고 있다. 언어와 관습, 예절의 차이로 인해 공동체 내의 계급 분열이 가속되는 경향을 띠며, 취향과 습관, 직업의 영구적인 차이는 계급 분리를 가져오고 공동체의 관심사에 대해서는 적대적인 견해를 가질 가능성이 높아진다. 이들 공동체 내에서는 전제주의로 향할 준비 과정에서 *사람들이 공공의 이익을 소홀히*

↑ 공립학교의 일상, 1899. 워싱턴 D.C.의
  한 학교에서 찍은 사진으로, 토끼의 생태와
  키우는 방법을 배우는 수업으로 보인다.
  당시 대부분의 아이들은 이처럼 공립학교에서
  기초 지식을 배웠다.

하고 합법적인 방법을 통해 행사할 수 있는 영향력의 성격이나 정도에 관해 부주의하게 된다. 적대적이고 공화적이지 못한 사회를 형성하려는 경향과 그로 인해 형성된 전제주의가 준동하고 있다.

이 위협에 대한 우리의 대응을 강화할 가장 큰 희망을 찾을 수 있는 곳이 바로 일반 학교[1]의 성격이라는 점은 의심할 여지가 없다. 또한 검소하지 못한 가난한 자들을 위한 혜택으로써 공공 비용으로 유지되는 자선 학교의 성격을 취하고 있기 때문에 이 위협이 가장 막강하게 드리운 곳에서야말로 우리의 일반 학교가 이에 대응하기 위한 가장 중요한 요소를 상실할 가능성이 매우 큰 것도 사실이다.

우리의 일반 학교가 이렇게 명백히 일반적이지 않은 학교가 되고, 특정 계층을 위한 학교가 되고, 많은 영향력 있는 시민들에게 있어 자녀를 공립학교에 보냈다는 사실이 부모를 비난할 근거가 되고, 공립학교에 다녔던 일이 누군가에게 비난이 된다면 공화국의 파멸이 눈앞에 다가온 것이나 다름없다.

우리가 이 위험에 맞서 상당히 독려되는 수준의 성공을 얻으며 여러 지점에서 싸우고 있는 것은 사실이나, 우리 앞에는 이 이상으로 큰 위험도, 더 이상 현실적인 위험도 없다.

공화국의 힘이 바로 지금 우리가 지닌 힘의 수준임을 깨닫고, 일반 학교의 친구들이 이 위험에 대응하는 저항력을 어떻게 끊임없이 직관적으로 시험하고 있는지 스스로에게 물어보도록 하자. 지금 당장 모든 남녀가 "내가 사는 곳, 내가 하는 일이 무엇인가?"라고 스스로 질문하는 것이다. 이는 더 나은 교육을 받고, 더 논리적이고 신중하고 조심스럽고, 일을 잘하는 이웃들이 어떤 학교에 대해 갖는 개인적 관심의 평균 척도를 추정하기 위해서다.

---

1 일반 학교(common school)는 오늘날 공립학교와 동일한 의미로, 19세기 중반 교육개혁에 의해 생겨난 혁신적인 교육 시스템을 말한다. 기존 공립학교(public school)는 자선단체, 교회, 도제식 교육이 일어나는 현장까지 포함한 광의적 용어였으며, 사립학교와의 구분을 위한 것이었다고 볼 수 있다. 이에 반해 일반 학교는 교육된 시민 양성을 목표로, 보편적이고 당파적 논리에서 벗어난 교육 프로그램을 지자체 예산으로 제공한다는 점에서 구분되었다.

정직하고 검소하며 꾸준히 학교를 다니는 시민들은 자신이 느끼는 개인적 관심의 정도에 비례하여 학교에 대한 지식이 있을 것이며, 그 지식에 비례하여 학교를 올바르게 유지할 힘도 커질 것이다.

장기적으로 봤을 때 이와 같은 관심, 지식, 영향력의 수준은 그 시민들의 자녀가 일반 학교에서 교육을 받는 정도에 비례할 것이다. 자신의 보물이 있는 곳에 그들의 마음도 가기 때문이다.

이러한 부모들로 하여금 자녀를 일반 학교에 보내는 것을 막는 데에 가장 큰 비중과 영향력을 행사하는 것은 그 과정에서 특히 나쁜 예절, 나쁜 습관, 나쁜 생각, 나쁜 성품을 습득하게 될 것이라는, 그리고 일반 학교가 제공하는 어떤 교육적 이점도 이 악습을 보상할 수 없다는 두려움이다. 따라서 여기서 문제가 되는 부분은 일반 학교의 건물, 교사, 교과서나 운동 수업에 있는 것이 아니다. 그것은 전적으로 일반 학교가 그들의 가장 중요한 의무, 즉 안타까운 가정 교육 환경에 처한 아이들과의 관계를 맺는다는 필수적인 의무에 부수적으로 따라오는 것의 불가피함에 있다.

대다수는 교육이 인성에 영향을 미치기 때문에 중요하고, 바로 그 인성이 학교 내부보다 외부의 조건에 더 영향을 받는다는 점을 막연하게 인식하고 있을 뿐이다. 소수만이 이를 명확하게 인식한다. 자식이 집 밖에 있다면, 게다가 학교도 파한 후라면 유익함보다는 해로움이 크다는 것이 부모들의 일반적인 생각이며, 이는 전반적인 학교 수업 시간을 줄이는 데 방해 요인이 된다고 볼 수 있다. 유리한 조건에서 교육 개혁에 관한 실험을 시도했을 때 그 혜택이 항상 학문 발전에 유리하며, 학생과 교사 모두에게 동등하게 유리하다는 점이 입증되었음에도 그렇다. 인성 문제가 어떻게 발생하는지 살펴보면, 다행히도 건강한 소년기의 특징인 활동적인 스포츠를 하기 좋으면서도 신체적으로 여유가 있을 때 일어나는 일이 아님을 쉽게 알 수 있다.

그러나 문제는 앞서 명시된 학교 운동 중에, 의무적으로 따르는 관계가 아니라 레크리에이션을 위해 어울리려는 자연스러운 성향을 자발적으로

↑ 5월의 날(May Day)을 맞아 센트럴파크에서 뛰노는 아이들, 1901.
매년 5월 1일은 봄을 맞이하는 유럽 전통의 휴일이자 노동절이었다.
아이들은 꽃을 엮어 만든 화환을 쓰고 공원의 소로를 누볐으며,
어른들은 휴식을 취하며 피크닉을 즐겼다.

따르는 데에서 생겨난다.

그렇다면 이렇게 문제의 원인을 파악했다.

하지만 아이들이 노는 것을 막을 수는 없는가? 다행히도 아니다.

아이들이 노는 것을 감시하고 통제하고 훈육할 수 없다는 것인가? 그럴 수 없다는 말이다. 그렇게 한다면 더 이상 놀이라고 부를 수 없을 것이다.

그러면 어떻게 해야 하는가?

우선, 아이들을 단순히 놀게 해 주는 것이 아니라 아이들 스스로 즐겁게 놀아야 할 필요성과 그 결과를 충분하고 진지하게 이해하고 받아들이게 해야 한다. 스스로 즐거움을 찾아가는 행동을 통해 아이들은 종종 우리가 의도한 것보다 훨씬 많은 방식으로 자신의 취향, 독창성, 기술, 체계, 열정을 알아서 배운다. 아이들이 스스로 즐거움을 찾아가는 방식에서 이것 또는 저것을 따르라고 우리가 명령할 수는 없다. 그러나 어떤 면에서 다른 것보다 나은 방법을 따르게끔, 악습이 덜 문제가 되는 방식을 따르게끔, 보다 건전하고 유익한 영향력을 지닌 것이 가진 소리와 모습에 익숙해지고 습관을 기르도록 어떤 방향성을 제시할 수는 있다. 이를 명확히 이해했다고 했을 때, 이런 방식 중 우리의 경험을 바탕으로 선하고 실천으로 옮길 수 있는, 그래서 이제 아이들에게 권유할 수 있는 놀이 방법을 직장에서 만난 서로에게 공유할 수 있지 않을까?

우리가 고려해야 할 문제를 충족하기 위해 두 가지 방법이 시도되었다.

하나는 놀이 시간을 쓸데없이 낭비된 시간이라고 말하고, 레크리에이션 목적의 활동, 열정, 독창성, 노동, 금전적 대가를 낭비라고 말하고, 때를 가리지 않고 경박함에 대해 설교하고, 아이들에게 사람의 책임이 얼마나 중대한지 말하며, 신중함, 절제, 정직의 선을 벗어났을 때 생길 위험을 강조하는 것이다. 그리고 이를 따라야만 부유함과 존중을 받을 수 있다고 가르치는 것이다.

다른 하나는 즐거움을 추구하는 마음을 하나님 아버지께서 그의 모든 자녀에게 심어 주신 성향으로 간주하는 것으로, 스스로가 지닌 건강과 능력 속에서 이를 소중히 여기고 기르고, 훈련하는 것, 그리고 타락, 왜곡,

*기아*와 혼탁으로부터 다른 이들을 최대한 구출하는 일이 모두의
의무라고 보는 것이다.

첫 번째 방법을 따르자면 이렇다. 우리는 아이들이 놀잇거리를 스스로
찾도록 맡기고, 우리를 벗어나 다른 곳을 찾아가도록 유도한 후에, 우리의
감정이나 공감으로부터 분리하고, 존중받지 못하게 만들고, 모든 놀이가
죄가 아니라면 적어도 유치한, 그들이 열망해야 할 남성성에 합당하지
않다고 믿도록 만든다. 이 방법은 우리 국가 내 많은 사람들이 충분히
시도했지만, 매우 건전하고 세련된, 혹은 어떤 축복받은 성격의 흥미나
취향을 습관화하는 데 성공한 적이 없다.

두 번째 방법을 따른다면, 우리가 음식을 마련할 때 아이들 음식도 함께
제공하는 것처럼 아이들이 우리와 함께 할 수 있는 체계적이고 선별된
놀이를 제공한다. 아이들이 좋은 취향과 습관을 들이도록 장려하고
지원하며, 놀이란 남녀노소 모두에게 다른 어떤 것과 마찬가지로
건강하고 도덕적이며 존경받는 삶의 요건이며, 삶에서 의식주의 필요와
지식 습득이 경중을 가릴 수 없이 중요한 것처럼 아이든 성인이든 필요한
요소의 차이가 크지 않음을 드러낸다. 모든 수단을 동원해 아이들이 절제,
인내, 자제하는 습관을 기를 수 있도록 하며, 흥분이나 과잉, 방종에
빠지는 것을 억제한다. 이를 위해 무엇보다도 아이들이 은밀한 오락
수단에 의지하거나 유혹에 빠지지 않도록 주의를 기울여야 한다.
아이들에게 건전한 놀이를 위한 넓고 개방적인 공공시설을 제공하고,
성인의 여가를 위한 시설과도 연결함으로써 아이들이 스스로 찾아내어
결국 고통을 동반할 가능성을 가진 어떤 어중간한 오락 시설보다 더
매력적으로 만들려고 노력해야 한다.

이 두 가지 방법 사이에 중간 지점이 있다고 해도 단순히 오락거리,
놀이 또는 여가에 대한, 그리고 교육에 관한 완전한 소홀함을 드러낼
뿐이다.

두 번째 방법이 더 합리적이라고 봤을 때, 다음 질문을 던져 볼 수 있다.
이와 같은 방향으로 행동을 장려하고 촉진하고자 할 때 실질적으로

↑ 소년들을 위한 놀이터, 1901.
센트럴파크에서 소년들의
놀이터란 곧 경기장을
의미했다. 이 사진에서는
아이들이 삼삼오오 모여
크리켓과 같은 운동을 하는
모습이 보인다.

↖ 일요일 센트럴파크 연못에서의
한때, 1942. 20세기
중반까지도 가족이나 커플이
센트럴파크의 연못에서 배를
타고 즐기는 모습을 쉽게
찾아볼 수 있었다. 오늘날에도
연못에서 놀이 삼아 보트를
타고 노를 저으며 지나가는
오리 떼를 구경할 수 있다.

↓ 한겨울에 센트럴파크 소로를
따라 강아지 썰매를 타고 노는
아이들, 1900. 스케이팅이나
썰매와 같은 겨울 스포츠는
센트럴파크의 중요한 계절
행사 중 하나였다. 공원의
설계 공모 조건에 '스케이트를
탈 수 있는 공간'이
명시되었으며, 1858년 첫
삽을 떴을 때부터 겨울마다
수많은 사람들이 모여
스케이트를 타던 장소로
각광받았다.

어떤 수단을 채택할 수 있는가? 이 경우 다음의 사항을 고려해야 한다.

즐거움을 위한 운동을 책에 나오는 교훈이나 교사의 교육 또는 체조 등과 동등한, 진정한 교육 수단으로 간주할 때 일반적으로 학교에서 행하는 운동과 이런 즐거움을 위한 운동 사이에는 중요한 차이점이 있다. 후자는 자발적인 행동이므로 학교 수업이 끝난다고 해서 꼭 중단되지는 않는다. 선생님에게 졸업 인사를 드릴 때에도 소년은 자신의 놀이에 관해서 그 어떤 재량권도 잃지 않는다. 따라서 갑작스러운 변화가 반드시 발생하지 않는 것이다. 이후 그가 무거운 사회적 책임으로 짓눌릴 때도 학창 시절 가장 좋아했던 놀이가 가장 좋아하는 여가 활동으로 남아 있고는 한다. 또한 성인 남성에게 좋은 여가 활동은 소년에게도 좋고, 성인 여성에게 좋은 활동은 소녀에게도 좋다는 점을 관찰할 수 있다.

따라서 앞서 말한 바와 같은, 그리고 기타 여러 이유를 근거로 일반 학교 아이들에게 우리 [어른들]에게 가장 적합한 여가 활동과 완전하게 분리된 어떤 장소와 수단을 제공할 필요가 없으며, 그렇게 해서도 안 된다. 우리는 자녀들 앞에서 좋은 본보기가 될 수 있도록 우리의 여가 활동이 존중받게 만들고, 이런 활동이 존중받을 만하다는 것을 자녀들이 알 수 있도록 이끌어야 한다. 자녀들이 자신의 존중받을 만한 활동을 하도록 이끌고, 그 활동이 존중받을 만하다면, 우리도 이런 활동에 관심을 가지고 있고 자녀들이 그 활동에 흥미를 느끼는 상황에 공감하고 있음을 보여 주어야 한다. 이는 중대한 사회적 책임을 지닌 사람이 여가 활동에 습관적으로 참여하는 상황과 다르지 않기 때문이다.

이와 같은 여러 이유로 인해 우리는 아이들을 위한 바람직한 교육적 여가 활동을 장려하고 촉진하는 일을 그들이 자라나는 지역 사회의 사람들에게 유사한 영향을 미칠 일과 분리할 수 없다.

여가 활동의 과정에는 경쟁이 필요하지 않다. 빽빽하게 세워진 건물 안에 오랫동안 갇혀 지내는 동안 아이들의 몸과 마음이 지쳐 간다. 대부분의 시간을 도시에서 생활하는 아이들이 일주일에 몇 시간이라도 탁 트인 시골로 가 익숙한 운동을 하고 풍경을 구경한다면 그것만으로도 매우 높은 수준의 상쾌함과 즐거움을 느낄 터이다. 이들에게 영향을 미치는 것은 풍경의 변화와 공기의 변화이다. 따라서 이런 요소는 도시의 어린이들에게 놀이를 제공하려는 계획에 포함되어야 한다. [이때] 도시, 학교, 일상적인 일과 관련된 것들은 가능한 한 시야에서 차단되어야 한다. 만약 경계에 식재를 통해 이렇게 [시야가 차단된] 땅을 확보한다면, 그 안에서 운동 시합에 참여하는 이점 외에도 가끔 그곳을 거니는 것만으로도 아이들에게 도움이 될 것이다.

　따라서 어린이들의 특정한 놀이에 한정되지 않으면서 남성과 여성의 여가 활동에 적합하도록, 결과적으로 소년 소녀의 여가 활동에 적합하게 설계된 충분한 공공 부지를 형성해야 한다. 남성과 소년, 여성과 소녀가 서로를 바라보면서 건강한 방식으로 여가 활동을 즐기는 것은 선함과 아름다움에 관한 지식을 발전시키고, 부정적인 열망, 악덕과 저속함의 표출을 억제하고, 진정으로 선하고 진실하며 씩씩한 활동으로 박수를 받는 데 있어 아주 수준 높은 교육 방법이라고 볼 수 있다.

　이러한 점에서 다른 문명국과 비교할 때 우리 도시의 빈곤은 매우 두드러진다. 우리 도시들만 놓고 본다면 건강하고 풍요로운 여가 활동을 위한 수단, 시설 및 진흥에 있어서 미국인만큼 발전이 더딘 문명인은 어디에도 없어 보인다. (*'보인다'고 말한 것은 대부분의 유럽 국가에서 여행자들이 많이 마주치는 여가 활동 수단이 실제로는 극히 일부의 사람들만 이용한다는 점, 그리고 [앞서 언급한] 여가 활동의 첫 번째 조건인 '낭비적인 노동로부터의 해방'에 관해서는 미국인이 어떤 유럽인보다도 평균적으로 더 잘하고 있다는 사실을 알고 있기 때문이다.*)

2부 6장

백베이 지역 문제와
해결 방안에 관해

공원으로 도시의 생태적 난관을
헤쳐 나갈 수 있을까?

1886년 4월, 옴스테드는 보스턴건축가협회의 초대를 받아 당시 진행 중이던 보스턴 에메랄드 네크리스 공원 시스템의 초석이 될 백베이 펜스 구역의 조경 계획 및 설계 방침을 설명할 자리를 가지게 되었다. 이어지는 글은 당시 옴스테드가 준비한 원고이다.

에메랄드 네크리스 공원 시스템Emerald Necklace Park System은 매사추세츠주 보스턴과 브루클라인 지역을 아우르는 공원과 파크웨이, 수로를 일컫는다. 오늘날 보스턴을 중심으로 한 도시 권역에 걸쳐 원형 녹지대를 이루고 있는데, 찰스강을 향해 튀어나온 보스턴 반도에서 시작해 큰 반원을 그리는 모습에서 '에메랄드 목걸이'라는 이름이 붙여졌다. 10개의 정형식 정원, 목가형 공원과 선형 공원을 파크웨이와 선형 공원을 통해 물리적으로 연결한 후, 하버드대학교에서 운영하는 아놀드 수목원과 프랭클린파크에서 끝을 맺는다. 옴스테드가 이보다 약 20년 전인 1868년경 뉴욕 브루클린의 프로스펙트파크 설계 과정에서 주장한 '도시의 구조가 되는 공원 체계'가 실현되었다는 점에서 의미가 큰 곳이다.

이 글에서 주목하는 지역은 찰스강과 머디강에 모두 접한 펜스 지역의 선형 공원, 당시 '백베이 펜스Back Bay Fens'라고 불린 곳이다. 이름에서 알 수 있듯, 펜스 주변 찰스강으로 인해 생겨난 만의 뒤편에 있는 공원 부지 일대를 의미한다. 자연적인 침수 지역을 구축해 공원의 기능과 저수지의 기능을 모두 지닌 녹지대를 계획한 옴스테드의 시도는 오늘날 도시 인프라 혹은 사회간접자본의 차원에서 2000년대 말부터 조경 및 도시 연구자들의 주목을 받기도 했다. 제방을 쌓지 않고 흙단과 자연녹지 조성을 통해 침수를 대비하고자 했던 옴스테드의 태도는 오늘날 도시 워터프런트와 그린인프라의 관점에서도 여러 시사점을 제시하며, 나아가 '지속가능한 조경'에 대한 초기 단서를 제공한다.

　여기서 주목할 부분은 '어떻게' 이 그린인프라를 조성할 것인지에 대한 문제이다. 옴스테드는 이 질문을 '다학제적 협력'을 통해서 극복해야 한다고 보았으며, 보스턴에서의 구체적인 예시를 통해 시 정부의 여러 분야 전문가들의 협력이 혁신적인 도시 경관 조성에 필수적임을 역설한다.

제가 진행 중인 백베이 지역의 강수 유출지 구역 공사 사업에 대해
여러분께 설명해 달라는 요청을 받았습니다.

　이 사업의 가장 큰 목적을 아주 간단히 말씀드리면, 도시의 전반적인
배수 시스템의 부속 시설로서 물을 담는 분지형 유역을 만드는 것입니다.
이 유역을 중심으로 다양한 공간이 구성되고 있는데, [백베이 지역이] 주거
지역 한가운데 자리하고 있어서 보기 흉하고 불편하다는 점을 개선하기
위해 계획되었습니다. [계획 단계에서 기능과 아름다움 중] 더욱 중요한 점은,
유역 안팎으로 물의 이동을 조절하기 위한 기능적 차원이라고 볼 수
있습니다.

　이제 이 지역이 보편적으로 공원이라고 불리고 [이를 기준으로]
비판받는 상황에 대해, 그리고 이 공원에서 어떤 아름다움과 유용성을
예측할 수 있을지 말씀드리겠습니다. 이곳은 오히려 드라이 독dry dock
이나 시골 공동묘지 또는 성당 근처라고 불려야 하며, 그 관점에서
논의되는 것이 어울리는 곳입니다. [이전에도 공원은] 아니었고, 될 수도
없는 것으로 [여전히] 끈질기게 계속 불리고 있다는 점은, 전문가가
대중으로부터 공정한 의견을 받을 때 방해가 되는 터무니없는 상황의
어려움을 보여 주는 흥미로운 예시입니다.

　이 사업이 건축가이신 여러분에게 가장 유익하게 드러나는 측면은

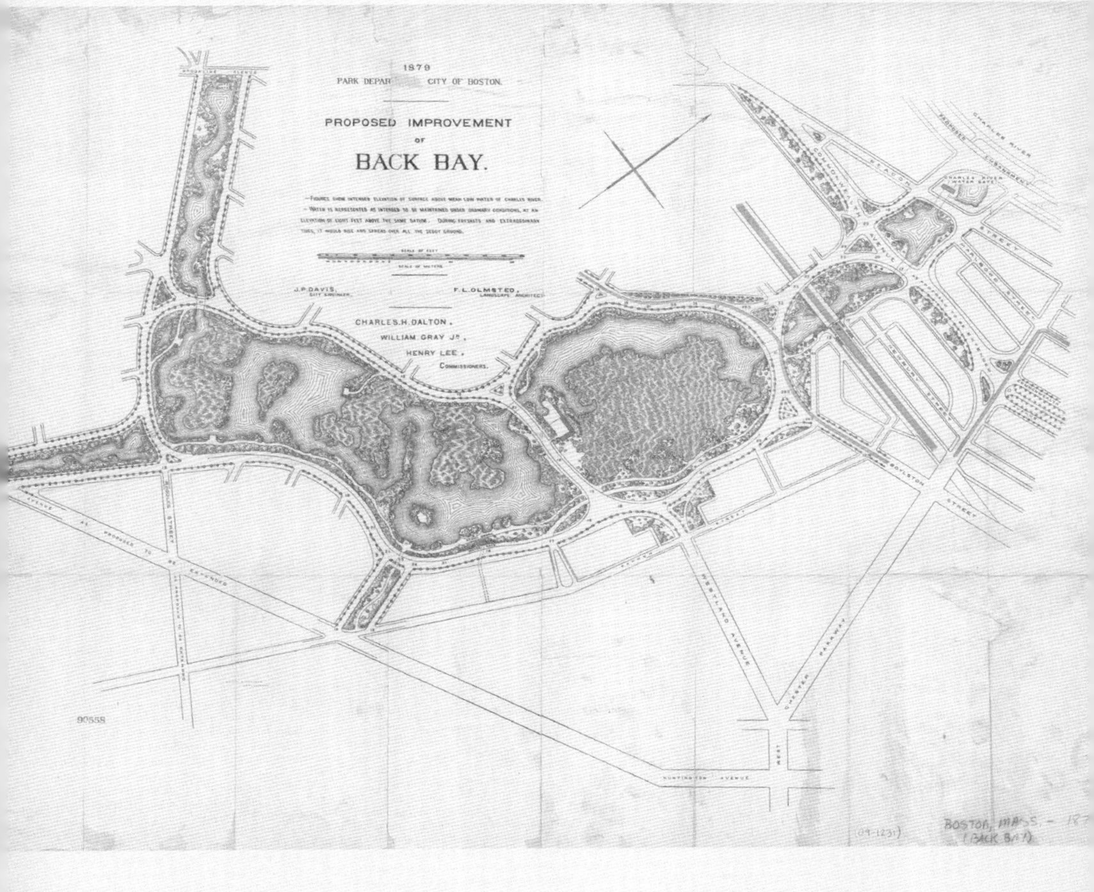

↑ 백베이 펜스 개선 계획안
  도면, 1879. F. L. 옴스테드,
  J. P. 데이비스 제작.

→ 백베이 펜스 준공 모습,
  1890-1910. 준공 및
  개원 직후 백베이 펜스의
  모습이다. 넓게 흐르는
  천변 뒤로 잘 전정된
  사이프러스 나무가 일렬로
  늘어선 모습이 눈에 띈다.

다학제적 협업을 통해 얻는 이점이 펼쳐진다는 것입니다.

건축가, [건설] 공학자, 위생공학자,[1] 조경 정원사 또는 조경가 각각의 주요 전문 분야는 명확히 구분되어 있습니다. 그러나 특정 지점에서는 한 분야가 다른 분야와 합쳐지며, 한 분야 내에서 편의를 위한 세분화, 혹은 각 분야를 큰 주요 분야에서 갈라져 나온 것으로 간주할 때도 있습니다. 공학 관련 학술지에 건물 설계도가 실리거나, 건축 학술지에서 교량과 공원의 배수 계획을 논의하기도 합니다. 그러나 전문 분야 간의 적극적이고 상호 우호적인 협력은 아직 공공의 이익을 위해 바람직하게 작용하는 수준에는 미치지 못합니다.

[뉴욕의] 브루클린 다리 건설이 막바지에 달했을 당시, 사업의 관리위원회는 담당 엔지니어와 협의하여 건축가로 이루어진 감리단을 고용했습니다. 그 결과는 다리의 경사진 접근로 아래를 지나는 좁은 소로를 산책할 때 볼 수 있으며, 매우 흥미롭습니다. 시간이 흘러 화강암이 세월의 색조를 띠게 되면 화가와 동판화 전문가들은 이를 발견하고 대중에게 알릴 것입니다. 아직은 그 사례가 알려진 바가 없습니다. 주요 구조물을 계획한 위대한 공학자가 이처럼 건축가의 협조를 구해 그 교량의 탑을 비롯한 다른 부분도 계획하도록 이끌었다면 대중이 얼마나 더 많은 것을 얻을 수 있었을까요.

또 다른 저명한 공학자는 스쿨킬천川을 건너는 교량을 계획했습니다. 이곳은 필라델피아 대형 공원의 일부인 만큼 웅장한 효과를 내기 위해 큰 노력을 기울였음을 볼 수 있습니다. 여기 보스턴건축가협회 회원 중 한 명이라도 그 계획의 구상이 완료되기 전에 해당 공학자의 자문을 요청받았다면, 교량 비용을 추가하지 않고도 원하는 효과를 얼마나 더 크게 얻을 수 있는지 한눈에 보여 주었을 것입니다.

이와 반대의 사례로 스톤 장군의 제안으로 바르톨디 동상의 기초

---

1 오늘날 환경공학자를 의미한다. 본문의 후반부에 나오듯, 백베이 지역의 머디강은 오랜 기간 오물과 쓰레기가 무단으로 버려지고 방치되었으며 토양과 강 모두 심각하게 오염되어 악취를 풍겼다. 따라서 위생공학자가 전문가로서 참여하는 것이 필수적이었음을 짐작할 수 있다.

작업을 담당한 공학자 헌트 씨가 고용된 일이 있습니다.

백베이에서 진행되는 이 사업은 또 다른 방식으로 수행된 전문 분야 간 협력의 이점을 잘 보여 줍니다. 공공사업의 계획과 감독에서 조경가가 상하수도 공학자와 함께 참여해야 했고, 그 둘 가운데 오히려 조경가가 우선적인 역할을 맡았다는 점은 분명 주목할 만합니다. 그것이 현명한 구성이라고 전제했을 때, 현재의 시 정부 운영 방식에서 어떻게 이런 방안을 실현할 수 있었는지 궁금하실 것입니다. 이를 설명하는 가장 좋은 방법은 제 이야기보따리를 푸는 것인데, 만약 여러분이 제게 명예 회원이라는 영광을 주지 않으시고 저녁 식사 후가 아닌 다른 시간대였다면, 지나치게 개인적이고 이기적이며 자만심 넘치는 소리가 되었을 것입니다.

1876년, 상업적으로 뛰어난 능력을 갖추고, 자유와 공공성을 중시하는 세 명의 신사가 보스턴시의 공원위원으로 임명되어 시민들의 요청에 부응하는 다양한 프로젝트를 검토하는 임무를 맡았습니다. 이런 사업의 초기 단계에서 흔히 그러듯, 이들은 머지않아 실질적인 결과를 거둘 수 있는 계획에 가능한 한 빨리 착수하고자 했습니다. 처음에 그들이 관심을 보이고 가장 시급히 요청받았던 계획은 부동산 거래나 투기가 가장 활발한 도심, 또는 앞으로 부흥할 인접 지역에 공원[2]을 조성하는 프로젝트였습니다. 이 프로젝트에 비하면 위원회가 고려할 다른 사업들은 멀고 모호한 미래로 보였습니다.

따라서 그들은 곧 백베이에 공원을 조성하기 위해 100에이커의 땅을 매입할 수 있도록 시의회에 승인을 요청했습니다. 시의회가 이에 응할 의무는 없었으나 여러 의견을 수렴한 끝에, 가능하다면 공원위원회가 특정 구역 내에서 100에이커 이상의 토지 매입을 허용하는 명령을 채택했습니다. 단, 총비용이 45만 달러를 넘지 않거나 제곱피트당

---

2 원문에서는 pleasure ground(유원지)라는 표현을 썼는데, 당시 공원 예정지를 가리키는 표현 중 하나였다.

↑ 보스턴 퀸시 마켓, 1899. 보스턴은 항구가 발달한 덕분에 여러 개의 큰 시장이 형성된
미국의 대표적인 상업 도시였다. 수많은 물품을 실은 마차가 도로를 오갔고,
상가에서는 큰 천막을 치고 행인들을 끌어모았다.

10센트에 매입할 수 있어야 한다는 조건이 붙었습니다. 이 성공 사례는 의회 구성원들 사이 어느 정도의 밀고 당기기와 타협을 통해 이루어졌습니다. 혹자는 제시한 조건의 가격으로 필요한 만큼의 땅을 사는 것이 불가능할 것이라고 확신해서 찬성표를 던진 사람들이 있었기에 그 안건이 통과했다고 말하는데, 저도 이 말에 동의합니다.

그러나 수많은 교묘한 협상으로 여기저기서 조금씩 얻어 낸 결과, 마침내 지금 보시는 것과 같이 106에이커의 독특한 모양을 가진 지역을 확보할 수 있었습니다.

어떻게 그런 형태를 띠게 되었는지 묻는다면, 위원들이 주어진 가격으로 매입할 수 있었던 땅 대부분이 진흙과 물로 가득 찬 만(灣)이었기 때문에, 그곳을 메우고 그 위에 무엇을 건설하는 데 드는 비용이 너무 커서 투자 대비 수익을 기대할 수 없었다는 상황에서 답을 찾을 수 있습니다. 이 지역의 지반은 백베이 지구의 다른 지역과 달리 진흙투성이였습니다. 지표면은 커먼웰스 대로보다 약 20피트 아래에 자리 잡고 있었고, 몇몇 지점을 측정했을 때 그보다 20피트 더 깊은 곳도 있었으니 단단한 지반이 거리보다 40피트 낮다고 볼 수 있었습니다.

또한 토지 소유주들이 가능한 한 넓은 부지가 전면에 닿기를 원했다는 점도 있습니다. 동일한 면적일 경우 공원과 맞닿는 경계선이 길수록 땅을 판매하는 입장에서는 유리했기 때문입니다.

아, 이처럼 건물을 지을 때 불리한 조건들이 일반적으로, 그리고 당연히 공원을 만들 때 거의 동일하게 적용된다는 점을 알아주시길 바랍니다. 이 시점에서 공원의 전체 계획이 틀어졌다는 것이 제 생각입니다. 이후 도시 토목공학자인 데이비스 씨가 위원들에게 말했듯이, 매사추세츠주를 샅샅이 뒤졌다 한들 공원 부지로서 이보다 단점이 많은 공간을 찾을 수 없었을 것입니다.

그들이 찾던 땅, 정확히 말하자면 습지, 진흙, 물이 있는 공간을 확보한 위원들은 소위 '계획안 공모'라고 하는, 무지한 여론을 회유하는 보편적인 과정을 거쳤습니다. 그들이 온전히 선의를 바탕으로 진행했으리라는 데에 전혀 의심하지 않으며, 동시에 이 방법에 대해 대중들이 품는 착각에 그들도 편승했을 것입니다.

이제 제 개인적인 이야기로 넘어가 보겠습니다. 저는 이 공모전이 시작될 당시 유럽에 있었습니다. 공모전이 끝날 무렵 귀국했는데, 그 즉시 수상작 선정을 위해 위원들께 도움을 드리라는 초청을 받았습니다. 저는 거절했으나 계속해서 요청이 잇따랐고, 결국 위원들에게 이렇게 말씀드렸습니다. 이 공모 조건은 철저하게 불공정하며, 이 사업에 매우 불만족스럽고 불리한 결과가 나올 수밖에 없을 것이라고 말입니다. 아무리 최선을 다한다 해도 이 공모로 인해 불행이 일어날 수밖에 없다고 보았습니다. 제가 조금도 책임지고 싶지 않은 불행들 말입니다.

그로부터 몇 달 뒤에 위원들이 저를 다시 찾아와 이렇게 말했습니다. "이 공모가 당신이 말한 대로 진행되고 있습니다. 우리는 이번 공모가 문제가 많았다는 점을 인지했습니다. [제출된] 스무 가지 공모안 중 우리 생각에 부합하는 것이 하나도 없습니다. 우리를 괴롭힐 말벌 떼만 키웠을 뿐이죠. 이제 당신이 무엇을 할 수 있는지 보고 싶습니다. 계획안을 만들어 주시겠습니까?"

"아니요." 제 첫 번째 대답이었습니다. "경험 많은 사람들이 몇 달 동안 아무런 보상도 받지 못할 계획안을 위해 열정을 표현하고 머리를 쓰도록 유도한 이상, 이 상황을 정당화시킬 유일한 방법은 그 가운데 여러분에게 가장 적합한 사람을 고르는 것입니다. 만약 수상작이 마음에 들지 않는다 해도 스무 명 중에서 여러분의 아이디어에 가장 근접한 사람을 찾는 겁니다. 그를 자문회의에 데려간다면 곧 원하는 바를 얻게 될 겁니다. 그것 역시 그 사람 덕분입니다."

위원들이 답했습니다. "우리는 결코 그렇게 하지 않을 것입니다. 그 사람은 적합하지 않습니다. 그는 우리가 준 상금 500달러에 완벽하게 만족하고 있습니다. 그는 더 바라는 게 없습니다."

일주일 동안 고민을 한 뒤에 저는 위원들을 다시 만나 말씀드렸습니다. "저는 여러분이 수용하거나 또는 거부할 수 있는 계획을 제시하는 대신,

몇 가지 조건이 충족된다면 최소 3년간 이 사업에 관한 전문 자문위원으로 일하겠습니다. 공원 계획에 대해 논의하고, 여러분이 만족할 계획안이 도출될 때까지 도면을 통해 이 논의가 유익한 결론으로 나아갈 수 있도록 지원하겠습니다."

이 조건으로 계약을 맺었고, 제 사무실은 조경 설계 자문위원실이라는 명칭을 갖게 되었습니다.

세 차례의 구상이 연속적으로 이루어지고 나서야 마침내 위원들이 받아들일 수 있는 계획안에 도달했습니다. 저는 이전에도 여러 차례 이 사업을 위해 시의 수석 토목공학자를 불러 협의를 요청하자고 제안했습니다. 이제 그 담당자와의 협의 없이는 이 계획안을 공식적으로 채택해서는 안 된다고 자문했고, 이에 대한 동의를 받아 회의가 마련되었습니다.

이 회의에서 토목공학자가 짚어 낸 것은 다음과 같습니다. "저는 여러분이 선택한 그 지역에 공원을 만드는 것이 어떻게 하면 가능할지 알 수 없으며, 만약 진작에 내게 기회가 주어졌었다면 여기에 극복할 수 없는 어려움이 있다는 점을 지적했을 겁니다. 그러나 이 문제는 어떤 면에서는 하수도 감독관이 저보다 더 좋은 자문을 할 수 있을 것입니다. 그를 불러야 합니다."

이후 4시간에 걸쳐 토론이 이어진 끝에 토목공학자가 자리를 떠나자, 위원들은 결국 그간의 모든 행동이 허사에 불과했으며, 백베이 공원에 투입된 노동력도 낭비였음을 확신하게 되었습니다.

직면해야 할 사실은 다음과 같았습니다.

위원회가 소유하게 된 지역에는 두 개의 강이 합류하여 형성된 하구가 있었는데, 하나는 브루클라인 지역을 흐르는 머디강이었습니다. 또 다른 하나는 록스버리 지역을 흐르는 스토니브룩천으로, 지난 2월 해빙으로 인해 홍수가 일어났다는 언론 보도를 통해 어느 정도 들어 보셨을 것입니다. 썰물 때 이 두 물줄기는 밀댐Mill Dam 도로로 가는 다리 아래를 통해 찰스강으로 꾸준히 흘러 들어갑니다. 하지만 밀물이 들어오면 하구

↓ 찰스강 전경, 1906. 보스턴 시청에서 바라본
  찰스강과 커먼웰스가(대로) 풍경으로,
  저 멀리 강을 가로지르는 하버드 다리가
  보인다. 커먼웰스가(대로)를 따라 쭉 걷다가
  하버드 다리와 만나는 지점부터 백베이 펜스가
  시작되었다.

제방이 범람하며 갯벌을 형성했습니다. 그 너머에는 사초와 염생초로 뒤덮인 언덕이 있었는데 그 위로 종종 조수가 흐르고, 특히 봄철 만조와 동풍이 동시에 들이닥치면 약 300에이커에 달하는 지역이 침수되었습니다. 따라서 이곳에 자연 조수 유역이 생겨난 것이었습니다.

만조 전후로 자연 유역의 수역은 얼마간 안정을 찾게 되는데, 이러한 조건에서 이 지대는 침전 유역이 되었습니다. 그 안으로 흐르는 두 물줄기는 오랫동안 넓은 지역에 걸쳐 살고 있는 사람들이 오물을 폐기하는 데 주로 사용됐습니다. 그렇게 떠내려온 오염 물질은 지속적으로 침전되고 하구의 진흙과 뒤섞였습니다. 그 위로 흐르는 물은 극도로 오염되어 장어조차 살 수 없었습니다. 그러다가 썰물 때 물이 빠지면 진흙이 햇볕에 노출되고 악취가 발생하여, 반 마일 떨어진 곳에 사는 사람들에게조차 참을 수 없는 문제가 되었습니다.

이 상황이 일어난 것이 도시 인구가 그 어느 때보다 빠르게 이동하는 시점에, 이 성가신 문제를 완화할 수만 있다면 틀림없이 엄청난 건설 수요가 발생할 시점에 생겨났음을 고려해 주시기를 바랍니다.

어떻게 하면 좋을까요? 조수를 차단하는 일은 댐 건설로만 가능합니다. 그러나 밀물 때 조수를 막는 댐은 썰물 때 물의 흐름도 막습니다. 지난 겨울 발생한 홍수와 같이, 조수가 매우 낮아 댐이 물을 방출하기 전까지는 그 안에 엄청난 양의 물이 저장됩니다.

따라서 이 물을 담아낼 인공 유역[3]이 필요했고, 다만 이 지역을 적정한 주거지로 개발하려 한다면 자연 분지보다 훨씬 작고 덜 혐오스러운 저수 공간을 조성해야 했습니다.

이러한 상황에서 일반적으로 할 법한 일은 프로비던스시에서와 같은 저수지를 만드는 것입니다. 물의 수위가 썰물 때에 비해 약 15피트 높이까지 올라갈 수 있고, 조수가 너무 높아 방류 수위를 위협해도 충분히

---

3 인공적인 하천계를 조성하는 사업임에도 원문에는 basin(유역)이라는 표현을 사용했는데, 여기에는 백베이 설계를 바라보던 옴스테드의 관점이 반영된 것으로 보인다. 이를 반영하고자 맥락에 따라 인공 유역, 저수 공간, 저수지 등으로 옮겼다.

모든 물을 담을 수 있는 저수 공간. 돌로 옹벽을 세우고 그 주변으로는 도시를 가깝게 건설하는 것입니다. 이렇게 구성하는 계획은 비용이 매우 많이 들고 우리 백베이 지역에서 요구하는 것과는 거리가 멉니다. 이런 방식으로는 주변 부동산의 가치 상승과 과세 기반의 확대를 기대할 수 없습니다.

그러나 이것이 가장 간단한 작업 방식이자, 저수 공간을 바라보는 일반적인 공학적 관점이기 때문에 도시 토목공학자와 조경가 사이에 이어질 논의의 자연스러운 출발점이 되었습니다. 여기서부터 논의가 단계적으로 진행되었습니다.

"하수의 오염 물질이 저수 공간에 들어가지 않게 할 수 있을까요?"

"네, 하수의 흐름에 개입할 수 있습니다."

"그러나 평소에는 하천이 여전히 자주 오염될 것입니다. 여기에 필요한 비상사태는 예외로 두고, 이 하수의 흐름을 막을 수 있겠습니까?"

"네, 저수 공간 외부에 적당한 크기의 도관을 깔아 놓으면 가능합니다."

"그렇다면 저수 공간이 주된 용도로 사용되지 않을 시에 이 공간을 위생적이고 깨끗하게 유지할 수 있을까요?"

"네, 목적에 필요한 만큼만 염수를 채우고 고여 있지 않을 만큼 충분히 물이 드나들게 하면 됩니다."

"그러나 우리가 비용이 매우 많이 드는 높은 옹벽을 세운다고 가정하면, 홍수가 지나간 후에 수위가 내려가면 눈에도 코에도 거슬리는 퇴적물이 옹벽 위에 종종 남을 테고, 그러면 여러모로 불쾌하지 않겠습니까?"

"그건 피할 수 없을 겁니다."

"돌 대신 흙으로 경사진 둑을 쌓는다면 물을 가두는 목적에도 부합할 텐데, 반대할 이유로 어떤 것이 있겠습니까?"

"그렇게 만든 경사면은 바닷가처럼 거의 수평을 이루어야 하며, 침수되기 쉬운 부분과 그 위에 몇 피트 정도는 돌을 쌓아야 합니다. 그러지 않으면 파도에 침식되고 떨어져 나갈 수 있습니다. 필요한 깊이를 충족하는 경사면은 넓은 공간을 필요로 하고, 외관 또한 좋지 않을

것입니다. 게다가 이 경우 돌로 마감된 안쪽 면은 결국 수직으로 쌓은
돌벽과 같은 문제에 부딪힐 수 있습니다."

"파도로 인한 침식을 피할 수 있고, 돌 마감을 없애고, 물이 빠지며
생기는 여백을 불쾌하지 않게 만들 수 있다고 가정하면, 현재
공원관리국에서 통제하는 지역 내에 충분한 범위의 인공 유역을 조성할
수 있습니까?"

이를 계산해 보니 가능할 것으로 나타났습니다.

"바람의 영향을 받는 폭이 넓지 않도록 주의한다면 거센 파도가 일으킬
문제를 피할 수 있습니다. 밀물과 썰물 사이에 자리할 제방 경사를
주의해서 6대 1 정도로 만들고, 밀물과 썰물의 수위 차이가 4피트를 넘지
않도록 홍수로 침수되는 땅의 폭을 넓히고, 바닷물이 범람하지 않도록
제방 주변에 녹지를 조성한다면 말씀하신 모든 공학적 요건을 충족시킬
뿐 아니라 돌로 마감된 분지보다 훨씬 덜 불쾌한 결과를 얻을 수 있지
않겠습니까?"

"그렇겠죠."

"그리고 이렇게 인공 유역을 조성하는 편이 돌을 쌓아 제방을 만드는
것보다 훨씬 비용을 절감할 수 있지 않을까요?"

"그럴 겁니다."

이렇게 해서 현재 진행 중인 계획안이 마침내 상당히 만족스러운
해결책으로 받아들여지는 단계에 도달할 수 있었습니다.

이제 물의 이동을 제어하는 장치에 관해 설명하겠습니다. 이 내용
대부분은 보스턴토목공학자협회를 위해 이 사업의 감독단 소속 보조
공학자 하위 씨가 작성해 발간한 논문에서 발췌한 것입니다.[4] 이 글은 5년

---

4 하위가 작성한 원문은 다음을 참고: Edward W. Howe, "Back Bay Park [백베이 공원]," *American
Architect and Building News*, 1880년 3월 20일. 하위는 옴스테드가 제출한 설계안에 대한 비판적
논의와 다양한 가능성을 함께 언급했는데, 그중 늪지대의 처리에 대해 보완이 필요하다는 의견을
제시한 바 있다. 흥미롭게도 그 다음 주인 4월 3일 자 신문에 옴스테드의 보완 설명과 답변이
실렸는데, 이 반박글의 말미에 옴스테드는 찰스강 인근에 살았던 당대 시인, 제임스 러셀 로웰
(James Russell Lowell)의 시를 인용했다. "사랑하는 습지여! 사계가 지나며 그늘과 빛이 교차해도

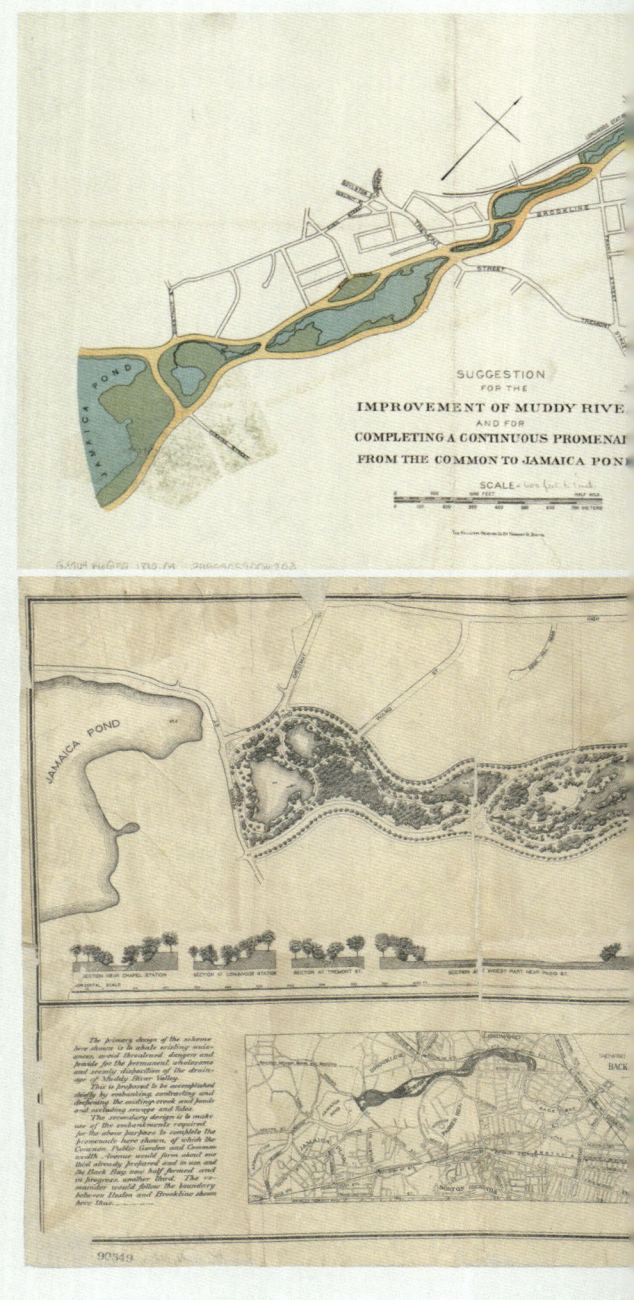

↗ 머디강 위생 개선 구상안, 1880.
  F. L. 옴스테드 제작.

↗ 머디강 위생 개선 기본계획 도면, 1881.
  F. L. 옴스테드, H. M. 와이트먼 제작.

All that part from the Common to the letter A
on Brookline Avenue is already provided for;
all that beyond is suggested as desirable.
The boundary between Boston and Brookline
from Chapel Station to Chestnut Street falls
mainly within the water as here shown.

CHARLES RIVER

COMMONWEALTH

BEACON STREET

MARLBORO STREET

NEWBURY STREET

BOYLSTON STREET

AVENUE

HUNTINGTON

COMMON

DEC. 1880.

F. L. OLMSTED,
LANDSCAPE ARCHITECT.

GENERAL PLAN FOR

SANITARY IMPROVEMENT OF

MUDDY RIVER

AND FOR COMPLETING CONTINUOUS

PROMENADE

BETWEEN BOSTON COMMON
AT

JAMAICA POND

1881

PARK COMMISSIONERS
BOSTON   BROOKLINE
C. H. DALTON   F. W. LAWRENCE
HENRY LEE   THEO LYMAN
WM. GRAY JR.   C. S. SARGENT

H. W. FIGHTMAN   F. L. OLMSTED

MUDDY RIVER   BOSTON, MASS.   181

전에 작성된 것으로, 들으면 아시겠지만 이 지역을 공원이라 부르고 그 안의 모든 수공간을 호수라고 부르는 일반 대중의 습관을 따르고 있습니다. 그는 이 글에서 이후 수행된 작업의 의도를 설명했습니다.

> 머디강은 개별 도관을 통해 찰스강으로 흐른다. 스토니브룩천도 별도 도관을 통해 찰스강으로 연결되는데, 다만 찰스강의 수위가 때때로 높아져 록스버리 지역의 일부 도로까지 역류할 수 있으므로 별도의 방류 대책이 필요할 것이다. 일반적으로 저수 공간 내 물은 30에이커 정도 면적을 차지하며, 도시의 기준면보다 8피트 위에 위치한다. 홍수 시 스토니브룩천의 물도 자동 장치를 통해 이 저수지로 흘러 들어가며, 수위가 높아지면 물은 50에이커까지 넓게 퍼진다. (130쪽 발췌)

물의 흐름을 조절하는 장치에 대한 설명은 여기까지입니다.

이제 인공 유역의 설계에 대한 부분입니다. 보고 계신 자료는 위원들에게 제시된 계획안의 도면입니다. 일반 도로가 인공 유역 전체를 둘러싸는 한편, 여러 지점에서 가로지르는 것을 볼 수 있습니다. 이것은 시의회에서 요구한 사항이었으며, 보시다시피 도로에 필요한 공간은 매입된 100에이커의 토지 내에서 사용했습니다. 이 도로는 도시의 일반 도로보다 폭이 넓습니다. 매우 넓은 보도가 있으며, 보도와 차도 사이에는 식재 공간이 있습니다. 한쪽에는 차도 외에도 승마용 도로로 포장이 되어 있으며, 승마용 도로 중 0.5마일은 마차나 사람이 건너지 못하도록 구분되어서 말이 안전하게 질주할 수 있습니다.

인공 유역은 이 원주형 상부도로 안쪽에 있습니다. 일반적으로 유역 내 물 수위는 상부도로의 높이보다 10피트 아래에 있으며, 도로 가장자리와

그 안에서 갈색과 앙상한 것만 보이는 자에게, 자신이 가진 것들을 나누지 못하는 자에게 시야의 선물이란 헛된 것에 불과하오." (Dear marshes! vain to him the gift of sight/Who cannot in their various incomes share,/From every season drawn, of shade and light,/Who sees in them but levels brown and bare)

↑ 백베이 펜스의 도로와 교량, 1910. 백베이 펜스를 따라 난 마차로는 보스턴 시내를
브루클라인과 연결하는 고속도로(speedway)로 활용되었다. 사진의 양쪽으로
백베이 펜스와 도로를 구분하는 경계 역할을 하는 수목이 보인다.

만조선 사이의 평균 거리는 약 70피트이나 대부분의 구역에서 40피트에서 100피트까지 지속적으로 변화합니다. 침수되기 쉬운 지점의 제방 표면은 경사가 가로세로 6대 1 정도입니다. 그 위로는 상부도로 표면으로부터 보통 1~2피트 위 지점에 휘어지는 곡선 부분이 있으며, 또 다른 곡면이 경계부까지 이어집니다.

이처럼 곡률이 지속적으로 변화하는 단면은 토양이 적당히 부서지기 쉬우면서도 밀도가 가변적인 하천 유역의 자연적으로 형성된 단면과 일치합니다.

눈에 보이는 인공 유역 바닥은 전반적으로 염습지의 특성을 띠며, 그 경계에는 조수를 위한 하천이 구불구불한 코스로 빠르게 흐르기에 직선이라고는 찾아볼 수 없습니다. 구부러진 형태의 목적은 바람이 수면을 일정 거리 이상 훑고 지나가는 것을 방지하여 결과적으로 너울의 형성을 막는 것입니다. 일반적인 수위는 염습지보다 3인치에서 1피트 정도 아래에 있겠지만, 사초와 염생초가 잘 자라게 하는 데에 필요하다면 쉽게 [표면 높이를] 올릴 수 있습니다.

홍수가 오고 조수가 상승하여 인공 유역에서 유출이 없을 때, 물은 빠르게 상승하여 염습지 높이까지 도달한 다음, 이제 퍼질 수 있는 표면적이 두 배가 되므로 그 속도를 늦춥니다. 공학자의 계산에 따르면 [습지식물의] 뿌리 표면으로부터 1피트 이상 올라가는 경우는 매우 드물 것입니다. 일반적으로 사초의 키는 뿌리 길이보다 크므로 바람이 넓게 퍼진 수면 위로 파괴적인 너울을 일으키는 것을 막는 장애물이 될 것입니다. 만약 몇 년에 한 번꼴로 수위가 그 이상 높아진다면, 외부의 조수가 낮아져 다시 유출이 일어나는 시간은 짧을 테고, 사초 위로 올라온 물결은 크지 않을 터이므로 제방의 피해는 경미하여 쉽게 복구할 수 있을 것입니다. 이러한 조건을 고려한 후 공학자가 제방을 보호하기 위해 돌로 마감된 지정 구역을 제안했는데, 이를 따랐다면 픽처레스크하고 자연스러운 인공 유역을 조성할 모든 가능성이 사라졌을 것입니다.

제방에 대한 추가적인 관리 사항은 일반적인 조경 업무에 가까워 여기서 특별히 설명할 필요는 없겠습니다.

[현재] 기대할 수 있는 최선의 결과는 나무가 자라고, 자연이 예상하기 어려운 다양한 방식으로 우리를 돕고, 이를 통해 염천과 염습지의 구석구석에 진정한 자연적 특성이 조성되는 것입니다. 그런 뒤 편의를 위해 만든 도로와 다리를 제외하고는 인공적인 것이 조금도 남지 않고, 마치 이 안에 있는 모든 것이 전혀 훼손된 적 없는 자연의 상태로 남겨진 채 주변 도시만 성장한 것처럼 보이는 것입니다.

편의상 지금까지는 제 설명의 범위를 인공 유역 자체에만 한정했습니다. 이 지역 근처를 지나가는 여러분에게 더 눈에 띄는 것은 저수 공간과 찰스강 사이의 유출 구역 또는 통로입니다. 제방길과 아치형 구조물 등 이곳의 특수한 지역적 특징에 대해서는 설명이 필요 없을 것입니다. 이것들의 윤곽이 정해진 뒤 저는 설계를 위해 건축가를 고용할 것을 위원들에게 요청했고, 위원들은 리처드슨 씨에게 그 일을 맡겼습니다.[5] 제 의도는 제방길을 돌로 만들 경우 프랭클린파크에 세워진 벽과 같은 방식으로 틈새가 있고 줄눈이 많이 들어가는 자연석을 사용하는 것이었습니다. 추후 나무가 무성하게 자라서 난간을 제외하고는 인공적인 특성이 눈에 띄지 않게 하는 것이었습니다. 리처드슨 씨는 이 아이디어에 공감했고, 보일스턴가 아치 구조물을 위해 그가 첫 번째로 제안한 것은 제방길 계획과 조화를 이루는 매우 픽처레스크한 자연석 구조물이었습니다. 이것이 채택되었다면 전체 작업 비용은 훨씬 줄어들었을 테지만, 위원들은 보편적이지 않은 것을 수행하는 데에 두려움을 느꼈으므로 지금 보시는 것과 같은 결과를 얻었습니다. 전반적인 윤곽과 색상은 매우 만족스럽지만, 지금보다 멋을 덜 부렸더라면 이곳에 더 잘 어울렸을 것이라고 생각합니다.

---

5   건축가 헨리 홉슨 리처드슨(Henry Hobson Richardson)는 옴스테드의 오랜 지인이자 협업자로, 보스턴 아놀드 수목원과 백베이 지역 설계에 참여했다. 본문에 나온 바와 같이 보일스턴가 다리의 설계를 도맡았다.

↓ 보일스턴가 아치 구조물의 모습, 1890.
옴스테드가 지적하듯, "멋을 덜 부렸더라면
이곳에 훨씬 더 잘 어울렸을" 픽처레스크한
자연석 교량이다. 그의 지적에도 불구하고,
보일스턴가 아치 구조물이 호수에 비친
풍경은 감탄을 자아낸다.

이 유출 구역을 다른 측면에서는 어떻게 처리했는지, 제가 1884년에 발표한 보고서의 내용을 읽어 보겠습니다.

이 작업은 현재까지 상당히 진행되었으며, 유압 장치의 주요 목적과 관련하여 이미 많은 테스트를 거쳤다. 지난 겨울의 홍수는 매우 이례적이었고, 모든 조건이 그 어느 때보다 불리했다. 스토니브룩 계곡에서 발생한 엄청난 사유재산 파괴가 그 증거이다. 그러나 우리 테스트 현장에서는 문제가 조금도 발생하지 않았다. 자동 작동 장치는 전체적으로 원활하고 지속적으로 작업을 수행했다. 조수가 너무 높아져 평상시보다 4피트나 높은 수위까지 물이 방류되는 동안에도 유역의 높이가 한순간에 상승하지 않았다. 결과적으로 아무런 피해도 없었다.

인공적으로 염초나 사초 습지를 만드는 데 성공할 수 있을지에 대한 의문이 제기되었습니다. 리처드슨 씨[가 설계한] 교량의 서쪽 난간 너머로 우리가 몇 에이커의 공간에 걸쳐 작업한 것이 보이는데, 이는 목적 달성을 위한 우리의 계획이 실용적임을 보여 주기에 충분합니다. 우리는 두 가지 방법을 시도했는데, 하나는 뿌리째 떠내 심는 방법이고, 다른 하나는 파종하는 방법이었으며, 둘 다 성공적이었습니다.

우리가 아직 성공하지 못한 부분은 사초와 그 위로 약 3피트 높이 위치한 지역에 만족스러운 식생을 조성하는 것입니다. 아마 그 안에서는 모세관 현상으로 빨려 올라온 바닷물이 증발하며 소금이 퇴적된 것으로 보입니다. 하지만 작년까지 우리는 체계적으로 식재를 하지도 않았고 용역에 의존하고 있었기에, 앞으로는 성공할 것이라고 확신합니다. [만약] 실패하더라도 그 위에 자라는 나무와 관목이 뻗는 잎사귀들이 이 구역을 가리는 것은 시간문제일 뿐입니다.

이곳은 모기 번식지가 될 것으로 여겨졌으나, 작년 여름에는 그런 증거가 나타나지 않았습니다.[6] 우리의 계획으로 그 지역의 불결함을

---

6 앞서 언급한 하위의 글이 실린 후, 같은 잡지의 다음 호에는 백베이 지역에 인공 유역이 생긴다면

극복하지 못하고, 악취는 줄어들지 않을 것이며 유역의 물은 항상 역겨울 정도로 더러울 것이라 예상되었습니다. [그러나] 지난 여름 내내 공기가 완전히 깨끗했습니다. 인공 유역의 윗부분에서 증기 준설선이 작동하고 진흙을 실은 증기선이 아래편에서 움직이고 있다는 사실에도 불구하고 물이 전반적으로 꽤나 깨끗했습니다. 공사가 끝나면 완벽하게 [정리될] 것이라고 믿어 의심치 않습니다.

인공 유역에 대한 계획이 채택된 후 저는 시 공학자에게 물었습니다.

"저수 공간 위의 머디강을 처리하기 위해 어떤 계획을 세우고 있습니까?"

"아무것도 없습니다."

"결국에는 어떻게 하게 될 것 같습니까? 홍수를 조절하기 위한 수 마일 길이의 거대한 석조 도관이나, 양쪽에서 하수를 분산시키는 파이프는 어떻습니까?"

"그럴 가능성은 거의 없습니다."

"이러한 조치는 비용이 매우 많이 들며 예산 문제로 수년간 지연될 것입니다. 그사이 머디강 계곡은 매우 더럽고 비위생적이며 지저분해질 것입니다. 그 근처에서 아무도 살고 싶어 하지 않을 테고요. 부동산 가치는 크게 떨어지고, 도시 최고의 주거지 근처에 건강에 해롭고 전염병이 창궐하는 동네가 생겨날 것입니다."

"아주 불가능한 이야기는 아닙니다."

"그곳에 수로를 만들어 우리가 인공 유역의 제방을 조성한 것처럼 처리하는 것은 어떨까요? 경제적인 방법이 아닐까요?"

"상상은 안 되지만 맞을 겁니다."

"그러면 그 계곡을 따라 자메이카 연못으로 이어지는 길이 백베이에서 [아놀드] 수목원과 서쪽 록스버리파크로 이어지는 파크웨이의 시작점이 될 것입니다."

모기 떼가 창궐할 것이라는 의견이 실린 바 있다.

↑ 백베이 펜스, 2016. 오늘날의 백베이 펜스는 옴스테드 이후로도 많은 재설계와
리노베이션을 거친 결과이다. 그럼에도 초기에 고안된 픽처레스크한 천변 공원의
성격은 잘 유지되고 있다.

그리고 그 회의에서 백베이 계획의 연장선상에서 [머디강 인공 유역 조성 계획이 나왔고]⁷ 브룩라인시와 보스턴시에서 이 계획이 그대로 채택되었습니다.

나이아가라 보호지역
환경개선을 위한 기본계획

인간과 자연의 지속가능한 조화를 위한 조경의 역할

프레더릭 로 옴스테드가 '북미 조경의 아버지'라고 불리는 데에는
센트럴파크를 비롯한 도시공원에 이바지했을 뿐 아니라, 미국 국립공원
개념의 설립과 조성에 있어서 큰 역할을 한 점이 작용을 했다. 이번 장의
주인공인 나이아가라 보호지역(현 주립공원) 환경개선 계획에
옴스테드가 참여하게 된 배경을 이해하려면 필연적으로 요세미티
국립공원에 관한 이야기가 수반된다.

캘리포니아주에 위치한 요세미티 지역은 19세기 중반부터 관광지로
주목받아 왔다. 그러나 철도 개발 및 남북전쟁의 영향으로 상업적
난개발이 예상되었고, 동시에 전쟁으로, 또 신문 매체를 통해 이 지역의
놀라운 경관이 대중의 인기를 얻게 되면서 미국 고유 경관을 보존해야
한다는 인식이 여론을 탔다. 1864년 링컨 대통령은 요세미티 기금을
마련하는 법률을 제정했고, 이에 따라 이후 옐로스톤 등 미국의 주요
국립공원 지정의 계기가 마련되었다. 이듬해, 옴스테드는 정부의 요청에
따라 「요세미티 계곡과 마리포사 거목숲 보고서」[1]를 제출했다. 이
보고서에 담긴 내용, 즉 마련된 기금을 어떻게 올바르게 활용해야
하는지, 경관을 보존하면서 관광을 어떻게 관리할 수 있는지에 대한
고민에는 당시 민주적 사회에서 도시와 자연의 관계를 이론과 실천으로
탐구하던 옴스테드의 생각이 분명하게 반영되어 있다.

옴스테드는 유년 시절 삼촌과 함께 나이아가라 폭포를 처음
방문했다고 한다. 그가 어린 시절 느낀 감정 그대로를 다음 세대에게

---

[1] 이 보고서(Yosemite and the Mariposa Grove: A Preliminary Report)는 1865년 제출되었으며, 현재
미국 국립공원 체계의 밑거름이 되었다. 원문은 다음을 참고: https://www.yosemite.ca.us/
library/olmsted/report.html.

물려주는 것이야말로 가장 값지다고 생각한다는 것이 원문에 그대로 담겨 있다. "인간의 개입이 일어나지 않은 대자연과 조화를 이루며 영구적으로 쾌적한 자연을 재건하는 것을 목표로 하는 방안을 모색" 하는 일을 이 환경개선 사업의 비전으로 삼았던 것은, 달리 말하자면 조경의 관점과 실천 방안을 지렛대 삼아 '지속가능한' 인간과 자연의 관계를 탐구하고자 했다고 볼 수 있을 것이다.

↓ 나이아가라 보호지역 환경개선을 위한 기본계획 도면, 1887.
F. L. 옴스테드, C. 복스 제작.

캐나다 쪽
폭포

포터스
절벽

고트섬

스테드먼스
절벽

루나섬

바람의
동굴

배스섬

미국 쪽
폭포

하부 숲

강삭
철도

응접소

헤네핀
전망대

상부 숲

존경하는 나이아가라 주립 보호지역 위원장 윌리엄 도르셰이머 씨께

위원장님,
뉴욕주 정부가 나이아가라 보호지역에서 수행할 사업이 일시적인
편의성만을 위해 낭비되지 않고, 종합적으로 봤을 때 지속해서
만족스러운 결과를 낳는 쪽으로 진행되길 바랍니다.
이를 위해 준비 과정부터 사업의 궁극적인 범위를 신중하게 고려해 온
기본 계획에 따라 모든 사업이 진행되어야 한다는 점이 무엇보다
중요합니다.
따라서 저희가 영광스러운 기회를 얻어 제출하게 된 본 계획의
구체적인 특징을 말씀드리기 전에, 이런 측면에서 본 계획에 관해 몇
가지를 설명하고자 합니다.
전체 보호지역 중 약 7분의 1에 해당하는 구역은 현재 부적절한 인공적
성격을 띠고 있습니다. 대부분은, 예를 들어 도로 또는 건물 공사와
관련하여 [그 위에 흙더미가] 쌓이거나 땅이 파헤쳐진 상태입니다.
이 7분의 1에 해당하는 구역에 관해 본 계획은 인간의 개입이 일어나지
않은 대자연과 조화를 이루며, 영구적으로 쾌적한 자연을 재건하는 것을
목표로 하는 방안을 모색합니다.

이 계획은 보호지역 어느 곳에서든 도로와 산책로를, 전망이 더 좋은 지점에서는 전망대와 휴식 공간을, 그리고 경험을 통해 알게 된, 많은 사람이 모일 때 품위와 질서가 지켜지기 위해 필요한 여러 가지 편의 제공을 목표로 합니다.

이런 지침을 통해 자연 경관을 심하게 침해하는 것을 방지하고, 자연 경관의 요소를 손상하지 않으면서 건강한 개발을 보장하는 데 요구되는 운영 방식을 다루고자 합니다.

위 내용은 이 환경개선 계획의 모든 내용을 개괄적으로 설명한 것입니다.

이 계획에서 말하는 활용의 범위와 정도란 방문자가 많은 지역의 경험을 통해 충분히 경제적이라고 확인된 상당한 규모를 말합니다. 즉, 본 계획이 제안한 것보다 넓지 않고 견고함이 떨어지며 잘 정돈되지 않는다면, 아무리 건설 비용을 절감하더라도 관리, 수리, 리뉴얼 비용이 많이 들 것입니다.

따라서 본 계획의 규모가 줄어들 수 있는지에 대한 질문은 앞으로 보호지역에 방문할 사람들의 수에 관한 질문이나 마찬가지입니다.

나중에 이 장소의 방문율 증가에 대한 몇 가지 사실을 제시할 것이며, 그 전에 이 지역을 대상으로 한 주 정부의 정책 연구에 드러난 이 질문과 관련한 사항을 고려해야 함을 간과하지 않으시기 바랍니다.

사람들이 여태껏 나이아가라를 보고 싶어 하는 데에는 두 가지 동기가 작용해 왔는데, 그중 하나는 경이로움을 느끼기 위해서입니다. 이 동기가 강한 사람들은 대체로 나이아가라를 보고 실망하는 경우가 많았습니다. 위원회에서 폭포[2] 근처에 설치되었던 여러 가지 구조물과 장식물을 제거했음에도 이러한 유형의 방문객이 겪는 실망이 줄어들지는

---

2   원문에서는 나이아가라 폭포를 줄여서 폭포(the Fall)라고 표현하는 경우가 잦다. 이는 '나이아가라'라는 이름이 주변 마을과 강에 모두 사용되고 있었기 때문에 일부러 구분하기 위한 것으로 보인다. 번역문에서는 가독성을 위해 맥락에 따라 '나이아가라 폭포'와 '폭포'를 병행해서 사용하였다.

않았으며, 주 정부가 취할 수 있는 어떤 개선 방안도 나이아가라의 경이로움을 증가시키지 못할 것이라고 어렵지 않게 가정할 수 있습니다.

사람들이 이곳을 찾는 또 다른 동기는 자연 경관의 탐방을 통해 독특한 아름다움의 특성에 대해 깊이 사색함으로써 얻는 즐거움에 있습니다.

이러한 점에서 나이아가라는 세계의 위대한 보물 중 하나로 손꼽힐 만합니다. 나이아가라의 독특한 자연 경관이 분열되고, 폄하되고, 경시되는 상황을 없애기 위해 귀 위원회가 한 일은 이 측면에서 [나이아가라 보호지역을] 훨씬 더 즐거운 곳으로 만들었습니다. 그리고 같은 종류의 추가 이득을 거둔다는 차원에서 모든 환경개선 사업의 가치를 평가해야 합니다.

이를 참고하여 잘 조성된다면 [위의] 이유만으로도 향후 이곳을 찾는 방문객 수가 그들이 속한 곳의 인구보다도 더 빠르게 증가할 것으로 예상해 볼 수 있습니다.

그러나 이보다 훨씬 더 큰 [방문객] 증가를 예상할 수 있는 이유가 있습니다.

자연 경관이 만들어 내는 효과라는 차원에서 봤을 때, 나이아가라와 더불어 세계의 보물로 분류될 수 있는 많은 자연 경관 탐방 지역이 존재합니다. 그러나 오랫동안 그 누구도 [이 다른 곳의] 가치를 높게 보지 않았습니다. 몇 세기 전만 해도, 심지어 앞선 문명을 이룬 선진국 사람들조차 이 공간들을 그다지 좋아하지 않았던 것 같습니다.

하지만 그 이후 서서히 변화가 일어났습니다. 이미 18세기의 교육받은 계층 사이에서 잘 드러나고 있었습니다. 현재는 모든 선진국의 사람들을 주축으로 빠르게 발전하고 있습니다. 우리 국가의 경우 귀 위원회가 지닌 의무를 명시한 법률을 고려했다는 것, 또한 그에 앞서 이 법률이 제정될 당시 1806년, 주 정부가 최근 들어 다시 사들인 나이아가라 지역을 [처음] 매각했을 때 누구도 이곳이 공장에 수력발전을 제공하는 것 외에는 장래성이 없다고 여겼다는 점에서 비추어 봤을 때, 이처럼 [사고의] 진보가 일어나고 있음을 보여 주는 더 좋은 증거가 없을 것입니다.

이 움직임이 끝을 향해 가고 있다고 생각할 이유가 전혀 없습니다. [반면] 만약 현재 대중의 단순한 요구에만 맞춘 개선안을 이 보호지역에 적용한다면, 문명 발전의 경향에 더 현명하게 적응하는 다른 사람들을 위해 수년 내에 철거되어야 할 것이라고 가정할 만한 이유가 아주 많습니다.

그런 일이 생겼다고 가정해 봅시다. 낭비로 이어지는 결과란 단순히 이미 건설한 환경개선 공간을 철거한다고 발생하는 것만이 아닙니다. 그동안 성장을 통해 얻어 온 많은 것을 상실하고, 인접한 구조물을 확장하기 위해 숲을 [파괴해] 날것의 거친 공간을 새로 터야 할 필요성까지 염두에 두어야 합니다.

우리는 위원들의 최종 판단 과정에서, 그리고 낭비와 철거를 피하려는 열망으로 이 문제를 철저히 연구할 모든 이들이, 이 계획이 과도하기보다 부족하다고 밝혀지는 상황에 더 큰 불안을 느낄 것이라고 믿어 의심치 않습니다.

이렇게 제기된 질문, 즉 이 계획이 제안하는 편의 시설이 부족하지 않을까에 관해서는 두 가지 고려 사항을 살펴봐야 합니다.

첫째, 인공적인 요소가 시야를 많이 채울수록 자연이 주는 효과는 줄어듭니다.

둘째, 본 계획이 제안한 개선안이 완전히 실행되고, 여기에 더해 캐나다 측의 보호지역에 대한 개선안까지 추가로 실현된다면 나이아가라의 방문객은 지금까지의 경험을 통해 예상할 수 있는 것보다 훨씬 더 광범위한 경로를 거쳐 더 많은 이가 오갈 것입니다.

이와 같은 이유로, 우리는 정부가 방문객 수를 너무 많거나 너무 적게 예측하여 심각한 낭비가 일어나는 상황을 두려워할 필요가 거의 없다고 생각합니다.

오히려 우려해야 하는 점은 보호지역을 지정한 주 정부의 목적이 상실되거나, 이 일의 종사자들이 갈피를 못 잡고 혼란스러워하느라 낭비가 일어날 수 있다는 점입니다.

이러한 혼란을 방지하기 위해 원 설계가가 할 수 있는 일은, 계획을 세운 본래의 목적과 사업 진행에 따라 이런저런 [불필요한] 부분이 끼어들기 쉬운 환경개선 사업 유형이 지닌 목적 간의 차이를 지적하는 것에 불과합니다. 이렇게 끼어든 부분이 초래하는 문제는 다음과 같습니다. 실현할 수 있는 수준에 있어 이전 또는 이후의 설계 동기가 완전히 우수한 결론에 도달하지 못하게 만들고, 전자의 추구가 후자의 도입에 대한 장벽이 되고 후자의 추구가 전자의 결실을 방해하여 낭비적으로 [그 사업 목적의 달성을] 좌절시키는 것입니다.

많은 경우 문제는 이 계획이 일반적인 정원 조성의 주요 목표인 아름다움을 좇지 않는다는 데에 있고, [또는] 그런 아름다움을 여기저기 도입함으로써 방문객의 즐거움이 배가될 것이라고 가정하는 데에서 기인합니다.

따라서 지금 설계 작업의 궁극적인 목적과 일반적인 정원 조성에서 고려하는 점을 구분하는 데 어려움이 생길 수 있습니다. 예를 들어 도로 및 산책로 공사, 경사면 만들기, 표면을 정비하고 그 위에 지피식물을 입히는 작업, 나무를 심고 가꾸는 일, 보행교를 비롯한 여러 건설물 등의 작업을 예로 들어 봅시다. 보호지역에서 의도적으로 진행되는 모든 작업의 직접적이고 지엽적인 결과는 일반적인 원예 작업과 정확히 일치합니다. 그리고 궁극적으로 즐거움을 주고자 의도된 매우 다른 [형태의 설계] 방식을 알아보지 못하는 사람들은 장식적인 세부 식재의 도입이 항상 개선된 모습이라고 생각할 것입니다. 장식적인 세부 요소를 배제할 이유가 사라지고 나면 아무리 많이 도입해도 막을 수 없으며, 이에 따라 호화로운 공원과 꽃밭-정원의 구조로 보호지역이 점차 변모해 간다면 이보다 안타까운 일은 없을 터입니다.

이런 위험이 더 큰 이유는 마침내 환경개선 사업을 통해 이 계획이 목표로 했던 결과가 이루어졌을 때, [그 결과를] 일반적인 호화로운 정원에서 볼 수 있는 유사한 작업보다 훨씬 쉽게 달성할 수 있을 것이라 착각하기 때문입니다. 아마 각 유형의 작업을 직접 수행하고 끝까지 추구해 본 사람이라면 실상은 완전히 반대라는 것을 알 수 있을 겁니다. 본 계획에 따라 보호지역에서 수행할 작업의 진행 과정에서 일반인의 눈에 보이는 과정과 그 결과물인 작업의 관계가 명백하게 드러나는 일은 전혀 없습니다. 그리고 결국 그 과정에서 가장 값진 것, 즉 이 계획의 원래 목적을 수행하기 위해 사전에 오랫동안 고민하고 인내심을 발휘한 끝에 맺은 결실이 그 자체만으로 인정받는 경우는 거의 없습니다. 오히려 [우연히 찾은] 야생 식물의 열매처럼 간주되기 마련입니다. 따라서 이러한 성격을 띤 설계를 어느 수준으로 달성한 후에 그 계획의 원래 동기가 세밀하게 고려되는 일은 거의 없습니다. 그 결과 전체 작업의 과정에서 세부 요소가 오해를 받거나, 부분적으로 달성한 결과마저 낭비된 희생물로서 무시당하기 쉽습니다. 설계한 대로 온전히 실현하기 위해서는 때때로 충동적인 사람들이 원할 법한 여러 요소를 배제할 필요가 있고, 이는 소위 유보적인 입장의 동기가 됩니다. 이는 오해받기 매우 쉬운 상황이며, 나아가 실수로 누락된 부분을 이후에 보완하려는 시도는 이미 얻은 가치조차 낭비하는 결과를 낳기 쉽습니다.

이처럼 본 계획의 의도를 엄격하게 수행하는 방식에 어려움이 있음에도 불구하고, 어째서 그 엄격함을 유지해야 할까요?

공공 휴양지 조성에 사용되는 더 일반적인 계획이 가져오는 즐거움을 방문객에게 제공하도록 의도할 수는 없을까요?

이 점에 대해 확실히 답을 드리자면, 보호지역이 수립된 목적에서부터 선택의 여지가 없습니다.

사실, 보호지역에서 어떤 종류의 꽃과 이국적인 요소를 제외할지에 대한 여부는 법령을 포함해 어떤 형태의 입법 기록에도 명시되어 있지 않습니다. 위원회가 내린 지침에도 적혀 있지 않습니다만, 이러한 제한 사항은 매우 구속력 있는 방식으로 정해졌습니다. 이후 언제라도 이 계획이 품고 있는 원래의 목적에 대한 오해가 생기는 것을 최대한 방지하기 위해, 제한 사항이 어떻게 수립되었는지 보여 드리고자 합니다.

보호지역에 관한 문제는 이 결정이 내려지기 6년 전부터 활발하게 논의되어 왔습니다. 주지사가 입법부에 의견을 보내면서 이 의제를 둘러싼 토론이 시작되었고, 여러 명의 주요 인사들이 참여했으며 마침내 대중들도 큰 관심을 보였습니다. 귀 위원회의 한 분은 이 결과를 두고 애국심과 밀접하게 연관된 정서가 지닌 힘과, 인간을 가장 위대하고 영웅적인 행동으로 이끄는 자존감의 형태를 보여 주었다고 잘 설명한 바 있습니다.

그 점은 틀림없지만 다른 한편으로는, 비록 가장 큰 목소리는 아니었더라도 이 법안에 매우 진심 어린 반대를 표한 의견 역시 같은 정서에 뿌리를 두고 있다는 점을 짚을 필요가 있습니다.

이 명백한 모순은 다음과 같이 설명할 수 있습니다. 과거 수년간 진행된 대중에게 친숙한 모든 사업, 특히 '경관' 또는 '공원'의 환경개선이라는 이름 아래 통과된 사업 중 대다수는 자연 경관에 관한 관심을 덜어 내고자 어떤 계산된 감탄을 자아낼 대상을 제시해 왔습니다. 이에 따른 결과를 대부분의 도시 외곽에서 볼 수 있는데, 예를 들어 경계면에 픽처레스크한 자연 요소가 더해진 환경개선 작업을 통해 기존 도로가 곧고 넓으며 정형성을 띤 거리 또는 '대로'의 성격을 갖게 되었습니다. 일본 자수나 피렌체 모자이크와 다름없는 인공적인 원예 예술을 화려하게 전시함으로써, 매력적인 자연적 조건과 거의 완벽한 대조를 이루는 방식은 값비싼 개인 빌라 부지에서도 많이 발견할 수 있습니다. 여러 공공 리조트의 환경개선 작업에서도 발견되는데, 그중 큰 성공을 거둔 한 곳은 특히 참고할 만합니다. 이곳은 원래 다른 수천 군데의 강기슭보다 눈길을 끌지 못했는데, 다만 하안[3] 상류에서 일렁이는 물결을 바라보면 매우 근사합니다. 이 장소를 개선한 결과 통나무와 돌로 넓은 제방을 쌓아 강기슭이 대체되었으며, 방문객들이 올라올 수 있는 데크형 산책로를 숲에 조성해 일반적인 상황이라면 [잘] 즐길 만한 정원의 전시를 구경할 수 있게 되었습니다. 반면 강 풍경을 감상하는 데에는 아무런 도움이 되지

---

3 원문에서는 나이아가라강의 큰 폭으로 인해 '해안(shore)'이라는 표현이 사용되었다. 번역문에서는 원문과 국문의 차이를 고려하여 '강기슭' 또는 '하천변'을 의미하는 '하안'이라는 용어를 주로 사용하였다.

↓ 나이아가라 폭포 관광 지도, 1882.
  나이아가라 폭포와 그 일대를 조감도로
  그린 홍보용 관광 지도이다. 오른쪽의 섬은
  미국 쪽 폭포와 말굽 폭포를 나누는
  루나섬과 고트섬이다.
  헨리 웰지, J. J. 스토너 그림.

않았습니다.

이러한 환경개선 사업에서 비롯된 의견들이 지닌 공통적인 연관성은 나이아가라에 공원을 조성해야 한다는 주 정부의 짧은 성명서가 낭독되었을 때 많은 사람들의 마음속에 보호지역 프로젝트에 대한 강한 편견이 어떻게 형성되었는지 설명해 줍니다. 몇 년 전 숲The Grove이라고 불리던 상당한 규모의 땅이 환경개선 사업의 대상이 되었고, 그 [사업의] 성격으로 인해 [이곳이] 공원('프로스펙트파크'⁴)이라고 불리게 되었다는 사실은 미국 쪽 폭포를 방문한 이들의 마음속 편견에 기름을 부은 셈이었습니다. 이 땅은 원래도 공원과 같은, 즉 불편할 정도로 거칠고 험준하거나 나무가 울창하지 않고, 넓고 단순한 자연 지형에 의해 어느 정도는 한적한 녹지의 양상을 띤 곳이었습니다. 지표면의 적당한 굽이침은 꽤 웅장한 자연 암벽 벼랑을 향해 경사를 이루었고, 틈새와 구석구석 자연적으로 자라는 다양한 초목을 가로지르는 타의 추종을 불허하는 아름다운 전망이 있었습니다. 또한 전 세계에서 가장 인상적인 수경관 중 하나를 바라보고 있었습니다. 환경개선 사업에는 평범한 정원석, 벽면을 타고 흐르는 물줄기, 장식적인 교량과 이끼가 낀 폐허를 모방한 구조물이 세워진 섬, 소박해 보이도록 만든 작품과 야생-스러운 정원, 계단식 경사면, 화단, '관상용 나무', 기념비, 주철로 만든 분수대, 여러 파빌리온, '고고학 컬렉션', '미술 갤러리', 버라이어티 극장 및 빨간색, 흰색, 파란색 조명으로 위대한 나이아가라 폭포를 장식하기 위한 기계 설비 등이 포함되었습니다.

이러한 환경개선 사업의 본 목적은 무엇이었을까요? 그것은 바로 어떤 수단을 써서라도 [관광으로] 돈을 벌 수 있는 특정 지역으로 방문객을 끌어들이고, 다른 곳으로 가고 싶지 않을 정도로 그들을 잡아 두는 것이었습니다. 이 점에서 이 사업은 지금까지 성공적이었습니다. 멀리서,

---

4 뉴욕 브루클린의 프로스펙트파크가 아닌, 나이아가라 폭포 일대에 진행되었던 환경개선 사업과 그 결과인 '프로스펙트 포인트 파크'를 의미한다.

↑ 나이아가라 프로스펙트 포인트 전경 엽서, 1900년경. 공원으로 조성된
프로스펙트 포인트에서 나이아가라 폭포를 조망하고 있다.

그리고 생애 처음으로 나이아가라를 보러 온 사람들이 이 '공원'
한가운데에서 얻을 수 있는 것 이상을 보지 못하고 돌아갔다거나, 어떤
이들은 인공적인 환경개선 구역 밖은 조금도 보지 않은 채 떠났다는 것이
자랑거리가 되곤 했습니다.

　나이아가라에 역대 가장 많은 방문객이 몰렸던 날은 앞서 설명한
볼거리에 더해 불꽃놀이와 음악이 어우러진 협잡꾼들의 기괴한 공연이
펼쳐진 때였다는 사실도 비슷한 의미를 지니고 있습니다.

　보호지역 사업에 대한 논의는 많은 사람들이 불편한 수치심을
느꼈다는 사실을 드러냈고, 이러한 절차에 대한 정당한 반발의 형태로
발전하려면 적절한 계기가 필요했습니다. 결과적으로 보호지역
프로젝트에 대한 가장 커다란 반대 의견은 그곳의 독특한 자연 경관에서
더욱 관심을 돌려 버리는 효과를 낼 수 있는 소위 환경개선 사업의 길이
열릴 것이라는 깊은 우려에서 나왔습니다.

　이 계획은 처음부터 그런 오해를 막기 위한 목적으로 제시되었습니다.
그럼에도 일반적으로 환경개선 사업이라고 불리는 것이 대개는 자연
경관을 손상하고, 특히 경관 환경개선 또는 공원 환경개선 작업이라고
불릴 때 다른 어떤 경우보다 더 많이 손상을 일으킨다는 사실이 지적인
사람들 마음속에 깊은 인상을 남겼기 때문에, 이 법안에 대한 순수한
반대를 근절하기 위해 2년간 유인물 배포, 선전 활동, [전략적인] 신문
발행으로 체계적인 노력을 기울이고 유지할 필요가 있다는 것이
드러났습니다. 당시 이러한 수단이 성공하지 못했는데, 아직 언급되지
않은 또 다른 상황이 있었기 때문입니다.

　그 상황이란 다음과 같습니다. 이 문제가 진행되는 동안 고트섬 Goat
Island의 조기 매각을 가능하게 하는 법적 절차가 진행되었습니다. 자연
경관 보존을 바라는 사람들에게는 고트섬의 소유권 변경이
'프로스펙트파크'라는 이름으로 통과되었던 환경개선 사업과 앞서
설명한 강변 리조트에서 진행된 환경개선 사업을 지배했던 논리에 따라
돈벌이를 노린 투기의 계기가 될 가능성이 더 커 보였습니다. 이러한

의심의 눈초리는 이 보호지역에 관한 법안이 달성하고자 하는 주된 목적이 자연 경관 보호이며, 무엇보다도 그런 문제적인 논리를 가진 환경개선 사업의 유형으로부터 방어하기 위함이라는 주장을 바탕으로 더 나은 심리審理, hearing를 열 수 있었습니다. 마침내 이 부분에 대한 확신이 받아들여졌을 때, 과거 이 법안에 가장 강력하게 반대했던 세력이 가장 효과적인 지지 세력이 되었습니다.

앞서 요약된 진행 양상은 보호지역의 본래 목적에 대한 견해의 정당성을 뒷받침하며, 계획의 수정과 보완을 촉구하는 사람들의 관점에서 [그 목적은] 종종 심술 맞게 제한적이고 지루할 정도로 자유를 제한한다고 여겨질 것이 분명합니다.

산업적 목적의 공장 및 기타 건축물뿐만 아니라 방문객의 향유를 위해 원래 사치품으로 간주되던 많은 것들, 특히 대형 조명 장치를 보호지역에서 철거하고 방문객 편의를 돕는 철도의 접근을 경관 손상을 이유로 막고, 자연 경관 외 다른 이유로 더 많은 방문객을 유인하는 효과가 있는 보호지역의 수공간 내 혹은 그 위에서의 전시를 금지했다는 점에서 귀 위원회는 아래 제안된 환경개선 계획의 올바른 목적에 대해 우리가 유일하게 긍정할 수 있는 입장을 취한 바 있습니다.

이 모든 절차에 대해 냉철한 [뉴욕]주 사람들이 전반적으로 만족할 것이라는 데 의심의 여지가 없습니다. 그러나 더 좋은 환경개선 사업이 진행될 때, 합의된 원칙을 수행하기 위해 따라야 할 기준을 두고는 의견 차이가 크다는 점을 알게 될 것입니다. 그리고 이 법안을 가장 열렬히 지지하는 사람 중 일부는 우리가 제안한 계획에서 고려한 기준의 한쪽에, 일부는 다른 쪽에 있을 것입니다. 따라서 우리의 입장을 더 정확하게 정의하는 것이 우리의 의무라고 생각합니다.

첫째, 우리는 계획된 목적을 달성하는 데 있어 "자연을 내버려두는 것"만 필요하다고 생각하는 것과는 거리가 멉니다.

나이아가라에서도 자연적인 이유로 자연 경관의 부조화, 불일치, 불균형 및 그로 인한 단점이 발생할 수 있으며, 이는 섬세한 관찰자에게 앞서 언급한 공원형 환경개선 사업으로 인한 것만큼 불쾌하지는 않더라도 분명 유감스러운 일입니다. 예를 들어, 산사태로 인해 떠내려온 것이 [강 제방에] 걸려 일시적 소용돌이가 발생해 고요한 제방이 훼손되는 경우가 있습니다. 얼음으로 가지가 부러지거나 해충에 의해 잎이 떨어진 나무, 또는 상부에 점토 표면이 웅덩이를 형성하거나 급류가 흙을 씻어 내 뿌리가 힘을 못 쓰게 된 나무 등의 예시를 보호지역에서 찾아볼 수 있습니다.

보호지역의 지속적인 환경개선 계획을 수립할 때 위와 같은 안타까운 자연 현상을 처리하고 예방하기 위한 체계적인 조치가 고려되어야 합니다. 이뿐만 아니라, 별도의 보조 없이 자연적인 과정을 통해 일어날 것으로 기대하는 것보다 경관의 많은 요소에 더 나은 행운이 찾아오도록 체계적인 구조를 만들어야 한다는 점도 고려해야 합니다. 예를 들어 우연히 초목이 사라진 지점에 식물을 심고, 묘목의 성장에 필요한 영양과 보호 조치를 확보하는 일 등입니다.

한편, 많은 사람들이 하고 싶어 하는 것처럼, 분명 아름다우나 실제 도입된다면 번성할 가능성이 없는 여러 형태의 초목을 이 경관에 들이는 것이 사업의 주요 목적에 부합하고 대중의 관심을 끌어들이리라는 생각은 실수일 것입니다. 그 일부는 귀 위원회가 [이미] 철거한 스테인드글라스, 장식석, 석고상, 페인트칠, 분수처럼 바람직하지 못하리라는 것이 우리의 견해입니다. 다른 장소라면 그것들은 자연물이겠지만 나이아가라 자연 경관의 요소들 사이에서는 이질적 특성을 보이고 관련이 없으며, 주의를 분산시키고 방해하는 효과를 내므로 바람직하지 않습니다.

앞서 언급한 내용에 따라 나이아가라의 자연 경관을 보존하는 것이 이 사업의 주요 목적으로 받아들여지고 있다면, 이제 이 목적을 위해 행해질 수 있는 모든 일이 산책로, 도로, 교량, 계단, 의자, 전망대와 같은 인공 시설을 통해 그 결과를 즐길 수 있는 경우를 제외하고는 쓸모없는 것으로 간주되어야 합니다. 그 모든 편의 시설이 자연 경관의 요소들이 차지해야 할 시각적 공간을 축소하므로, 작고 화려하지 않거나 어떤 식으로든 주의를 끌지 않을수록 주요 목적이 더 잘 실현될 것입니다. 이 원칙을 존중하는 한편 다음을 간과해서도 안 됩니다. 만약 그와 같은 시설이 바람직한 수준 이상으로 크고 눈에 거슬릴 정도가 아니라 하더라도 방문객 입장에서는 경치를 즐기는 데 방해가 될 정도의 수고와 불편을 겪게 되며, 이는 시설로 인해 직접적으로 발생하는 것보다 더 큰 손해를 경관에 끼칠 수 있다는 점입니다. 그러한 문제 사례는 이미 보호지역에서 발견되고 있습니다. 잘못된 정서가 널리 알려진 탓에 문제 방지를 위해 취해져야 할 적절한 조치조차 종종 격렬한 반대에 맞닥뜨릴 것이 분명하므로, 시스터섬에서 일어난 사건 하나에 주목하고자 합니다.

　최근까지 고트섬의 입장료를 낸 사람만 시스터섬Sister Island을 방문할 수 있었습니다. 시스터섬으로 가는 길은 고트섬의 명소를 오가는 짧은 길에서 벗어나 있어서 마차에서 내려 보행교를 건너가야 했습니다. 따라서 여태까지는 분주히 이동하는 다수의 방문객으로부터 잘 보호되고 있었습니다. [하지만] 이제 입장료가 폐지되고 모든 방문객이 고트섬에 가는 것이 일반적인 일이 되었으므로, 이러한 보호 효과는 더 이상 기대할 수 없습니다. 또한 저렴한 옴니버스[5] 정기 노선이 완성되고 시스터섬에 이르는 보행교까지 방문객을 실어 나르는 역이 생긴다면, 지금까지보다 훨씬 더 왕래가 빈번해지고 사람들이 밀집할 것으로 예상됩니다. 그러나 입장료가 없어지기 전부터 이미 방문객의 이동 반경은 [이 섬들이 가진] 원래의 자연스러운 특성에 눈에 띌 만큼 불행한 변화를 일으키기에 충분했습니다.

　예를 들어, 지상부의 오래된 녹지의 상당 부분이 죽어 버렸고, 그 자리를 진흙이나 먼지가 뒤덮었습니다.

　많은 암석이 방문객의 발뒤꿈치에 눌려 모든 독특한 특성이 사라졌으며, 예전의 흥미로웠던 암석 표면의 특징을 잃었습니다. 몇 년

5　옴니버스(omnibus)는 오늘날 대중교통 버스와 유사한 방식으로 운영되었던 말이 끄는 저가형 대여 마차를 가리킨다. 19세기 영미권에서 일반 시민을 상대로 큰 인기를 끌었으며, 여러 명이 함께 타는 일반 대여 마차와 한 채를 단독으로 쓸 수 있는 독채형 대여 마차가 있었다.

↑ 시스터섬 교량 위의 방문객들, 1850-1930. 세 개의 시스터섬 중
첫 번째 섬으로 향하는 교량의 모습이다. 교량 위에서 발 아래로 흐르는
나이아가라 계곡의 물안개를 감상할 수 있다.

전까지만 해도 원예 지식 수준이 높은 방문객조차 접하기 어려운, 무성하고 키 작고 단단한 초목을 이곳에서 즐길 수 있었습니다. 숲에서 가장 짙은 녹색과 가장 밝은 붉은색을 보여 주는 토종 주목과 같이 어느 먼 땅에서 가져와 우리 정원에 심어진 가장 가치 있는 식재만큼 아름다우면서도 경관의 요소로서 완벽했습니다. 방문객들의 제한 없는 이동으로 인해, 어떤 길은 사람들이 더 붐비는 바람에 이 식물들은 이미 특유의 아름다움을 조금씩 잃었고, 결국 서서히 죽어 갔습니다. 섬의 다른 곳에서는 표면의 토양이 닳아 없어져 수많은 나무의 뿌리가 드러나고 상처를 입어 이전처럼 위에 달린 잎에 영양분을 공급할 수 없게 되었으며, 결과적으로 활력과 우아함, [잎사귀의] 밀도를 잃기 시작했습니다. 비록 귀하의 감독관이 악습을 줄이기 위해 몇 가지 예방적 조치를 취했지만, 앞서 말씀드린 상황은 섬을 방문하면 아직도 쉽게 확인할 수 있습니다.

루나섬Luna Island의 현 상태를 보면 이 교훈이 더욱 절실하게 느껴지는데, 섬의 면적 대비 더 넓은 표면이 방문객의 발에 밟힌 상태이기 때문입니다. 암석이 디딜 곳을 내어 주기만 하면 어디에서나 자라던 울창한 수림의 절반이 사라졌고, 남았더라도 대부분 허약하고 초라한 모습입니다. 이를 막기 위한 엄격한 조치가 취해지지 않는다면 루나섬은 몇 년 안에 불모의 바윗덩어리가 될 수밖에 없을 것입니다.

보호지역의 많은 구역이 이런 과정을 통해 점차 황폐해지는 상황을 방지하기 위함이 아니고서야, 인위적인 편의 시설과 자연 보호를 위한 방책은 비난받을 것입니다.

그러나 위의 사실을 언급한 이유는 단순히 이러한 사안을 강제하기 위해서가 아닙니다. 그보다 훨씬 더 중요한, 그리고 자연 향유를 목적으로 삼았던 거의 모든 공공장소의 경험에 비추어 볼 때, [이런 목적이] 계속 시야에 들어오도록 지속적으로 유지하기 어려운 논리가 계획에 영향을 미치고 있습니다. 바로 다음과 같습니다.

방문객의 자연 경관 향유를, 그리고 이러한 향유에 다수의 방문객이 참여할 수 있도록 하는 수단이 자연 경관을 아우르는 주요 요소의 범위와 가치를 불가피하게 감소시킬 수 있다는 점을 고려할 때, 다른 상황이라면 아무리 가치가 있더라도, 아무리 비용이 적게 든다고 해도, 인공적인 성격의 무언가가 자연 경관을 즐기는 데 필요한 조건을 꾸준히 제공한다고 해도, 결코 부지에 허용되어서는 안 된다.

예를 들어, 자유의 여신상과 같은 값비싼 예술품을 고트섬에 설치하는 조건으로 주에 기증한다는 제안이 들어왔다고 했을 때, 위에 제시된 논리에 따르면 그 섬에 미국덩굴옻나무[6]나 늑대나 곰을 키우자는 제안을 거절하는 것만큼이나 당연하게 기증 제안을 거절해야 합니다.

이 결론은 이미 수립된 많은 환경개선 사업안의 폐기로 이어질 것이며, 표면적으로 그럴듯한 이유를 바탕으로 선량한 사람들이 절대로 사업 수립 행위를 멈추지 않고 간절하게 촉구하는 것과 같은 일들은 아마 앞으로도 [한 번 등장할 때마다] 수년씩 계속될 것입니다.

예를 들어 고트섬을 개장한 후 가장 먼저 개선할 사항으로 이야기되는 것이 그 위에 있는 작고 오래된 식당을 훨씬 더 세련되고 큰 시설로 대체하는 것입니다. 만약 주 정부가 나이아가라 마을 주민들과 경쟁하는 영리 업체였다면, 그 식당이 수익성 있는 요소가 될 수 있다는 데 의심의 여지가 없습니다. 그러나 현재 제출된 환경개선 계획의 기반이 되는 견해를 채택한다면, 그 시설은 섬의 독특한 자연 경관의 요소를 어느 정도라도 없애거나, 가리거나, 방해해서는 안 된다고 봐야 합니다. 그렇다면 [생각해 볼] 문제는 과연 식음료를 마실 장소의 부재가 경치를 즐기는 데 심각하게 방해가 될 정도로 스스로 준비할 수 있는 방문객들에게 어려움을 초래할 것인가입니다. 보호지역 내에는 사유지에 위치한 호텔 및 레스토랑에서 도보로 10분 또는 마차로 5분 이상 떨어진 곳에 편의 시설을 배치할 법한 지점이 없다는 것으로 충분한 답변이 될

---

6 가장 독성이 강한 옻나무 종류로, 원문에서 가리키는 것은 미국의 자생종인 *Toxicodendron radicans*와 T.rydbergii이다.

↓ 인터내셔널 호텔 홍보물, 1876.
나이아가라 일대가 관광지로
부상하면서 설립되었던 랜드마크이자
복합 숙박 시설이다. 1885년 주립공원
조성 후 영업을 종료했으며, 1918년
화재로 소실되었다. 현재 이 부지는
시어스 건물의 주차장으로 사용되고 있다.

것입니다.

다양한 프로젝트에 유사한 논리가 적용될 수 있는데, [이런 프로젝트들은] 주 정부에서 보호 조치를 취한 자연 경관을 본질적으로 동일한 방식으로 침범하고 있다는 점을 이해하지 못했을 때만 귀 이사회가 [실행을] 고려할 것이라 생각되는 것들입니다. 예를 들어 카메라 옵스큐라 사업, 전망대 타워 사업, 민병대 연병장 등의 프로젝트가 있습니다.

그러나 나이아가라 보호지역을 자연 경관의 보존 및 보호, 대중의 향유 촉진 외의 목적으로 사용하기 위해 공개적으로 제안된 것 중 무엇보다 숙고가 필요한 것은 이 지역의 지질학 연구와 세인트 로렌스 국경 지대,[7] 나이아가라와 호수의 흥미로운 역사 연구에 도움이 되는 유물을 수집하고 [소장할 목적으로] 이에 어울리는 건물을 설립하는 것입니다. 이러한 목적을 위한 박물관과 도서관이 바람직하다면, 나이아가라 폭포 근처에 두는 것이 분명 유리합니다. 그러나 주 정부가 보호지역을 지정하면서 고려한 주요 목적을 어떤 식으로든 복잡하게 만든다는 점에서, 나이아가라 폭포 마을 내 다른 위치가 아닌 보호지역 내에 둔다면 단점이 장점보다 큽니다. 그 과학적, 학술적, 교육적 목적은 상업적 목적과 다르지 않습니다.

주 정부가 이미 많은 빚을 진 가문의 일원이자 덕망 있고 공익 정신이 높은 한 시민이 보호지역에 접한 자기 소유지를 앞서 언급한 건물을 위해 기증하겠다고 제안한 바 있는데, 다만 건물과 필요한 지원이 제공되어야 한다는 조건을 걸었습니다. 기증하겠다고 한 부지는 매우 우수한 조건을 갖추고 있습니다. 마을에서 가장 매력적인 구역에 있고, 지대가 보호지역에 있는 어떤 곳보다 높으며, 최소한으로 필요한 규모 이상으로 넓고, 보호지역에서 직접 연결되는 출입구를 만들 수 있고, 모든 면에서 보호지역 내에서 제안될 수 있는 어떤 부지보다 훌륭합니다.

---

7 세인트 로렌스(St.Lawrence)는 캐나다의 온타리오주와 퀘벡주, 미국의 뉴욕주를 흐르는 강으로, 일부 구간에서 양국 간의 국경 역할을 하고 있다.

주 정부에서 박물관에 호의적인 조처를 하는 것이 적절하다고 생각한다면, 자연 경관의 향유를 위해 확보한 목적지를 재사용하는 것보다 앞서 제안된 형태가 훨씬 더 좋을 것입니다.

보호지역에서 식음료 공간을 제공하자는 제안에 반대하면서, 우리는 [이런 공간이] 제공되지 않으면 방문객이 경치를 즐기는 데 어려움을 겪을 수 있다는 이유에 한해서만 이를 승인할 수 있다는 입장을 취해 왔습니다. 그러나 보호지역의 본래 목적이 계획한 만큼 충분히 수행되려면, 일부 방문객이 특정 지점에서 불편을 겪을 수 있음을 인정해야 한다는 점도 견지할 필요가 있습니다.

따라서 우리가 고려해야 할 질문의 조건은 다음과 같습니다.

특정 조건 아래 특정 시간, 특정 경치를 즐기는 소수 방문객을 위한 것이 아니라, 장기적으로 많은 방문객이 경치를 즐기도록 제안한 조치의 효과는 무엇일까요?

그리고 이 질문은 재능을 타고났거나 훈련을 거친 덕분에 보통 사람 이상으로 큰 즐거움을 느끼기 쉬운 사람들을 배제하고 논의해야 합니다. 즉, 우리는 최고의 평균적인 즐거움을 고려해야 합니다.

우리는 이 계획에 제시한 내용 중 이런 유형의 문제에 있어 여론이라는 중요한 요소에 의해 판단이 달라질 가능성이 가장 높은 지점을 주목하고 싶습니다. 그것의 타당성 여부는 위원회가 판단할 문제입니다.

포터스 절벽Porter's Bluff 도면에 표시된 높이에서 캐나다 쪽 폭포를 보기 위해 마차를 타고 접근하는 방문객은 계획에 제안된 방식에 따라 마차에서 내려 약75피트[8]의 거리를 걷거나 휠체어를 타고 이동해야 합니다. 왜 이런 불편을 감수해야 할까요?

이에 대한 답변은 다음과 같습니다.

이 지역을 특히 매력적으로 만드는 나이아가라 폭포 아래 소용돌이

---

8 원문에는 30페이스(pace)라고 적혀 있다. 20세기 초반 미국에서 1페이스는 약 2.5피트를 가리켰다.

전망은 현재에도 이곳을 차지하고자 하는 사람들에게 때때로 서 있을 공간을 제공하지 못할 정도로 범위가 제한되어 있습니다. 근시일 내 새로 방문할 사람들은 대개 짧은 시간이나마 그들보다 먼저 이곳에 온 사람들이 지나갈 때까지 기다려야 할 것이 분명합니다. 이 공간이 이처럼 특별한 가치가 있고 그 범위가 매우 제한적이라면, 어떤 방식으로든 마차를 탄 사람들에게 편의를 제공하는 것이 현명한지 생각해 봐야 합니다. 상황을 면밀하게 검토한 결과, 우리는 그렇지 않다는 결론을 내렸습니다. 내년 여름, 방문객이 유달리 많은 어느 날에 현재의 조치를 실제로 시험해 보면 그 이유를 더 잘 이해할 수 있겠지만, 간단히 설명하자면 다음과 같습니다.

1. 마차를 타고 오는 사람의 상당수는 마차로 접근할 수 없는 폭포 앞까지 내려가기 위해 보통 이 지점에서 마차를 내리고, 이 지역을 아는 사람들은 캐나다 측 급류가 가장 잘 보이는 지점까지 짧은 산책을 즐기기 위해 마차를 먼저 보내는 경우가 많습니다. 우리가 고려할 것은 이 두 가지 코스 중 하나를 선택하지 않을 사람들에 한합니다.

2. 이와 관련하여, 단체로 오는 마차가 연속해서 도착하고 출발할 때 이동을 위해 약간의 여유가 필요하며, 각각의 마차는 평균적으로 50명이 편안하게 서 있을 수 있는 공간을 차지한다는 점을 기억해야 합니다.

3. 예술적이고 시적인 사고를 지닌 사람들, 그리고 나이아가라를 가장 자연스럽게 즐기는 사람들은 다른 이들에 비해 나이아가라의 이곳저곳을 걸어서 돌아다니는 것을 좋아합니다. 의심의 여지 없이, 이 방식으로 [이곳의] 가장 큰 즐거움을 얻을 수 있습니다. 어떤 상황에서도, 마차가 점유하지 않는 작은 땅의 어떤 부분에서도 도보로 오는 방문객이 서 있는 것이 금지되어서는 안 됩니다. 걸어서 이 땅으로 오는 사람들을 위한 탐방로는 끝에서 끝까지 개방되어야

하며, 연석이 깔린 거리의 일반 보도와 같이 마차에 치이지 않도록 보호받으며 서 있을 장소가 허용된다고 전제해야 합니다. 그러한 전망 공간에서 관심 지역을 향해 난 제방 가장자리는 종종 붐빌 가능성이 있으므로 차례를 기다리는 사람들에게는 가장자리를 따라 앉을 수 있는 의자를 제공해야 하며, 군중이 몰리지 않는 경우 이 의자는 대부분 폭포를 명상하고자 하는 도보 방문객이 차지할 것입니다. 그러면 제방 가장자리를 따라 마차를 세워 둘 공간이 생길 것이며, 또한 사람들이 서 있거나 지나가거나 앉을 수 있는 여유 공간을 위해 폭이 10피트 이상이어야 합니다. 이 경우와 같이 마차에 타고 있는 사람이 [자신의] 눈높이보다 상당히 낮은 위치의 물체를 보고자 할 때, 10피트 거리에서 마차 측면과 평행하고 거의 같은 높이로 사람들이 줄지어 서 있으면 돌로 쌓은 높은 벽만큼 효과적인 장애물이 될 것입니다. 그곳이 붐비지 않는 때를 떠올려 보더라도 위에 서 있거나 앉거나 지나가는 사람이 너무 적어서 그 건너편의 경치가 크게 방해받지 않기는 어려우므로, 경치를 즐기려는 마차 탑승자는 마차에서 내려 제방 가장자리로 걸어가는 편이 나을 것입니다.

이러한 모든 문제를 고려했을 때, 이 상황을 다 알면서도 마차 탑승을 허용받아 그 전망을 보겠다고 선택하는 사람들의 수는 도보로 이곳에 도달할 사람들의 수에 비해 극히 적을 것이며, 이에 더해 그 장소에 도착했을 때 마차에서 내릴 사람들의 수에 비해서도 극히 적을 것입니다. 또한 제방 가장자리 근처에서 폭포에 몰두하거나 사색에 잠긴 채 폭포를 바라볼 때 마차가 서 있거나 그 바로 뒤에서 움직이고 있다는 점은, 대기 중인 말과 마부들을 생각했을 때 발생할 수 있는 여러 상황으로 인해 심각한 혼란을 초래할 수 있음을 알아야 합니다.

그러나 혹자는, 예를 들어 극장에서 관중을 위아래로 배치하는 것과 같은 수단을 써서 이 계획이 제공하는 것보다 훨씬 더 많은 수의 방문객에게 전망 장소를 제공하고, 동시에 나이아가라 폭포를 전망하기에 적당한 장소를 몇몇 마차에 제공하는 것이 가능할지 물을 수도 있습니다.

가능합니다만, 상시 그렇게 수용할 수 있는 마차의 수는 적을 겁니다. 또 그들을 위해 준비된 공간이 점유된다면, 그 공간을 차지할 차례를 참을성 없이 기다리는 사람들이 참고 있는 사람들보다 더 많은 상황이 종종 생길 것입니다.

이 반대 의견을 충분히 검토한 뒤에 마차 공간에 층을 내어서 탑승객이 걸어가는 사람들을 내려다볼 수 있도록 하는 제안을 허용할 수 있는지 고려해야 합니다. [그로 인해] 해당 지역의 자연스러운 특성이 파괴될지, 지역 경관의 중요한 요소인 나무를 잃게 될지, 이후 이 땅에 녹음이 깃드는 것이 방지될지, 보호지역이 지정된 목적과 명백하게 충돌하는 도시적이고 인공적인 요소를 삽입할 수 있을지 생각해야 합니다. 이 구성안에 반대함으로써 얻을 수 있는 이점이 더 클까요? 이 계획에서는 그렇지 않을 것으로 가정하고 있습니다. 이와 같은 이유로, 특히 기존 자연 경관과 일치하거나 개선하는 방식으로 나무를 키울 기회나 기존 수목 경계면의 파괴를 피하고자 제방에서 50피트 이내에 마차 도로를 만들지 않는다는 기본 원칙이 제안되어 있습니다. 요컨대, 고트섬에서 마차란 단순히 한 지점에서 다른 지점으로 이동하는 편리한 이동 수단으로 간주합니다. 대중의 관심을 특별히 끄는 경관으로 인해 방문객이 많이 모여들 가능성이 있는 모든 지점에서는 마차를 강 제방에서 몇 야드 떨어진 숲 어귀에 정차시키고, 도로에서 벗어나 부분적으로 잎사귀로 가려진 편리하고 그늘진 정거장에서 대기하도록 하고, 마차를 타고 오는 사람들이 걸어서 도착한 다른 사람들과 함께 가장 좋은 지점에서 전망을 즐길 수 있도록 하는 방식을 제안합니다.

이와 같이 우리는 이 보호지역을 조성하는 데 있어 주 정부가 중요시하는 본래 목적을 성공적으로 달성하는 데 필요한 조건을 바탕으로 수립된 사업 범위 내 특정 제한 사항을 선보였습니다. 다음으로 제출된 계획안을 준비할 때 특별한 가정 없이는 설계 범위가 더 엄격하게 제한되는 일련의 상황을 살펴보고자 합니다.

첫 번째로 살펴볼 내용입니다.

뉴욕주의 보호지역 정책은 더 큰 정책의 일부에 불과합니다. 전체 계획을 검토한다면, 온타리오주 보호지역 정책과 비교했을 때 특정 측면에서 뉴욕주 정책이 지닌 장점을 알 수 있습니다. 그것은 세련미와 섬세함, 그리고 경관의 자연적 요소가 지닌 미묘한 특성에 따라 비교할 수 없을 정도로 더 큰 아름다움을 가지고 있으며, 이는 실제 폭포와는 아주 별개로 봐야 합니다. 이는 빛에 산란하는 분수와 물안개, 떨어지는 물이 바로 눈앞에서 보이는 비길 데 없이 위대한 아름다움, 잎사귀의 섬세한 형태와 무한히 다양한 빛과 그림자의 놀이, 굴절과 반사, 그리고 물과 공기, 잎의 조건에 따라 무수히 변화하는 것들을 의미합니다.

그러나 뉴욕 보호지역 내에는 온타리오에서와 같이 나이아가라 폭포 전체를 보거나, 어느 한 부분을 가까이에서 볼 수 있는 곳이 없습니다. 미국 쪽 폭포의 4분의 1 정도만 보려고 해도 미국 측 하안을 떠나야 합니다.

다시 말하지만, 온타리오 보호지역의 지형은 규모가 너무 크고 여기에서 볼 수 있는 것들은 별개로 존재하기 때문에 그 매력을 뉴욕 계획의 일부로 만드는 데 영향을 줄 법한 모든 세부 사항과는 무관하며, 캐나다 절벽의 가장자리를 따라 난 넓은 군사 도로조차도 크게 눈에 띄지 않는 상황으로만 보입니다. 경치의 웅장함에 관해서는, 아무런 환경개선 사업이 없다 하더라도 온타리오 고지대의 거의 1마일에 달하는 지역에서 보이는 어떤 경치와도 비교할 만한 것이 뉴욕 쪽에는 없습니다.

그렇다면 이런 사항을 고려했을 때, 무엇이 미국 측 보호지역 개선을 위한 설계의 필수 사항으로 연결될까요?

다음과 같습니다. 고트섬의 격리된 삼림의 아름다움을 파괴하지 않는 한 그곳에서 대규모 드라이브를 만족스럽게 제공하는 것은 불가능한 상황에서, 캐나다 측 하안에서는 이런 파괴 행위 없이도 한 번에 수천

↑ 나이아가라 폭포의 파노라마 전경, 1896. 19세기 말 나이아가라 폭포를 파노라마로
기록한 사진이다. 중앙의 루나섬과 고트섬을 기준으로 왼쪽에는 미국 쪽 폭포가,
오른쪽에는 말굽 폭포가 위치하고 있다.

명이 마차에 앉아 폭포를 직접 볼 수 있습니다. 때문에 고트섬의 환경개선 계획은 마차를 교통수단으로써 배제하지 않는 한편, 숲, 특히 숲 경계면에 불필요한 손상이 없도록 세심한 주의를 기울여 마차를 위한 계획을 마련해야 하며, 발로 걸어가는 약간의 움직임을 통해 기꺼이 즐거움을 추구하는 사람들만이 [이 경관을] 완전하게 즐길 수 있도록 고안되어야 합니다.

우리가 주목할 두 번째 고려 사항은 다음과 같습니다. 폭포가 발생하는 지점에서 나이아가라강이 갑작스럽게 방향을 틀면서 폭포의 윗지점과 아랫지점이 정확히 직각을 이룬다는 점입니다. 이 때문에 앞서 언급한 상황, 즉 온타리오에서만 나이아가라 폭포의 전경을 감상할 수 있다는 점뿐만 아니라, 뉴욕 보호지역 내에서는 폭포를 따라 긁듯이 가깝게 난 동선을 제외하고는 어느 지점에서도 두 폭포 중 하나를 멀리서 바라볼 수 없다는 점이 생깁니다. 따라서 방문객이 감상할 수 있는 각각의 공간은 엄격하게 제한되어 있으며, 나이아가라 폭포의 여러 물줄기를 동시에 볼 좋은 기회를 얻는 사람은 극소수에 불과합니다. 즉, 이러한 장소의 환경개선 사업이 매우 대규모로 계획된다면 웅장하기만 하고 쓸모없고 낭비에 불과할 것임을 알 수 있습니다.

셋째, 나이아가라 폭포는 대륙에서 가장 유명한, 어쩌면 세계에서 가장 유명한 휴양지입니다. 그럼에도 평판이 낮아 인기를 얻지 못했습니다. 지난 2년간 귀 위원회의 지시에 따라 평판에 점차 부정적인 영향을 끼쳤던 많은 부분이 제거되거나 완화되었으며, 감독관이 보고했듯이 방문객 수가 눈에 띄게 증가하고 방문 기간도 상당히 늘어났으며, 나이아가라에서만 맛볼 수 있는 즐거움을 누리는 사례도 뚜렷하게 증가했습니다.

이렇게 이미 진행된 부분을 고려하여 앞으로 환경개선 사업이 진행되면 나이아가라의 평판과 휴양지로서의 인기에 어떤 영향을 미칠지 짚어 보겠습니다. 많이 나아졌음에도 여전히 보호지역에 접근하는 데 있어 감수해야 하는 불편으로부터 방문객을 보호하려는 나이아가라 주민들의 입장을 생각해 볼 필요가 있습니다. [또한] 아래 메모해 놓은 것과 같이, 매년 휴가로 여행을 떠나는 일이 [대중적인] 관습으로 발전하는 것과, 거대 철도 회사가 이 관습을 확대하려는 목적으로 장거리 여행 특별 할인 요금을 여행객에게 제공하는 상황에서, 지금껏 집 안에만 있던 사람들이 대다수였던 지방의 모든 부분에서 꾸준한 발전이 이루어지면 어떤 영향을 만들지 생각해야 합니다.

【메모 : 펜실베이니아, 켄터키, 일리노이, 위스콘신, 미시간 지역에서 온 방문객들은 (기차 일반석 기준으로) 10년 전보다 5분의 1의 비용만으로 작년 여름 나이아가라 폭포를 방문하고 돌아갔다.】

그렇다면, 보호지역에서 움직일 것으로 짐작 가는 방문객의 수는 어느 정도일까요?

철도 기록에 따르면 이미 하루에 1만 명 이상이 특별한 볼거리가 없더라도 도착했으며, 당일 야간열차를 타고 저녁에 돌아갈 계획으로 오기 때문에 결과적으로는 가장 유명한 장소에 사람들이 한꺼번에 몰려들 수 있는 것입니다.

감독관은 1만 명 중 절반이 한 시간 안에 폭포를 볼 수 있는 가장 가까운 지점에 도착할 것이라 보고 있습니다. 그러나 앞서 설명한 상황, 즉 폭포를 볼 수 있는 땅이 좁기에, 이 시간 동안 5천여 명 중 단 20여 명만이 위에서 아래까지 나이아가라 폭포 전체를 조망할 기회가 있었을 것입니다. 폭포의 상반부를 살짝 엿보기라도 한 사람은 200명도 채 되지 않을 것입니다. 여기서 드러나는 상황은 매우 중대합니다.

넷째, 뉴욕 보호지역의 각 명소는 폭포의 위치와 폭포가 쏟아져 내리는 반석의 일부가 지속적으로 침식되는 문제 때문에 수립한 안전 경계선과 가깝습니다. 폭포의 단애면[9] 상부는 반석이 놓인 아랫부분보다 훨씬 단단한 돌로 이루어져 있습니다. 대기의 작용, 습기, 결빙과 해동,

---

9 단애면이란 폭포에서 물이 떨어지는 수직면을 가리킨다. 옴스테드가 쓴 원문에는 구체적으로 사용되지 않았으나 가독성을 위해 번역문에 이를 반영하였다.

떨어지는 폭포수의 충격으로 인해 약한 지지대는 그 위에 있는 것보다 훨씬 빨리 금이 가고 떨어져 나갑니다. 따라서 다양한 깊이와 폭의 홈이 형성됩니다. 일정 간격으로 홈이 너무 깊어지면 상층의 반석이 지지가 되지 못하고 보통은 조금씩, 가끔은 큰 덩어리째 떨어지며, 그 결과 상단 가장자리를 따라 물로 덮여 있는 곳과 폭포수의 측면과 같이 그렇지 않은 곳 모두에서 침식이 발생합니다. 불안정성의 정도는 정확히 정의할 수 없지만, 지난 여름 매일 방문객으로 붐비던 큰 암반이 올해 겨울 아무런 사전 경고 없이 갑작스럽게 떨어져 나갔으며, 사람들이 기댈 수 있는 고정된 철제 난간도 암석과 같이 떨어졌습니다. 캐나다 측 하안에서 일어난 일입니다.

미국 지질조사국의 길버트 교수는 지난 33년 동안 캐나다 쪽 폭포에서 단애면 상부의 100피트 이상이 침식했으며, 폭포의 단애면 상부가 후퇴하면서 측면 또한 떨어져 나가기 때문에 폭포수가 그 위로 떨어지든 그렇지 않든 폭포의 단애면이 후퇴하는 속도만큼 협곡이 실제로 확장되고 있다고 지적합니다.

지난 몇 년 동안 미국 쪽 폭포의 침식은 1년에 1피트를 넘지 않을 정도로 훨씬 느렸고, 육지[10]에서는 그보다 조금 더 적었을 수도 있습니다. 그러나 상기 설명한 과정은 동일하게 적용됩니다. 매년 방문객들이 바람의 동굴Cave of Winds로 가기 위해 지나가는 절벽 아래 공공 보행로에서 수 톤의 낙석을 제거하고 있습니다. 작년에는 방문객들이 자주 찾는 헤네핀 전망대Hennepin's View의 나무 발코니 바로 아래로 낙석 덩어리가 떨어졌습니다. 20년 전 스테드먼스 절벽Stedman's Bluff과 포터스 절벽 사이에 있던 지면 마차도로는 많은 부분이 훼손되고 무너져 내린 상황입니다.

뉴욕 보호지역의 가장 잘 알려진 명소는 모두 절벽 가장자리에 가까이 있으므로 앞서 설명한 불안정한 지반의 영향을 받습니다.

---

10 옴스테드는 이 계획안에서 '섬'과 대비되는 것으로서 '육지(mainland)'의 개념을 사용한다.

↑ 나이아가라 폭포, 벼랑 끝에서, 1875년 9월 11일. 신문에 실린 삽화로,
당시 나이아가라 폭포 관광객의 안전 문제가 도마에 올랐음을 확인할 수 있다.

　보통 밀집된 군중 한가운데에 있을 때, 사람들은 [스스로가] 안전하지
않은 땅에서 움직이고 있다는 위험을 깨닫지 못하며, 갑자기 군중에
[어떤] 자극을 줄 경우 나쁜 의도가 없다고 해도 종종 그 가장자리에 있는
사람들에게 큰 위험을 초래합니다. 이 점을 고려할 때, [또] 지난 여름,
반쯤 분리된 바위 아래 100피트의 허공이 있어 가볍게 민다면 무너져
내릴 수 있는 지점에서 남성, 여성, 어린이를 경찰이 강제로 끌어내야만
했던 경우가 종종 있었다는 점에서 [우리가] 신중해야 할 이유를 찾을 수
있습니다.

　앞서 설명된 상황은 주요 관광지에서 방문객에게 더 나은 편의를
제공하기 위해 바람직하다고 생각될 수 있는 많은 제안을 불가능한
것으로 만듭니다. 또한, 우리가 제출한 계획보다 더 규모가 크고 값비싼
편의 시설을 적용하고자 하는 제안은 그 비용을 정당화할 만큼 충분히
지속될 수 없으므로, 다른 경우라면 승인될 수 있더라도 제외해야 합니다.

　일 년 중 짧은 기간 동안, 그것도 하루 중 특정 시간대에만 많은
방문객이 몰릴 것으로 예상되는 점을 고려하지 않은 채로 보고서의 이
부분을 마무리하고 싶지 않습니다. 사람들이 이 몇 시간 남짓한 동안
확실히 구분되는 특정 지역과 그 지역 사이의 이동 경로에서 멀리
흩어지는 경우는 거의 없습니다. 그들은 산책자가 가장 좋아하는

보호지역 부분을 거의 차지하지 않을 것입니다. 하루 또는 이틀간 휴식을 취하기 위해 대규모로 방문하는 방문객은 그 장소의 더 유명한 경관만 보고 떠나거나, 그런 곳을 보는 데 필요한 시간 외에 조용히 산책하고 휴식을 취하면서 보호지역의 한적한 아름다움을 관조할 시간이 없을 것이기 때문입니다.

인하된 철도 요금 덕분에 나이아가라 방문이 더없이 수월해진 [상황에서], 방문객의 수준에 대해서도 한마디 덧붙일 수 있습니다. 지금까지의 [방문객들은] 언제나 교육된 습관과 인성을 지닌, 이 나라에서 가장 질서 있는 부류의 사람들이었습니다. 작년에 할인된 [철도] 요금으로 온 단체 중 80개는 종교 단체, 자선 단체 및 과학 협회였습니다. 이런 유형의 모든 단체는 규칙의 저변에 놓인 동기만 이해된다면 합리적인 규칙을 지킬 것이라 신뢰할 법한 지도력을 갖추고 있습니다. 그리고 여기서 가장 중요한 점은 주 정부가 보호지역으로 [누군가를] 환영할 때의 목적, 즉 독특한 특정 자연 경관을 탐방한다는 목적이 모든 방문 과정을 명확하게 관통하고 있어야 하며, 이 목적이 다른 휴양지에 보편적으로 적용되는 여타의 목적과 뒤섞여 방문객의 예의가 어긋나게 만들어서는 안 된다는 점입니다.

지금까지 설명한 계획안의 주요 기본 원칙을 바탕으로, 다음으로 여러 세부 지점에서 의도하는 바를 소제목에 따라 설명하겠습니다.

상부 숲 구역
응접소, 공공 화장실, 방문객 안내소, 피크닉장, 관리사무소

주 정부는 보호지역 내에서 가치가 뛰어난 것을 모든 방문객이 즐길 수 있도록 제공하기로 약속했습니다. 보호지역의 환경개선을 목적으로, 품행이 바르고 품위 있게 잘 교육받은 방문객 그 누구의 향유라도 심각하게 간섭한다고 판단할 법한 계획이 채택되어서는 안 됩니다.

이 개선 계획이 적용되는 가장 극단적인 사례는 어떤 것이 있을까요? 주로 여행에 익숙하지 않은 사람들, 여행의 불편함을 덜어 줄 수단이 없는 사람들, 덜컹거리는 차 안에서 잠을 거의 자지 못한 채 더운 밤을 보낸 사람들, 먼지와 재로 뒤덮인 채 식료품 바구니를 든, 어린이까지 동반한 사람들이 "나이아가라를 보기 위해" 무리를 지어 보호지역에 도착할 때 문제가 발생할 것입니다.

우리가 다른 여러 휴양지에서 겪었던 경험에 비추어 볼 때, 이를 방지하는 특별한 예방 조치를 취하지 않는 한, 모든 면에서 그 장소의 쾌적함을 파괴하는 가장 보기 흉한 결과가 뒤따를 것입니다. 그리고 임시적이 아니라 영구적으로, 가장 한적하고 또 아름다운 곳이 점차 무질서하고 황폐해질 것이며, 사업이 보존하려는 주요 목표인 자연적인 녹지의 신선함과 반대의 성격을 갖게 될 것이라고 확신합니다. 이러한 결과를 어떻게 방지할 수 있을까요?

계획에서 낸 답은 바로 이것입니다.

육지와 경계가 맞닿는 보호지역은, 짧은 예외 구역 하나를 제외하고는, 다른 뉴욕과 온타리오 보호지역에서 봤을 때 마을의 건물을 가리는 선형 숲을 유지할 수 있을 정도로만 좁게 제한되어 있습니다. 예외 구역에서는 폭이 두 배로 늘어나며, 이 넓은 땅에는 이미 숲이 우거져 있습니다. 이 추가된 폭은 아래에서 설명할 공간 구성을 고려하여 취해진 조치입니다. 여기에는 이전에는 숲이라고 불렸고 이후에는 프로스펙트파크로 명명된 지역이 포함되며, 각각 상부 숲 구역과 하부 숲 구역이라고 부르는 두 개의 구역으로 구분하여 설명할 것입니다.

기차역에서 폭포를 향해 바로 오는 방문객이 가장 먼저 도착하는 보호구역의 지점은 상부 숲 구역에 있습니다. 상부 숲에서는 폭포가 보이지 않으며, 하부 숲 구역에 의해 폭포와 분리되어 있습니다.

이 계획의 첫 번째 제안은 기차역에서 오는 방문객을 위해 상부 숲 입구 지점에 질의응답과 안내를 위한 사무실, 물품보관소, 대규모 화장실, 휴게실 및 기타 편의 시설 등 최고의 기차역에서 볼 수 있는 전반적인 설비를 갖춘 대형 건물을 여는 것입니다.

둘째, 상부 숲 구역 내 건물 외부에는 가져온 음식으로 식사하는 사람들을 위해 편의 시설이 제공되어야 합니다. 이 시설의 일부는 개방형으로, 또 일부는 비개방형 대형 쉼터로 조성해 우천 시에도 사용할 수 있게 해야 합니다. 여기에 들어가는 모든 요소는 경제성과 효율성을 고려해 구내를 깔끔하게 유지하게끔 해야 합니다.

셋째, 보호지역 내 다른 장소에서의 음식 섭취는 조례로 금지해야 하며, 본 계획의 성공을 위해 반드시 필요한 부분이므로 실제로 방지되어야 합니다.

어느 시점에 도착하는 사람들의 수가 아무리 많더라도, 이러한 조치를 통해 [그 방문객들은] 상부 숲에서 제공하는 다양한 시설에 맞추어 다양한 방식으로, 다양한 시간대에 머무를 것입니다. 이후에는 대부분 혼자 또는 소규모 단체로 그곳을 떠나 점차 흩어질 것이며, 일부는 마차를 타고 일부는 걸어서, 일부는 강삭 철도를 타고 폭포 기슭으로, 일부는 고트섬으로, 일부는 캐나다로, 일부는 더 가까운 명소에서 다른 사람들보다 훨씬 오래 머무를 것입니다. 이를 통해 경치를 즐기고 앞서 제시한 자연적 요소 없이는 도달할 수 없는 좋은 운동을 하기에 더욱 유리한 몸과 마음의 상쾌한 상태에 이를 것입니다.

감독관 사무실이 필요하며, 그 근처에 보수 관리를 위한 창고, 공구실, 작업장이 있어야 합니다. 이 시설은 보호지역 내 도로에 진입하지 않고도 수레로 접근할 수 있어야 하며, 보호지역 내 방문객의 주의를 끌지 않아야 합니다. 또한 우리는 [보수 관리 시설이] 여행객을 위한 응접소와 같은 지붕 아래에 있어야 하며, 경계 도로와 보호지역 내로 연결된 출입구가 모두 있어야 하며, 편의상 필요에 따라 건물 길이가 확장될 수 있어야 한다고 제안합니다. 이 건물의 외벽은 이전이 예정된 건물 벽에서 가져온 돌로 쌓으려 합니다. 이 건물은 지하실이 있는 단층 높이로 지어질 예정입니다.

하부 숲 구역

보호지역 내에서 이 구간은 다른 어떤 곳보다 사람들 방문이 잦고, 불편할 정도로 혼잡할 가능성이 높습니다. 마을과 기차역에서 가장 가까운 지점이면서 나이아가라 폭포와 대협곡을 조망할 수 있고, 강삭 철도 Inclined Railway[11]를 타고 폭포 아래로 내려가 증기선과 페리 선착장으로 갈 수 있는 장소가 이 구역 안에 있기 때문입니다.

군중이 가장 많이 모이는 곳 근처의 나무들은 폭포의 물보라가 얼어붙으면서 황폐해진 상태입니다. 그 나무들은 중심부가 대부분 썩고 있어 미덥지 못합니다. 또한 이 구역에서 오래도록 좋은 영향을 주는 나무가 자라지 않을 것입니다. 이러한 이유와, 앞서 설명한 바와 같이 이 장소 아래 암반의 불안정한 특성으로 인해 구역 전체에 쾌적한 자연적 특성이 완전히 달성되리라 기대할 수 없습니다. 따라서 현재의 인공적인 요소를 가능한 한 많이 없애고, 필요한 요소를 최대한 눈에 거슬리지 않게 만드는 것이 특히 중요합니다.

아직 남아 있는 장식 및 오락 용도의 구조물, 그리고 현수교 근처 보호지역 경계에 있는 작은 오두막, 겨울철 설해를 막아 주는 담쟁이가 자라는 지붕 덮인 돌벽으로 두른 페리 선착장의 경우 강삭 철도에 대대적인 수리가 필요해지면, 근본적으로 유사한 조건을 충족하는 다른 지역으로 대체하는 편이 현명할 것입니다. [새로운 철도는] 혼잡도가 낮고 현재 구조물보다 눈에 덜 띄는 지점에 배치될 수 있습니다. 그러나 경제성을 고려했을 때 이러한 환경개선 사업은 수년간 연기될 것이며, 여기서는 기존 구조를 영구적인 것으로 간주합니다.

도면에서 확인되는 것 외의 도로, 산책로, 앉거나 서 있는 장소의 계획에 대한 설명은 거의 필요하지 않습니다. 암벽의 가장자리를 따라 사람들이 서 있을 공간이 마련될 것입니다. 20~30피트의 폭에 폭포의 가장자리에서 현재의 나무 발코니 뒤쪽의 높은 지대까지 이어지며, 이곳에서는 가까운 폭포와 그 위의 강, 섬의 경치, 캐나다 쪽 폭포와 온타리오 보호지역의 녹음이 우거진 경관 모두를 조망할 수 있을 것입니다. 이 전망 공간의 면적은 폭포 쪽으로 약 16대 1의 경사를 가진

---

11 경사면을 따라 케이블을 끌어 올리는 형태의 철도로, 주로 산악 지형에서 관광용으로 이용된다.

↑ 프로스펙트파크 강삭 철도, 1860. 프로스펙트 포인트는 공원으로 조성되었을
뿐만 아니라, 강삭 철도를 타고 폭포 하단까지 바로 접근을 할 수 있는
주요 관광 시설이기도 했다.

경사면으로 축소될 예정이며, 이는 걷기에 편리하도록 너무 가파르지
않으면서도, 멀리 선 방문객들이 가장 매력적인 명소에 가깝게 선 사람들
머리 위로 [그 경관을] 볼 수 있도록 할 것입니다. 현재의 석조 난간은
딱딱한 선과 각도가 눈에 띄게 인위적이며, 나이아가라 폭포의 전경 한뼘
한뼘이 귀중한 상황에서 불필요한 장애물에 불과합니다. 철거를
제안합니다. 대체 시설로는 자연적인 전경과 거의 차이가 없고 인접한
난간과 동일한 색조와 질감을 띤 자연석 벽, 또는 철제 난간 중 하나를
선택할 수 있습니다. 이 지점에서 공간의 가치가 매우 높은 만큼, 만약
시선을 사로잡지 않으면서도 동일한 보안 수준을 제공하는 난간을 만들
수 있다면 그것을 우선시하고자 합니다.

　　우리는 실험적으로 고려해 볼 만한 난간을 설계했으며, 그 장점을 달리
설명할 수 없으므로 모형을 제출합니다.

보호지역의 중요 지점을 개선하는 전체 계획의 목표는 방문객에게 훨씬 더 넉넉하고 단순한 편의 시설을 제공하는 동시에, 현재 실행 가능한 한에서 나이아가라 폭포의 마지막 구역과 협곡 경계부의 원래 모습을 최대한 복원하는 것입니다.

암벽 가장자리에는 미국 쪽 폭포의 전면을 가까이서 볼 수 있는 지점이 두 곳 있습니다. 하나는 강삭 철도 벽의 남단에 위치한 바위의 돌출부입니다. 이 지점에서 방문객이 이용할 수 있는 공간이, 앞서 언급한 돌출된 바위에서 철도 벽의 반대편에 있는 눈에 덜 띄는 다른 바위에서 이어지는 발코니로 확장되길 권장합니다. 벽면에 설치된 브래킷으로 지지될 것이며, 이는 기존에도, 또 현재에도 필수 불가결인 구조물입니다. 자연스러운 것을 조금도 숨기지 않으면서 기존 배치에서 인공적인 부분에는 그림자를 드리우고, 그 자체로는 눈에 띄지 않은 채 대중의 즐거움에 조금도 [무언가를] 추가하지 않을 것입니다.

또 다른 지점은 헤네핀 전망대로, 현재 폭포에서 조금 떨어진 곳에 나무 발코니가 자리 잡고 있습니다. 보호지역에서 나이아가라 폭포 전체를 가장 잘 조망할 수 있는 곳입니다. 또한 아래 바위의 상태를 볼 때 방문객이 오기에 가장 위험한 지점이며, 현재 상태로는 오랫동안 안전하게 유지될 수 없습니다. 더 좋고 눈에 덜 띄는 철제 발코니로 대체되어야 하며, 그 아래 바위를 지지하는 구조물을 통해 안전하게 만들거나 바위가 떨어져도 그대로 유지될 수 있도록 뒷편에서 지탱할 것을 제안합니다.

폭포의 평범한 물보라가 튀는 지점에서 화려하고 훌륭한 전망이 있는, 그리고 폭포의 물마루와 아랫단 사이의 중간 지점에서 폭포를 밝히기 위한 조명 설비를 갖춘 건물이 있는데, 이를 제거하고 편리한 덮개 달린 발코니로 대체하여 안전성을 완벽히 확보해야 합니다. 전체 시설의 외관은 도색하지 않은 거친 목재로 만들어야 하며, 가능한 한 [시야로부터] 가려져 있어야 합니다. 능숙하게 관리한다면 어느 지점에서도 거의 보이지 않을 것입니다. 표시된 바위 아래 있으므로 도면에는 나타나지

↑ 헤네핀 전망대 전경, 1914. 옴스테드에 따르면
"나이아가라 폭포 전체를 가장 잘 조망할 수
있는 곳"이다. 옴스테드의 계획 이후 십여 년이
지나 찍은 이 사진에서 전망대 길을 따라
철제 난간이 설치된 모습을 확인할 수 있다.

않습니다. 철로 옆 기존에 설치된 계단을 통해 접근이 가능할 것입니다.

철도를 덮는 거대한 철제 구조물이 스테드먼스 절벽에서 지나치게 눈에 띄기 때문에 매우 어색한 상황이 펼쳐집니다. 철도를 유지해야 한다는 전제 아래 그 측면에 큰 구멍을 뚫고, 겨울에는 셔터로 닫을 수 있게 만들며, 그 뒤에 있는 바위의 색에 가깝게 칠해 눈에 덜 띄게 만들어야 합니다.

숲 위의 육지 구역

북쪽의 숲과 다른 한두 지점에 있는 몇 로드[12]의 공간을 제외하고는, 현재 보호지역 내 육지 구역의 지표면은 인공적이며 대부분 현저하게 부자연스럽고 부적절한 상황입니다. [무언가를] 많이 더하지도, 덜하지도 않았음에도 도로, 운하, 제방의 경사면을 조성하고, 지하 공간 채굴 및 쓰레기 퇴적 과정에서 거의 전체가 옮겨지거나 묻혔습니다.

현재 폭포 위 반 마일에 걸친 하안은 일부는 돌벽, 또 부분적으로는 돌과 통나무로 쌓은 벽으로 이루어져 있으며, 자연적으로 생겨난 옛 하안선으로부터 10~30피트 떨어진 곳까지 모든 곳에 벽이 세워져 있습니다. 원래 [이곳의] 모든 지형은 강을 향해 완만하게 기울어져 있었으며, 비록 가장자리는 평평하고 늪지대가 생성된 경우라도 대체로 경사가 있으며, 지표면에는 부분적으로 바위가 흩어져 있고 덤불과 풀이 무성하게 자랐습니다.

이 계획에서 옛 하안을 정확히 복원하려고 시도하지는 않지만, 본래 지닌 특성을 되찾기 위해 원래의 제방길, 능선 및 언덕을 대부분 축소하고, 운하와 채굴장이 메꿔지며, 모든 수변의 목재 건물과 벽이 제거되고, 지표면은 강을 향해 다양한 기울기를 가진 흐르는 선으로 바뀔 것입니다.

혹자는 현재 하안에 가까운 강물의 유속이 강하기 때문에 벽을

---

12 로드(rod)는 19세기 영미권에서 토지측량에 사용하던 길이 단위로, 1로드는 약 5미터이다.

제거하면 심각하게 범람할 수 있다는 의견을 제시했습니다.

여러 지점에서 자연 상태의 하안과, [이곳과 비슷한 유속의] 강물에 씻겨 내려간 하안의 상태를 조사했습니다. 그 결과 심각한 범람이 발생하지 않을 것이며, 침식이 일어나기보다는 가장 바람직한 형태와 윤곽을 띤 새로운 자연적 하안이 조성될 것으로 판단했습니다. 만약 어떤 지점에서 침식이 지속적으로 늘어나 위협이 된다고 보인다면 철거된 구조물의 돌로 임시 사석 벽을 만들고, 필요하면 도드라지지 않고 비용이 많이 들지 않는 수준에서 [겨울철] 얼음에 대비한 임시방편으로 견고하게 만들 것을 제안합니다.

일반적으로 낮은 벽의 높이는 수면으로부터 3피트를 넘지 않아야 합니다. 벽 사이사이로 구멍과 틈이 있고, 난쟁이버들, 속새, 양치류, 붓꽃, 창포를 포함한 이 지역의 수변 식물들이 얼마간 자라도록 심으면 흙둑을 보호하는 역할을 할 것입니다. 그 결과 이웃한 섬의 자연적이고 낮은 바위 하안과 크게 다르지 않은 경치가 조성될 것입니다.

육지의 마차 도로

도면을 보면 리버웨이Riverway라는 마차 도로가 보호지역의 끝에서 끝까지 건설될 예정임을 알 수 있는데, 이는 필수 요소입니다. 그 목적은 오래된 마을 거리를 대신하는 넓은 폭의 인공적 조성물로 마차들을 하안선에서 최대한 멀리 떨어뜨리고 고트섬에서 가능한 한 보이지 않게 하는 것입니다. 또한 각도가 계속 바뀌고 불연속적인 현재의 직선 도로를 길게 연결된 곡선의 형태로 대체하는 것을 목표로 하고 있습니다. 자연적으로 잘 자랄 가능성이 큰 나무들이 손상되지 않도록 몇몇 지점에서 길이 갈라집니다.

↓ 마차 도로(Riverway Drive)에서 보이는 고트섬, 1901.
나이아가라 보호지역을 감싸는 도로는 마차용으로 조성되어,
마차를 타고 드라이브를 쉽게 하는 한편 폭포에 접근하는
보행자들의 안전을 보장할 수 있었다.

육지 산책로

마차 도로의 강기슭 쪽과 그 근처를 따라 넓은 산책로가 계획되어 있는데, 도로 근처에 나무가 일렬이 아니라 자연스럽게 식재될 수 있도록 간격을 조금씩 달리 두었습니다.

좁은 지류 산책로는 주요 산책로와 구분됩니다. 마차 도로와 주요 산책로의 시야에서 부분적으로 가려지는 곳에서 갈림길이 생겨나, 급류가 흐르는 흥미로운 경치를 조망하도록 의자를 마련합니다.

이 의자나 보호지역 내 다른 의자는 대개 그 지역의 옛 건물에서 나온 돌로 큰 구조를 짤 수 있습니다. 착석하는 부분은 슬레이트 작업을 통해 어두운 색을 입히고 부분적으로 금속을 써서 강화함으로써, 특정 계층이 참기 힘들어하는 낙서와 훼손의 기회를 최소한으로 줄입니다. 일부는 그 위로 간단한 격자 구조물을 만들고, 그 지역에 자생하는 덩굴식물을 심어 그늘을 드리우도록 키웁니다.

이 보호지역에는 상류의 급류와 평행한 리버웨이가 강 쪽으로 구부러지는 절벽이 포함되어 있습니다. 이 절벽 면에는 훌륭한 나무들이 있고, 그 위쪽에는 급류 위의 잔잔한 강물을 내려다볼 수 있는 멋진 전망이 있습니다. 도면에 이 전망을 얻을 수 있는 산책로를 표시해 놓았으며, 가장 좋은 지점에는 덮개를 씌운 의자가 놓일 것입니다.

현재 절벽을 절단해 도로를 내고 절벽 면이 옹벽으로 유지되는 경우에도 동일한 방식을 사용합니다. 다만, 경사진 벽으로 다시 건설하고, 인공적 특성을 줄이기 위해 적합한 초목으로 [옹벽의] 일부를 덮을 것을 제안했습니다.

육지 구역의 중앙 광장

올드 프렌치 랜딩Old French Landing은 역사적으로 중요하면서 여러 명소의 전망이 다각도로 펼쳐지는 곳으로, 그것이 자리한 리버웨이 도로 상부에는 대여 마차가 차를 돌리거나 대기하는 공간이 계획되어 있습니다.

이와 관련하여 소나기가 내릴 때 방문객이 쉬거나, 보행자가 편안한 의자에서 전망을 즐기며 쉴 수 있는 여름 쉼터를 제안합니다.

보호지역의 반대편 끝, 리버웨이 도로와 기차역과 보호지역 사이의 넓은 마을 길이 만나는 곳에는 또 다른 회전로와 휴식 공간이 필요합니다. 이 지점에는 나이아가라 마을의 거리 철도 종점과 군인 기념비가 있으며, 이곳에서 대다수의 방문객이 보호지역에 도착해 처음으로 강과 급류를 조망하게 될 것입니다. 이곳은 응접소, 상부 숲 구역, 감독관저로 가는 현관이자 대여 마차를 타기 위한 주요 지점입니다.

앞서 말한 모든 이유로 인해 회전 공간은 폭이 상당히 넓어야 하며, 표면은 편리한 활용을 위해 거의 평평해야 합니다. 현재 지표면은 급경사이므로, 옹벽을 경제적으로 사용하여 강을 향한 측면을 유지하며 중앙 광장에 테라스의 특성을 부여할 것입니다. 인근에 있는 사용하지 않는 운하의 옹벽에서 돌을 분리해 가져와 이 벽을 건설할 예정입니다.

식재

육지 구역은 궁극적으로 삼림으로 뒤덮이는 것을 목적으로 나무를 심고, [이들은] 그늘을 드리우게 유지하며 풍부한 영양분과 공기, 빛 등을 누리며 최대한 큰 키로 자라나 오래 살 수 있는 조건을 갖추도록 설계되었습니다. 이를 위해 현재 고트섬에서 자라는 다양한 수종의 나무를 일정 수준에 도달할 만큼 빽빽하게 심어야 합니다. 그들이 서로 얽히며 자라나면 원래 수의 4분의 1 이하로 남을 때까지 점진적으로 솎아 내야 하며, 잘 크지 못하는 나무는 균등한 간격에 크게 관계없이 지속적으로 제거될 것이므로 가장 활력 있고, 성장 가능성이 크며, 또 폭풍, 얼음, 질병 및 해충의 공격에 대한 저항력이 가장 높은 수목이 [결국] 선택될 것입니다. 나무 한 그루 한 그루의 아름다움을 고려하기보다는 나무 군락과 그것이 만들어 낸 통로, 잎사귀가 빚는 녹음의 아름다움과 효율성을 중시해야 합니다. 고지대 앞 하안의 일부 습지대에서는 버드나무를 제외한 나무들, 즉 빠르게 자라며 연약하고 수명이 짧은 다른 나무는 배제해야 합니다. 그 외에는 상당히 다양한 종의 수목을 사용하며, 각각의 수종을 골고루 분포하여 식재해야 합니다. 그래야 어느 한 종이 안 좋은 영향을 받았을 때 고트섬이나 온타리오 하안에서 보이는 녹음의 수준이 크게 훼손되지 않고, 마을 건물들을 계속해서 시야에서 차단할 수 있기 때문입니다.

나무를 심을 때는 형식에 얽매이지 말고 줄기 사이에 종종 빈 곳을 남겨 두어야 합니다. 그 공간의 중심선이 하안선에 대각선으로, 마차 도로에서 급류가 보이도록 열어 두어야 하며, 그리고 고트섬에서 보호지역 내륙 쪽 건물로 향하는 시선의 반대 방향으로 심어야 합니다.

인근의 자생 관목은 덤불이 되도록 심는데, 하안을 따라 좁은 간격으로 심어 자연적인 형태로 자라도록 합니다. 간헐적으로 고지대에는 군락으로 식재하는데, [이때] 삼림을 솎아 내는 과정에서 형성될 나무의 군락 및 군락 간 간격이 밭이나 과수원에서처럼 단조로운 일렬 형태로 만들어지지 않도록 충분한 수량을 심어야 합니다.

고트섬
인공적으로 개간된 땅의 처리

1800년대 초 고트섬 숲의 윗부분이 개간되고 땅이 경작된 적이 있습니다. 다른 지점에도 몇몇 작은 개간이 이루어졌으며, 그중 일부에서는 묘목들이 빽빽하게 자라났습니다. 솎아 내고 식재하여 이 모든 공간을 육지에 제안된 방식과 같이 나무로 다시 가꿀 예정입니다. 다만, 녹음을 가림막으로 이용할 의도는 없으므로 덜 촘촘하게, 그리고 도면에 표시된 것처럼 다양하게 배치하는 것이 만족스러울 것입니다.

고트섬의 서쪽 제방

포터스 절벽과 시스터섬 사이의 가파른 제방은 강물에 조금씩 훼손되어 점차 표면은 거칠어지고 꼭대기는 각져서 볼품없는 경사면을 갖게 되었습니다. 이전 토지 소유주가 물가에 설치한 통나무와 돌로 만든 보조 교각은 눈에 잘 띄지 않을 만큼 작으나, 훼손 진행을 막는 데 적절하다는 것이 입증되었습니다. 몇 년 후에는 여전히 눈에 띄지 않으면서도 더 견고한, 동일한 종류의 시설로 교체하는 것이 바람직하겠습니다. 또한 시간이 흐르며 제방 상단의 바깥쪽 곡면 각도와 바닥에 가까운 안쪽 곡면 각도가 대체되고, 전체 시설을 나무과 녹음으로 완전히 다시 덮는 자연적 과정을 촉진하는 것이 바람직합니다.

식재는 위쪽에서 인접한 산책로에 그늘을 드리우는 나무 몇 그루는 예외로 하고, 제방 꼭대기의 산책로에서 방문객이 급류를 바라볼 때 시선을 가리지 않는 덤불과 식물로 해야 합니다. 이 섬의 토착종보다 더 아름다운 식물은 전 세계 어디에서도 찾아볼 수 없습니다.

고트섬에서는 [앞서 언급한 것 외에] 이후 언급할 커뮤니케이션 수단 외에는, 또 이 보고서에서 효율적으로 설명하기에는 너무 많은 전문적이고 상세한 방법을 통해 숲을 지속적으로 적절히 관리함으로써 점진적으로 이루어질 개선 사항 외에는 그 어떤 환경개선 사업도 진행되지 않을 것입니다.

배스섬

육지 하안에 대해 제안된 것과 동일한 과정을 현재 배스섬의 인공 하안을 처리할 때 적용할 것을 제안하며, 오래된 댐과 제방을 완전히 제거하면 강이 알아서 [자연스럽게] 흐를 것입니다. 그 결과 개간된 땅 대부분이 침식되어 사라질 것이며, 도면에 표시된 윤곽과 거의 다를 바 없는 새로운 하안이 남을 것입니다. 따라서 경관이 상당히 개선될 것이며, 예상보다 더 많은 땅이 사라질 것을 두려워할 필요가 없습니다. 의도한 결과가 이루어지면 급류와 고트섬 하안의 가장 멋진 경치를 볼 수 있을 텐데, 도면에 표시한 대로 섬을 가로지르는 주요 산책로에서 샛길로 빠져 의자가 있는 지점에서 보면, 위로 내뻗은 나무들이 짙은 그늘과 매우 아름다운 모습을 자아낼 것입니다.

↑ 고트섬으로 가는 교량, 1890-1910. 육지에서 고트섬으로 들어가는 보행교이다.
교량 반대편에 섬의 입구가 보이며, 편의 시설로 활용했던 작은 건물 몇 채도 확인할 수 있다.

↓ 첫 번째와 두 번째 시스터섬을 잇는 교량, 1905. 넘실거리는 나이아가라 계곡에서
구름 위를 지나듯 걷는 방법은 보행교를 통해 작은 섬을 오가는 것이었다.
또한 루나섬을 벗어나면 시스터섬이나 배스섬의 원 자연을 향유할 기회도 누릴 수 있었다.

Copyright 1906 by the Rotograph Co.
5729   Bridge from First to Second Sister Island, Niagara Falls, N. Y.

교량

육지와 고트섬을 연결하는 교량은 [그대로] 유지하되, 불필요한 장식물만 제거할 것을 제안합니다. 몇 년 후, 필요에 따라 그 위를 걷는 산책로를 아웃트리거로 확장하고 부두 쪽에 살짝 돌출된 발코니를 추가하면 방문객이 보행로를 지나는 사람들을 방해하지 않으면서 급류를 바라볼 수 있을 것입니다. 도면에 표시되어 있습니다.

이 환경개선 사업에서 제안하는 교량은 원하는 만큼 넓거나 우아하지는 않겠지만 소박한 멋이 있습니다. 이를 제거하고 훨씬 더 나은 것으로 교체하는 방식은 우리가 바로 착수하도록 권장하는 것보다 더 큰 비용이 들 겁니다. 부두를 조심스럽게 관리하고 파손될 것 같은 지점에서 바로 보강 작업을 한다면, 돌진하는 얼음 조각이나 떠내려온 유목에도 수년간 견딜 수 있으리라 생각합니다.

우리는 새로운 교량이 필요할 경우 현재의 교량이 건설되기 전 옛 교량이 위치했던 개울 위쪽 지점에 놓는 것이 더 낫지 않겠느냐는 질문을 받았습니다. 현재 교두보 근처 육지에서 섬을 향해 교차하는 물살을 바라보는 경치는 매우 근사하고, 교량이 제거된다면 더욱 보기 좋을 것입니다. 다만 여전히 같은 지점에서 급류의 중앙 방향을 바라보는 경치가 더욱 근사합니다. 실제로 전 세계에서 비교할 대상이 없으며, 이 [경치를] 크게 손상하지 않으면서 제안된 위치에 교량을 놓는 일은 불가능합니다. 저희의 판단으로는 교량을 [지금] 그대로 두는 것이 손실이 더 적을 것입니다.

대대적인 수리 없이도 계속 안전하게 사용 가능하다면 시스터섬의 보행교를 [그대로] 유지할 것을 제안합니다. [여기에 달린] 소용돌이 장식물은 제거하는 것이 나을 것입니다.

현재 테라핀 바위Terrapin Rock라고 불리는 곳으로 통하는 보행교는 단순하고 거친 구조물인데, 그 위치상 캐나다 쪽 폭포를 바라보는 포터스 절벽 방문객의 시선을 방해하고 경관을 해치고 있습니다. 이 구조물을 도면에 표시된 선으로 옮기면 눈에 덜 띄게 되고, 바위는 교대와 교각

역할을 함으로써 두드러질 것입니다. 또한 [높이를 지금보다] 다소 낮게
설정할 것을 제안합니다.

루나섬으로 가는 보행교는 볼품없는 인공물로, 특정 빛과 대기의
조건에서 나이아가라 폭포에서 가장 아름다운 장면을 해치는 방식으로
배치되어 있습니다. 우리는 이것을 상류로 조금 이동하기를 제안합니다.
나무로 많이 가려질 테고, 스테드먼스 절벽에서 미국 쪽 폭포를 바라보는
직접적인 시야에서 벗어나 훨씬 덜 눈에 거슬릴 것입니다. 도면의 선을
보면 하안의 양쪽에 돌출된 바위가 있어 구조적으로도 만족스러운
위치가 될 것입니다.

[혹자는] 급류 구역의 다른 섬들로 연결되는 교량을 제안한 바 있습니다.
이 섬들에 교량을 놓아 접근성을 높인다고 해서 교량과 섬에서 바라보는
사람들이 경관에 끼치는 피해를 보상할 수 있는 것은 아무것도 없습니다.

고트섬의 마차 도로

사람들이 나이아가라 폭포를 편안히 이용하지 못하도록 방해하는 가장
큰 요소는 마을 대여 마차의 질 낮은 서비스입니다. 최근까지도 대여 마차
서비스는 체계도, 규제도 없었습니다. 이방인들이 이 마차를 타면 어디로
가든 마음의 평화가 파괴되는 것을 피할 수 없고, 마차를 [일단] 타고 나면
누군가에게는 강도질보다도 성가시게 느껴질 사기, 부당한 과금,
무례함을 피할 수 없다는 인식이 널리 퍼질 정도로 황금알을 낳는 거위
배를 가르는 짓[13]을 해 왔습니다. 지난 2년 동안 부당한 운영은 훨씬
줄어들었지만 근절되지는 않았으며, 훨씬 더 좋은 개선 방안을 확보하지
않는다면 나이아가라의 나쁜 평판은 완전히 극복되지 못할 것입니다.

아마도 위원회가 취할 수 있는 가장 좋은 방법은 이미 [개발이 시작된]
노선이 정해진 대여 마차 체계의 추가 개발과 개선 방향에 있는데, 사용

---

13 원문은 'penny wisdom pound folly'인데, 직역하면 '적은 돈에는 현명하나 큰돈에는
어리석다'라는 의미이다.

방법 및 요금 방식은 대도시에서 찾아볼 수 있는 옴니버스나 전차와 본질적으로 다르지 않을 것입니다.

실행할 수 있는 수준에서 도로를 개선하고 말과 차량의 이동 및 정차를 서비스의 특성에 맞게 세밀하고 경제적으로 조정함으로써 승객당 비용을 훨씬 더 줄일 수 있지만, 저렴한 고정 요금으로 제공받을 수 있는 편리함, 편안함, 자유로움은 그 어떤 가격으로 얻을 수 있는 것보다 클 것입니다. 따라서 몇 년 후면 고트섬을 방문하는 방문객 중 극히 일부만이 또 다른 바퀴 달린 교통수단을 이용할 것으로 예상되며, 계획안의 도로 체계도 이에 따라 고안되었습니다.

마차를 타고 섬을 한 바퀴 돌 수 있는 이 도로는 보통 제방으로부터 50피트에서 100피트 정도 떨어져 있으며, 그 사이의 식재에 따라 약간씩 다르지만 도로 폭은 보통 20피트 정도입니다. 많은 사람들이 생각하는 것보다 좁습니다. 그러나 도로를 만들기 위해 많은 나무를 베어야 하고, 근처에 몇 그루만 남겨 두었을 때 폭풍이 칠 경우 더 큰 혼란이 일어날 수 있으므로 목적에 부합할 수준에서 가능한 한 좁아야 한다고 봅니다.

여기서 목적이란 마차가 일방통행으로 도로를 통과하게 허용하는 것입니다. 마차가 자주 정차해야 하는 모든 지점에서는 도로를 넓히고, 앞서 설명한 바와 같이, 그리고 도면에서 볼 수 있듯이 마차가 대기할 수 있도록 차고지 구간을 넓혀야 합니다. 이러한 예방 조치를 취한다면 큰 속도 차 없이 차고지 지점 사이를 이동하는 일정 수의 마차가 20피트 도로에서 일반적으로 사용되는 40피트 도로보다 덜 혼잡할 것입니다. 만약 저속 화물 마차가 허용되고 양쪽의 건물에 정차가 빈번하더라도 도시의 60피트 폭의 거리보다 덜 혼잡할 것입니다.

교차로 두 곳이 마련된 것이 보이실 텐데, 섬을 일주하지 않고 육지로 돌아가고자 하는 마차를 탄 방문객이 이용할 수 있습니다.

고트섬 산책로

섬의 순환 산책로는 대부분 폭이 15피트이지만, 도면과 같이 수목의 상황에 따라 약간 다를 수 있습니다. 안전하고 편리하도록 주로 가파른 제방을 따라가며, 많은 경우 옛 마차 도로를 위해 나무를 베어 낸 구역에 나 있습니다.

군중이 몰리면 위험한 곳, 그리고 제방 가까이 갔을 때 산책이 불편할 정도로 돌아가거나 특별히 중요한 나무를 제거해야 하는 몇몇 지점에서는 산책로를 뒤편에 조성합니다. 이 경우 일반적으로 제방 가까이 이어지는 순환로가 있으며, 그 위에는 독특한 전망을 감상할 수 있게 그늘 있는 의자가 배치됩니다. 이 작은 산책로는 굽어지므로 군중이 급히 움직이는 것을 막고, 유유히 거니는 사람들의 안전을 보장할 것입니다.

울창한 숲을 통과하는 수많은 산책로가 멀리 떨어진 모든 지점 사이를 적당히 가로질러 통과할 수 있게 해줄 것입니다. 이 길은 오솔길에 가깝게 설계되어 숲속의 한적함을 선사할 것입니다. 드문 경우(병약자 등)를 제외하고, 마차를 타기보다는 걸어서 이동하는 사람들이 나이아가라 특유의 즐거움을 훨씬 더 많이 누릴 수 있다고 믿습니다. 종종 마차가 가장 경치가 매력적인 구역을 지나가는데도 불구하고 탑승객이 이를 보지 못하고 지나가는 모습을 볼 수 있습니다. 저희는 작년에 한 시간 동안 여러 대의 마차를 탄 방문객들이 포터스 절벽에 시선을 돌리지 않은 채 빠른 속도로 지나치는 것을 목격했습니다. 만약 그들이 걸어서 도면에 있는 순환 산책로를 따라갔다면 경치를 놓치는 일은 불가능했을 겁니다. 지금까지 대다수의 방문객들이 마차를 타는 쪽을 택한 데에는 이해관계자들이 부지런히 키운 선입견이 배경에 있을 것으로 추측합니다. 즉, 가이드가 필요할 것이며, 허름한 마차에 탄 무책임한 싸움꾼인 이들의 도움 없이는 어디로 가서 무엇을 봐야 할지 모를 것이라고 인식하게 된 것입니다.

기차역, 호텔 및 보호지역 입구에 간단한 안내판을 게시하고, 낯선 사람들이 가장 좋은 동선을 두고 길을 잘못 들 만한 모든 지점에 소박한 안내판을 더하고, 이 계획이 제안하는 도보 체계를 활용한다면 난관이

↑ 고트섬에서 본 나이아가라 폭포의 모습, 1898.
흑백 사진에 채색을 한 폴리크롬 이미지이다.
미국 쪽 나이아가라 폭포의 물보라를 바라볼 수
있는 고트섬 전망대가 수풀에 둘러싸여 있다.

사라지고 이 장소는 큰 인기를 끌게 될 것입니다.

이런 방향으로 관습이 바뀔 것이라는 가정 아래, 산책로 계획을 더 광범위하게 확장했습니다.

특별한 볼거리가 있는 지점에서는 주요 산책로 동선을 벗어난 좌석 공간을 마련합니다. 고트섬의 두 지점에는 갑작스럽게 비가 내릴 때 보행자가 대피할 수 있는 대형 쉼터도 마련되어 있습니다. 두 곳 모두 숲 한복판에 있습니다. 벽은 없으며 거친 벽돌을 쌓아 만든 기둥 위에 커다란 지붕을 올릴 계획인데, 다만 각 대피소의 반대편 끝에는 화장실과 안전 관리를 위한 시설이 설치되어야 합니다. 아래 설명할 기계 시설을 제외하고는, 이 섬에서 유일하게 건물에 가까운 시설입니다.

바람의 동굴 진입로

방문객들이 바람의 동굴로 내려갈 때 사용하는 나무 계단이 너무 낡고 부적절하다는 지적이 있었고, 그 자리에 계단뿐만 아니라 승객용 엘리베이터를 설치할 수 있는 몇 배나 큰 구조물을 설치하자는 제안이 여러 차례 위원회로 올라온 바 있습니다.

이 제안대로 구조물이 설치되면 온타리오와 뉴욕 하안의 광범위한 지역에서, 그리고 교량 위에 있을 때나 배를 탔을 때 나이아가라의 자연 경관 중 가장 웅장한 부분 중 하나를 위아래로 가로지르는 대형 인공물이 도드라져 보일 것이라는 점에서 반대에 부딪힐 것입니다. 또한 절벽 전면이 후퇴함에 따라 곧 재조정이 필요할 것이라는 점도 반대하는 근거입니다.

이 지점에는 어떤 구조물을 만들든지 이 사업의 기본 원칙에 어긋난다는 것이 저희의 의견입니다. 바람의 동굴로 접근하는 것이 바람직하다고 가정했을 때, 경관을 해치지 않고도 접근할 수 있다면 그 대안으로 갱도와 터널을 통해 하강하는 방법을 제안해 볼 수 있습니다. 갱도의 입구부는 제방 가장자리에서 약 50피트 떨어진 곳에 위치하며, 일반 호텔에서 볼 법한 형태의 엘리베이터를 설치하여 숨겨진 수력

↑ 바람의 동굴 진입로, 1850~1903. 폭포 옆을 따라가는 바람의 동굴 절벽로는
우비를 입고 폭포를 온몸으로 즐기는 관광용 동선이다. 절벽에 설치한 전망대에서
세차게 떨어지는 물줄기를 경험할 수 있었다.

장치로 작동할 것입니다. 이렇게 하면 수용 능력이 동일한 구조물을 절벽에 건설하는 것보다 비용이 적게 듭니다.

여기에 요구되는 작업에는 전혀 특이한 것이 없으며 작업 간 조율에도 어려움이 없습니다.

엘리베이터 아래쪽에는 눈에 띄지 않는 작은 통나무 오두막을 세워 동굴에 들어가려는 사람들을 위한 탈의실로 사용할 것을 제안합니다. 이 오두막에서 동굴로 이어지는 길 위로는 급경사의 돌출형 지붕을 달고 튼튼한 목재 골조로 지탱하여 낙석으로부터 방문객을 보호하도록 만듭니다. 이 건물은 경사면을 따라 난 암석 덩어리가 절벽의 수직면과 만나는 곳에 세워질 것이며, 도색되지 않은 목재로 마감되고 바로 옆에서 자라난 나무와 덤불에 일부 가려져 몇 년만 지나면 거의 보이지 않게 될 것입니다.

저희는 앞서 제안한 공사가 시급히 필요하다고 생각하지 않는다는 점을 덧붙여야 할 것 같습니다. 현재의 구조는 약간의 비용만으로 충분히 수리가 가능하며, 그 목적에도 부합합니다. 많은 방문객에게는 도로와 산책로의 환경개선 사업이 훨씬 더 중요한 문제입니다.

스테드먼스 절벽

교량에서 건너오는 방문객들이 스테드먼스 절벽에 도착하면, 그 높이에서 바라보는 미국 쪽 나이아가라 폭포의 경치가 절정에 이릅니다. 현재 제방을 따라 폭포 앞까지 이어지는 계단은 이 전망의 시야 선상에 있으며, 방문객이 내려갈 때만 이 계단을 통해 전망에 도달할 수 있도록 하고, 올라가는 계단은 별다른 전망이 없는 동쪽 지점에 새롭게 만들어 도면과 같이 재구성할 것을 제안합니다.

루나섬

이 계획의 의도는 보행교에서 이 섬으로 가는 산책로는 현재와 같이 서쪽 끝에 있는 폭포 앞까지 이어지도록 하되, 방문객들이 절벽을 향해 섬의

측면으로 몰려드는 것을 막고, 스테드먼스 절벽 위에서 내려다보는
사람들의 시야에서 방문객이 서 있을 만한 넓은 공간을 확보할 수 있을
만큼의 수목을 심는 것이었습니다.

포터스 절벽

이 지점에서 보호지역 내 가장 인상적인 전망을 발견할 수 있습니다.
캐나다 쪽 폭포의 예전 모양 때문에 '말굽Horseshoe'이라고 불리는
구역입니다. 방문객이 북쪽 절벽에 더 가까이 서서 서쪽을 바라볼수록
전망이 더욱 좋습니다. 다만 절벽 가장자리를 따라 약 50야드까지는
괜찮아도, 그 너머로는 경치를 손상하지 않고서는 제거할 수 없는 상당한
규모의 녹지가 있습니다. 따라서 이 50야드의 공간은 매우 귀중합니다.

　현재로서는 이 최고의 지점에서 얻을 수 있는 즐거움이 훨씬 적습니다.
왜냐하면 절벽 기슭으로 이어지는 나무 계단, 그 위를 지나가는 사람들로
인해 방해받는 시야, 또한 이 지점에 도착하는 말과 마차, 보행자가
조용한 감상에 가장 방해되는 방식으로 혼잡을 가져오기 때문입니다.

　수년 전, 남쪽으로 약 100피트 떨어진 지점에 흙 제방을 지탱하기 위한
돌담을 쌓았습니다. 아마 그 이전에는 절벽 면에 움푹하게 들어간 곳이
있었을 것이고, 바로 뒤쪽으로 협곡이 있었을 것입니다. 이 계획은 그
벽을 허물어 협곡을 열고 확장하여 경사로를 형성해 현재의 계단 대신
사용할 것을 제안합니다. 또한 일부 구간에는 교량을 놓아 방문객들이
높은 곳에서 폭포 말굽 구역을 바라볼 때 시선이 방해받지 않도록 할
것입니다. 현재 계단의 윗단이 차지한 지점에는 높이를 유지한 채 작은
돌출부를 만들어 최상의 전망으로 끌어올릴 것입니다.

　이 지점 맞은편의 절벽 아래로 내려가기 위해 남쪽으로 조금 떨어진
곳에 계단식 보행로를 추가로 설치할 계획입니다.

특정 지점에서 인파 관리

주 정부는 대중을 위해 두 가지 의무를 지는데, 이에 대한 위원회의

↓ 테라핀 포인트(포터스 절벽), 1900-1901. 테라핀 포인트는 고트섬에서
말굽 폭포에 가장 근접한 반석이자 전망대로, 수많은 관광객이 몰려드는 데도
불구하고 안전을 보장하기 힘든 지점이었다. 계획 단계부터 옴스테드는
안전 보장을 위한 조치를 요구한 바 있다. 20세기 중반 콘크리트 제방이 조성되어
현재는 볼 수 없는 풍경이기도 하다.

책임이나 이를 효율적으로 이행할 수 있는 권한에 대해서는 의심의
여지가 없어야 합니다.

하나는 방문객이 보호지역의 경관을 즐기기 위해 제공된 수단을 질서
있고 합리적인 방법으로 신중하게 사용하는 과정에서, 위원회는 다른
대규모 휴양지의 경험에서 허가된 것과 같은 경찰 규정에 따라 [방문객을]
예방할 수 있는 위험 요소에 노출되지 않도록 해야 합니다. 다른 하나는
의도적으로 무질서하게 행동할 생각이 없는 방문객이 경관의 중요한
요소나 주 정부의 자산이 부당하게 손상될 수 있는 동선을 따라가지
않도록 하는 것입니다.

지금보다 훨씬 많은 방문객이 올 것을 고려했을 때, 만약 보호지역에의
접근과 점유에 전혀 제한을 하지 않는다면, 방문객의 안전과 주 정부의
자산을 보존할 수 있는 적절한 예방 조치가 유지될 수 있을지 우려되는
구역들이 있습니다.

이와 같은 모든 상황에서 감독관은 출입구와 개찰구를 통해 언제든지
[보호지역에] 들어와 있는 방문객 수를 규제할 권한을 부여받아야 합니다.
평상시에는 출입구가 열려 있고 그 장소로 가는 탐방로가 막혀 있지
않지만, 필요한 경우에는 출입구를 닫고 양쪽 끝에 있는 개찰구를 통해
방문객을 출입시키고, 일정한 인원이 입장한 후에는 입장 개찰구가
열리지 않으며, 퇴장하는 사람이 있으면 퇴장 개찰구를 돌려서 [그 수가]
전달되는 방식으로 적절한 인원의 출입을 기계적으로 허용할 수 있어야
합니다.

결론

우리는 상기 제출한 기본 설계안에서 귀하의 고려에 적절한 정당성을
기반으로 필요사항을 미리 제시하고 적절히 충족하기 위해
노력했습니다.

주 정부가 통제권을 가진 보호지역의 합당한 개발 사업을 위해 착수한
이 종합적인 계획에서 앞서 제안된 개선 사업 중 어느 것도 누락되어선

↑ 나이아가라 폭포의 관광, 1890. 19세기 중반부터 유명 관광지로
부상한 나이아가라 폭포 일대는 1880년대에 이미 가이드가 안내하는
페리 보트 투어와 관광용 강삭 철도를 운영했다. 옴스테드를 비롯한
많은 북미인이 나이아가라 폭포의 보호와 안전에 대해 우려를 표한 것은
자연스러운 수순이었을 것이다.

안 된다고 믿습니다.

　저희가 판단컨대 각 건설 작업은 어느 시점에 성실하고 완전한 방식으로 실행되어야 하겠지만, 제안된 모든 사업이 공정하게 수행되고 난 이후로는 건설을 위한 새로운 예산이 필요하지 않을 것입니다. 그 이후의 작업은 엄밀히 말해 유지 보수 작업이 될 것입니다. 환경개선 사업을 위한 예산과 관련하여 주 정부에 어떤 권고를 해야 하는지, 어떤 작업을 먼저 수행해야 하는지, 어떤 작업을 미루어야 하는지 결정하는 일은 귀 위원회에 달려 있습니다. 현재 이 필연적으로 거대하고 복잡한 사업의 다양한 요소가 지닌 상대적 중요성에 대해 조언을 요청받지 않은 상태지만, 앞서 제안된 고트섬의 마차 도로를 먼저 진행하도록 결정하실 것이라 희망을 내보이며 이 보고서를 마무리 짓고 싶습니다. 추가 편의 시설에 대한 대중의 확실한 요구를 충족시키는 것이 바람직할 뿐만 아니라, 새 도로를 만들기 위해 기존 삼림에 개구부를 냈을 때 틈새가 생기면 새로운 식물의 성장을 통한 자연적인 치유 과정을 활용하여 메꾸는 것이 효율적이며 편리하기 때문입니다.

　경의를 담아,

조경가
프레더릭 로 옴스테드와 칼버트 복스 드림

3부

지금, 여기, 우리에게
공원이 있는 이유

'센트럴파크 같은 공원'

오늘날 '센트럴파크'는 일종의 이상향이다. 도시와 조경 공부를 하는 사람들은 물론이고, 도시에 거처를 마련해 살아가는 누구나 새롭게 조성되는 공원이 '센트럴파크 같은 공원'이 되기를 갈망한다. 그렇다면 이 '센트럴파크 같은 공원'은 대체 어떤 것일까? 이 책에 수록된 옴스테드의 글에서 그 힌트를 찾아보자면, 아마도 이는 공원의 특정 요소를 의미한다기보다는 도시 한복판에 확 트인 경관을 선사하는 센트럴파크가 주는 어떤 감각을 가리킨다고 볼 수 있다.

　1875년『아메리칸 대백과사전』에서 옴스테드는 공원을 다음과 같이 정의하며 조경가가 공원을 설계하고 계획할 때 명심할 점을 짚었다.

공원이란 대중 또는 개인의 여가를 위해 사용되는 땅으로, 여유 공간이 있고 넓고, 단순하고, 자연스러운 풍경을 가지고 있다는 점에서 정원과 구분되며, 수목이 흩어져 분포되어 있다는 점과 잔디밭이, 그리고 경관이 더 광활하다는 점에서 숲과도 구분된다. (중략) 공원의 계획이란 서로 다른 조건이 해결되는 방식에서의 혁신, 기술, 취향에 따라, 또는 지역적 상황이 슬기롭게 우호적인 것으로 활용되거나, 공원의 목적에 부합하지 않을 경우 해결 방향에 따라 좋을 수도, 무난할 수도, 나쁠 수도 있다. [공원 조성]은 가장 단순한 조건에서조차

충분히 어려우며, 고요한 휴식과 운동과 관련되거나 경관의 아름다움이
필수적이지 않은 어떤 다른 목적을 위해 불필요하게 복잡해질 이유가 없다.[1]

이처럼 옴스테드가 공원에서 가장 중요하게 여긴 것은 경관, 그리고 그
경관에서 오는 감각이었다. 지속되는 개발을 향해 빠르게 확장하는 도시
안에 자연을 닮은 경관을 삽입하는 일은 숨 가쁘게 미래를 향해 달려가고
있던 19세기 도시민에게 필요한 여유를 만들어 내기 위한 쉼표와
다름없었다. 도시의 확장과 일상의 복잡함이 가속을 거듭해 현재를
만들어 냈으니, 센트럴파크가 상징하는 '여유의 감각'이 여전히 우리의
갈망이자 손끝을 빠져나가는 이상향으로 존재하는 것이 그리 이상한
일은 아니다.

물론, 오늘날 정원과 공원, 도시숲과 같은 도시 녹지 공간은 일정 부분
혼합적으로 설계되고 있기에 19세기 중반 공원이 등장했을 때와는 사뭇
다른 관련성을 지니고 있다. 우리에게 익숙한 한국의 예를 들어보자.
순천만국가정원의 경우 순천만 습지를 생태보전구역으로 남기면서
도시와의 버퍼 공간이자 순천만을 알리는 공간으로써 정원을 활용하고
있다. 한편 울산 태화강국가정원은 태화강 십리대밭을 배경으로 공원과
정원이 어우러져 하나의 대형 녹지 체계를 이룬다.

공원, 정원, 도시숲의 다양한 관계항은 도시계획의 차원에서 한층 더
복잡해진다. 지난 150년간 도시공원운동에서 도시미화운동으로,
정원도시Garden City로, 뉴어바니즘New Urbanism과 랜드스케이프 어바니즘
Landscape Urbanism으로 도시와 녹지의 관계에 대한 논의는 계속해서
발전해 왔다.[2] 오늘날 도시와 자연이 무한히 다양한 형태로 접점을 만들며

---

1 Frederick Law Olmsted, "Park[공원]," *American Cyclopedia*, 1875.

2 도시미화운동과 정원도시운동은 20세기 초반 미국과 영국을 중심으로 빠르게 확산된 새로운
도시 개념이다. 1990년대 초반 등장한 뉴어바니즘 도시설계 이론은 보행성을 중시한 도시
구조와 다양한 직업군이 공존하는 커뮤니티를 상상했으며, 이후 1990년대 말 랜드스케이프
어바니즘 논의가 시작되어 도시와 자연 사이의 복잡하고 역동적인 관계를 중심에 놓고 경관을
통해 도시를 재해석하는 시도를 했다. 이에 관해서는 다음을 참고: Ebenezer Howard (1901)

끝없이 변모하고 있기 때문이다. 따라서 옴스테드의 글을 읽을 때는 자신의 시공간을 과거 북미의 어떤 지점으로 옮겨 당사자의 감각을 지니되, 동시에 그의 기록 속에서 여전히 우리에게 적용되는 지점을 적극적으로 발굴해야 한다.

이 책에 실린 기록물과 연관되는 지점을 몇 개만 살펴보자. 먼저 생각해 볼 수 있는 것은 태평양 너머 우리나라에서 현재 진행 중인 공원에 대한 열망이다. 서울을 중심으로 한 수도권 지역에서 수많은 '중앙공원Central Park'을 찾아볼 수 있는데, 이는 대부분 신도시 계획 단계부터 부지 중앙부에 자리 잡은 주요 도시 인프라이다. 도시의 상황과 지형에 따라 그 형태는 달라도 도시 중앙에 공원을 배치하는 행위는 초기 신도시 건설 때부터 있었는데, 아마도 산업 발전 시기부터 국내 뉴스 미디어에서 수없이 회자되어 온 '센트럴파크와 같은 대형 공원'에 대한 욕망이 도시계획에 녹아들었기 때문일 것이다.

60여 년 전, 1964년 경향신문에는 "기계문명의 첨단을 가는 뉴욕에서도 아이들은 '센트럴파크'의 원시림 같은 자연 속에 마련된 어린이 놀이터에서 마음대로 자라나고 있었다"는 글이 실렸으며, 1979년 조선일보는 센트럴파크에서 벌어지는 뉴욕 시민의 일상을 다루며 "공원이 도회인의 휴식처"이자 "마음의 여유를 제공해 주는 곳"임을 설명했다.[3] 또한 경향신문의 한 사설에서는 (센트럴파크와 같이) 공원이 도시 한복판에 위치해야 한다는 전제를 내세우며 "한강변은 인구 1천만 수도의 푸른 허파 구실을 할 대공원이 조성될 수 있는 최후의 여백,

Garden Cities of To-morrow[내일의 정원 도시]. London: Swan Sonnenschein & Co., Ltd; Congress of New Urbanism (2024) "The Chartre of New Urbanism." https://www.cnu. org/who-we-are/charter-new-urbanism; 뉴어바니즘협회 (2009) 『뉴어바니즘 헌장』, 안건혁, 온영태 역. 서울: 한울아카데미; 찰스 왈드하임 (2003) 『랜드스케이프 어바니즘』, 김영민 역. 서울: 조경; 찰스 왈드하임 (2018) 『경관으로 만드는 도시』, 배정한, 심지수 역. 서울: 한울.

3 이어령, 「바람이 불어오는 곳 이것이 서양이다 (30)」 경향신문 1964. 11. 16; 배기열, 「공원」 조선일보 1979. 3. 7.

도시계획의 소중한 여백"이 될 수 있음을 역설한 적도 있다.[4] 즉, 우리의 도시에 센트럴파크로 상징되는 도시적 이상향이 존재한다고 상상해 볼 여지가 있다.

옴스테드는 자신이 따른 공원 설계의 원칙적인 차원에서 공감을 이끌어 내기도 한다. 공원 조성 과정에서 조경가의 능력이 설계와 시공뿐만 아니라 지역적 조건과 상황을 조율하고 난관을 슬기롭게 헤쳐나가는 데 있다는 점은 오늘날 조경과 도시 설계, 계획 전반에 걸쳐 누구나 동의할 수 있는 말이다. 또한 공원 설계로 조경가의 삶을 시작했지만 병원이나 공공기관의 조경, 단지 설계, 도시 조경, 환경 보존 계획에 이르기까지 점차 확장되는 옴스테드의 시선은 도시의 물리적 환경을 만드는 것을 넘어 우리 도시 사회가 지향해야 하는 어떤 지평을 그려 낸다. 보스턴의 사례만 보더라도 당장 해결해야 할 하천변 침수 문제와 도시의 확장에 따른 녹지 상실 예방이라는 장기적 비전이 공존할 수 있다는 굳은 믿음은 오늘날 우리에게 절실한 '도시의 비전'을 암시한다.

오늘날 도시에서 '센트럴파크'나 '에메랄드 네크리스 공원 시스템'과 같은 대규모 공원 부지를 찾기는 쉽지 않다. 이미 개발이 일어나 공간적으로도, 거버넌스 차원에서도 예전보다 훨씬 복잡해진 도시 구조가 우리를 마주하고 있기 때문이다. 그럼에도 뉴욕 하이라인이나 베를린의 쉬트겔렌데 자연공원, 서울의 청계천과 같이 기존의 도시 자연 개념을 뒤집는 일이 종종 일어난다. 새로운 형태, 새로운 경관을 제시하는 이 공간들은 분명 센트럴파크로 대변되는 '옴스테드식 경관'과 다르지만, 동시에 '옴스테드식 경관'만큼이나 언제나 그곳에 있었던 것마냥 빠르게 도시를 직조한다. 이 새로운 경관이 우리 스스로 깨닫지 못했던 '우리에게 필요한 자연'을 제시하고 있기 때문이다. 즉, 이때 살펴봐야 할 것은 '센트럴파크'가 지닌 형태나 그 속의 요소를 훨씬 넘어선다. 이를 통해 옴스테드가 보여 주고자 했던 도시인이 살아가는 삶의 모습, 그리고

---

4   최정호, 「한강 대공원」 경향신문 1979. 9. 26.

↓ 보스턴 에메랄드 네크리스 공원 시스템 종합계획도, 1894.
 옴스테드, 옴스테드&엘리엇 조경설계사무소 제작.

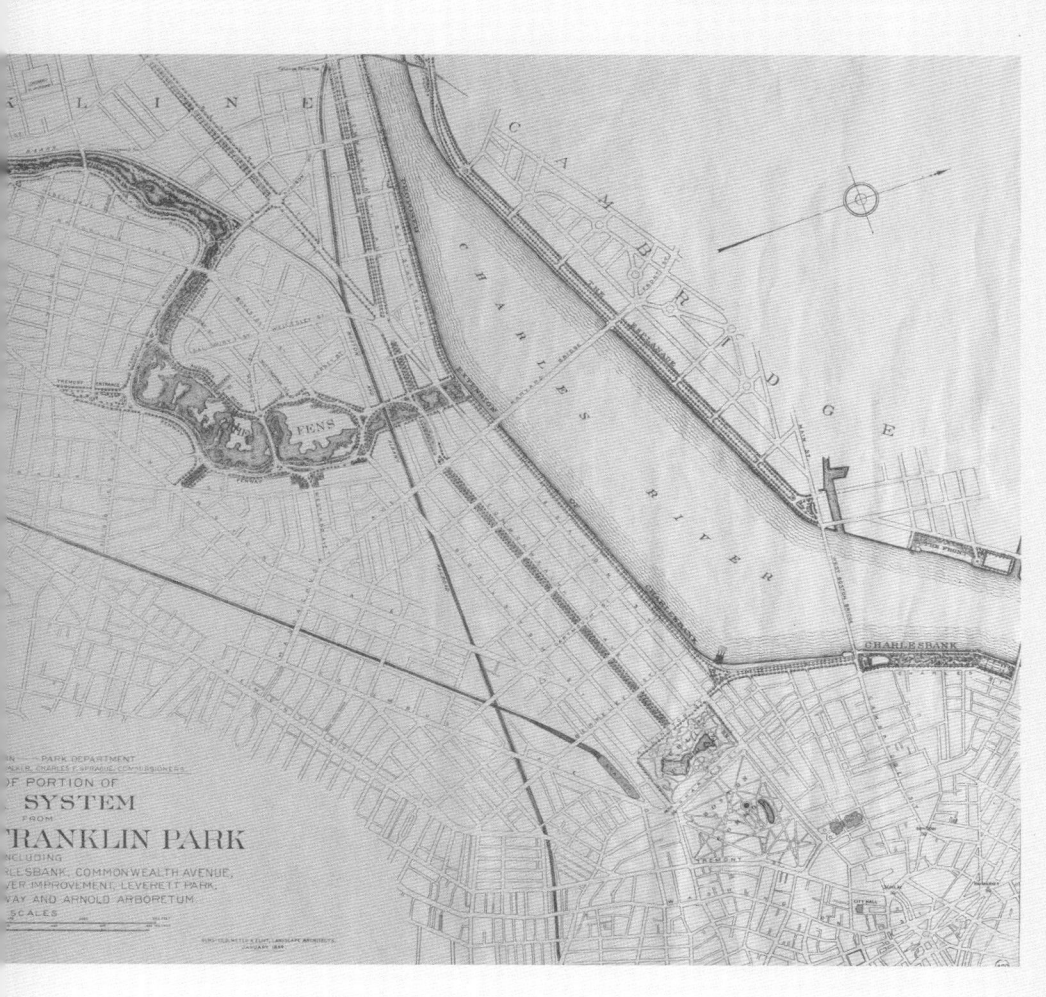

BOSTON — PARK DEPARTMENT
...DALE, CHARLES F. SPRAGUE, COMMISSIONERS

...OF PORTION OF

...SYSTEM
FROM

...RANKLIN PARK
...INCLUDING
...RLESBANK, COMMONWEALTH AVENUE,
...VER IMPROVEMENT, LEVERETT PARK,
...WAY AND ARNOLD ARBORETUM
...SCALES

FOR OLMSTED & ELIOT, LANDSCAPE ARCHITECTS
JANUARY 1894

그를 위한 공간을 만드는 과정을 주목해야 한다.

옴스테드 이후 조경의 발전

옴스테드가 남긴 글과 작업의 영향력은 이처럼 공원과 도시를 이해하는
관점을 제시하는 데 그치지 않고, 도시미화운동과 같은 이후의 도시
정책을 통해 그 정신이 이어지며 오늘날의 구체적인 정책으로도
연결된다. 이를 알기 위해서는 옴스테드의 두 아들의 행보에 대한 짧은
설명이 필요하다.

　1858년 그린스워드 설계안 당선 이후 옴스테드는 기존 센트럴파크
현장감독관에 더해 총괄건축가 Architect-in-Chief 라는 직함을 추가로 얻게
되었는데, 얼마 지나지 않아 건축가 대신 '조경가 landscape architect'라는
명칭을 사용하기 시작했다. 건축이라고 하기에는 땅을 다루며 자연을
지향한다는 점, 그리고 다우닝과 같은 동시대 조경가가 사용한 '풍경
정원사 landscape gardener'라는 말이 도시의 인프라를 만드는 조경을 충분히
설명하지 못한다는 것이 그 이유였다. 실제로 센트럴파크 이후
옴스테드의 작업은 대부분 도시를 확장하고 체계화하는 일과 맞닿아
있었다. 1850년대 도시공원운동이 그가 조경가로 성장하는 데 발돋움이
되었다면, 1890년대 도시미화운동은 도시계획과 마스터플랜으로
옴스테드의 작업 스펙트럼을 비약적으로 확장하는 계기가 되었다 해도
과언이 아닐 것이다.

　도시미화운동 City Beautiful Movement 이란 20세기 초 미국의 대표적인
도시 발전 개념으로, "도시의 무분별한 성장에 대한 반성"이자 "환경의
물리적 개선과 사회의 도덕적 개선이라는 시대적 요구"를 반영한
거시적인 움직임이었다.[5] 도시미화운동의 대표적인 인물은 건축가
대니얼 번햄 Daniel Burnham 으로 그는 워싱턴 D.C. 몰, 필라델피아, 시카고,

5　박근현, 배정한 (2012) 「도시미화운동의 조경사적 의의와 현대 도시 재생에 대한 함의」,
　　『한국경관학회지』 4(1): 41–60, p. 42.

클리블랜드 등 당시 미국의 대도시 계획에 큰 영향을 미쳤다. 특히 주목할 곳은 시카고인데, 1893년 시카고 박람회를 총괄했던 번햄이 조경 감독인 옴스테드와 협업했기 때문이다. 그 결과 우리에게 익숙한 신고전주의 건물 양식과 보자르 미학의 조형물, 녹지와 푸른 수면이 자연스레 이어지는 미국 수변 도시 경관이 펼쳐졌다. 물론, 빠른 속도로 다양한 지역에 적용되었던 만큼 도시미화운동의 한계 역시 확연하게 드러났다. 물리적으로 아름다운 도시가 아름다운 도시 사회를 만들 것이라는 도시미화운동의 전제는 해결해야 할 구체적인 문제를 뭉뚱그렸으며, 사회적 문제 해결 대신 경관의 장식을 선택했기 때문이다.

한편 그로부터 얼마 지나지 않은 1895년에 옴스테드가 건강 문제로 은퇴를 했으며, 2년 후에는 오랜 동업자였던 찰스 엘리엇Charles Elliot까지 세상을 떠나며 설계사무소의 전면적인 재구조화가 필요한 상황이 되었다. 곧 '옴스테드 형제 사무소Olmsted Brothers'란 이름으로 다시 문을 열었는데, 이를 기점으로 이전부터 아버지와 함께 일해 온 첫째 아들 존 찰스 옴스테드John Charles Olmsted와, 시카고 박람회 계획 과정에 참여했던 둘째 아들 프레드 옴스테드 주니어Frederick Law Olmsted Jr.의 주도 아래 본격적인 사업 확장이 시작되었다. 공원 설계와 도시공원 체계 구축, 국립공원 계획과 같은 전형적인 조경 업무는 물론, 수많은 대학교 교정 설계를 미국 전역에 걸쳐 진행했으며, 특히 도시미화운동을 조경으로 해석하여 교외 주거지 계획과 마스터플랜을 주도한 것도 흥미롭다. 당시 옴스테드 형제가 참여한 프로젝트는 실로 방대하여 주요 공원, 도시계획, 학교 캠퍼스 계획만 해도 애틀랜타 공원 시스템, 워싱턴 D.C. 몰의 맥밀런 계획과 생태공원McMillan Plan and Reservoir Park, 뉴욕 컬럼비아대학 캠퍼스, 존스홉킨스대학 캠퍼스, 듀크대학 캠퍼스, 알라배마주립대학 캠퍼스, 뉴헤이븐 도시계획, 피츠버그 도시계획, 클리블랜드 미술관 조경, 뉴욕 포트 트리온 공원, 요세미티 국립공원, 아카디아 국립공원 등이 포함되어 있다. 20세기 초 미국의 도시 경관을 이들이 만들어 냈다고 해도 과언이 아니다.

옴스테드가 강조한 도시와 공원의 상관성은 옴스테드 형제의 손끝에서 도시 인프라, 거리 경관streetscape, 보행 공간과 같은 구체적인 설계 언어로 발전했다. 옴스테드 주니어는 1911년 건축 학술지에 글을 실어 도시의 보행에 관해 다음과 같이 정리했는데, 우리에게 익숙한 (그리고 훨씬 이후에 등장한) '보행중심 도시'의 언어와 개념이 등장한다는 점에서 흥미를 돋운다.

실제로 도시에서 운동이나 휴식을 위해 놀이터나 동네 공원으로 4분의 1마일 이상을 걸어갔다 돌아올 여성이나 어린이는 없습니다. 대다수 사람에게 교통비를 내고 [이 거리를] 가는 것은 가끔 휴일에 놀러 가는 게 아니고서야 생각할 수조차 없는 일입니다. 즉, 이상적으로 봤을 때 도시의 모든 가정집에서 4분의 1 또는 최대로 반 마일 이내에 지역 [공원이] 있어야 한다는 것입니다.[6]

옴스테드 주니어는 집에서 400미터에서 800미터 안에 지역 공원이 있어야만 일상적인 이용이 가능하다는 의견을 펼쳤다. 이는 버스와 같은 대중교통 없이 충분히 모든 연령층의 사람이 걸어갈 수 있는 거리이다. 이 거리는 성인이 보통 속도로 걸었을 때 5분에서 15분 정도가 소요되는데, 최근 여러 국가와 도시에서 답습하고 있는 '15분 도시' 개념이 떠오른다.

15분 도시 개념이란 프랑스의 도시설계학자 카를로스 모레노Carlos Moreno가 발표한 도시설계 개념이자 원칙이다. 산업, 상업, 주거 등 구역별로 용도를 지정하는 방법과 달리 각 지역의 다원성을 강화해 근접거리에서 필요한 상품과 서비스를 접근할 수 있도록 한다. 파리의 경우 이 원칙을 정책으로 채택했으며, 우리나라에서도 부산시, 제주시 등에서 이 개념을 도입하고 있다.

반면 15분 도시 개념이 실제 적용으로 이어지기에는 너무 모호하다는

---

6 Frederick Law Olmsted, Jr. (1911) "The City Beautiful [도시 미화]," *The Builder* 100(3570): 15-17, p. 16.

의견도 만만치 않다. 근접성을 중심으로 도시의 교통과 인프라를 개편하여 소셜믹스를 개선하면 도시가 나아질 것이라는 바람이 옛 도시미화운동의 전제, 즉 "아름다운 도시가 아름다운 사회를 만든다"는 말을 떠오르게 만든다.[7] 이처럼 현대 도시에서 옴스테드의 공원관, 도시관이 재해석되고 적용되는 사례는 쉽게 찾을 수 있다. 그간 도시와 조경의 발전이 비약적으로 이루어졌음에도 우리는 여전히 같은 질문을 던지고 있기 때문이다. 끝없이 발전하고 확장하는 욕망 앞에서 우리는 어떻게 해야 더 나은 도시를 만들고, 더 나은 공공의 삶을 살아갈 수 있을까?

7편의 기록물과 프레더릭 로 옴스테드의 유산

이 책에서 살펴본 7편의 기록물은 공원과 도시 사회, 교육과 분야 간 협업, 생태 보전에 이르기까지 옴스테드가 현대 조경에 남긴 유산을 살펴보기 위한 첫 단서이다. 또한 지난 150여 년간 진행된 옴스테드와 그의 프로젝트, 그것의 학문적·도시사회적 가치에 대한 수많은 연구와 논의, 담론의 일환이자 연장선에 놓인 한 방점이다. 동시에 국내에서 옴스테드에 관심을 가진 사람들, 연구자들, 행정가들에게 여정의 시작점에 놓인 나침반일 수도 있다. 무엇보다 19세기 북미와 조경사의 접점에서 옴스테드라는 인물에게 큰 공명을 느낀 나 자신의 탐독이기도 하다.

대학생 시절, 프레더릭 로 옴스테드는 잘 몰랐지만 맨해튼의 센트럴파크, 프로스펙트파크는 일상적으로 익숙한 곳이었다. 뉴욕에 살면서 이 두 공간을 매일 마주한 덕분이기도 했지만, 하루가 멀다고 들르던 메트로폴리탄 미술관이 센트럴파크에, 브루클린 미술관이 프로스펙트파크에 각각 자리 잡고 있어서다. 내게 이곳은 미술관으로

---

7 이용균 (2024) 「'15분 도시'의 핵심 개념과 실천에 대한 비판적 고찰」,『한국도시지리학회지』 27(3): 31-44.

가는 길, 햇살이 따뜻한 날이면 점심을 먹는 곳, 시험 후 스트레스를 풀기 위해 호수 위 오리 가족을 멍하니 구경하는 곳, 조깅이나 산책하는 곳 정도로 인식되고 있었다. 옴스테드의 공원이 일상의 고요한 맥락으로, 평범한 배경으로 자리하던 때였다.

이 '배경'이 내 생각의 전면을 차지하게 된 것은 근대 건축과 조경의 역사를 공부하면서, 더 구체적으로는 내 두 발이 딛고 있는 공간이 지금과 같은 형태를 갖추게 된 과정에 궁금증이 일었기 때문이다. 석사 논문을 옴스테드의 후기 작업 중 하나인 보스턴 에메랄드 네크리스 공원 시스템의 프로그램과 동선 구성을 주제로 작성하게 되었는데, 당시 내게 중요하게 와닿은 두 가지가 있었다. 먼저, 기록의 방대한 분량이었다. 19세기에서 20세기 중반에 대한 공간사를 다룬다면 기록을 찾는 것이 어렵지 않지만, 옴스테드가 남긴 기록의 방대함은 예상을 아주 크게 웃돌았다. 미술사를 전공하며 조경사와 건축사를 중심으로 논문을 쓰던 이에게 1차 기록물이 방대한 상황이란 마감에 치인 연말연시 조기퇴근과 같은 기적을 경험한 것과 다름 없었으니, 당시 그 기록을 남긴 옴스테드라는 역사적 인물에 큰 인상을 받은 것은 놀라울 일이 아니다.

다른 한 가지는 확장되는 도시적 삶에 대한 의견이었다. 확장할수록 도시의 "편의가 늘어날 것이며, 교육, 과학, 예술과 같은 고차원 분야에서 자산을 축적"하려는 사람들이 점점 도시로 향할 것이라는 의견은 물론, 이처럼 "상업적 이점으로 인해 최근 빠르게 성장한 도시가 미래에도 여전히 많은 사람에게 매력적일 것"이고 "그로 인해 곧 우리가 한 번도 보지 못한 거대한 도시가 생겨날 것이며, 대도시의 삶에서 영향을 받은 인간의 사고와 성격이 이후 문명의 발전에 주요한 영향력을 발휘하게 될 것"이라는 옴스테드의 연설은 한 명의 도시민으로서 내가 가지고 있는 도시에 대한 애증과 집착을 단번에 설명했다.[8] 대학 시절은 가능한 한 가장 큰 대도시에서 보내겠다는 마음으로 뉴욕까지 갔던 차였기에 더욱

---

8 이 책의 2부 4장에 수록된 「공원과 도시의 확장」에 나오는 문장이다.

의미심장하게 다가왔던 것 같다.

2013년, 에메랄드 네크리스 공원 시스템을 주제로 한 논문을 제출하고 나서야 센트럴파크와 프로스펙트파크가 감상의 대상으로 시야에 들어왔다. 어쩌면 스스로 영구적인 변화가 일어난 것이 아닐까? 한국에 돌아온 이후로도, 경계 너머 다른 곳으로 가더라도, 다른 분야에서 일을 할 때도, 공원은 이미 '전경前景'으로 인식되고 있었다. 이후 조경으로 분야를 완전히 바꿔 연구를 계속하면서도 옴스테드의 기록에 대한 생각은 어깨 위의 짐처럼 지니고 있었던 것 같다. 특히나 '언젠가 옴스테드에 대한 글을 제대로 쓰고 싶다'는 생각을 떨칠 수 없었다. 대도시 서울에서 일상을 보내며 마주하는 여러 변화와 상황을 이해하는 과정에서 옴스테드의 여러 글이 필연적으로, 또 지속적으로 떠올랐기 때문이다.

옴스테드의 글처럼, 도시로의 점진적이고 지속적인 움직임은 필연적이고 영구적이며 범지구적인 인류의 이동이다. 우리는 "한 번도 보지 못한 거대한 도시"의 수혜자들이다. 지난 백수십여 년간 세계는 별천지가 되었고, 인간 문명 역시 그에 발맞추어 빠르게 삶의 방식을 바꾸어 왔다. 이처럼 옴스테드가 도시와 국가, 대의에 시선을 두었으면서도 그 속속들이 사람에 대한 고민이 존재했다는 점이 무엇보다 흥미롭다. 하지만 그렇기에 옴스테드와 같은 비전을 지닌 인물을 연구하고 공부할 때 주의점을 상기할 필요가 있다. 역사적 문헌을 다룰 때 현재와 현저하게 다른 사회상과 기대치, 도시의 모습을 복기하며 유사점과 차이점을 분명하게 구분해야 한다는 점이다. 옴스테드가 보여 준 수많은 고민과 그 타개책은 분명 그의 시대, 그의 공간에서 의미가 있었다. 또한, 그만큼 그의 기록이 담지 못한 '현실'이 존재했음을 유의해야 한다.

옴스테드가 직접 남긴 기록을 중심으로 책을 엮어 옮기는 과정에서 언급하지 못한, 그러나 반드시 짚고 넘어갈 부분들이 있다. 직접적으로 연관되어 있다고 보기는 어렵지만, 옴스테드가 센트럴파크 부지의

감독관으로 일하던 시기에 원래 그 땅에 자리 잡고 살던 세네카 마을
주민들은 상당히 강압적인 방식으로 퇴거를 당했다. 또 백베이 펜스에서
주장한 협업의 결과가 실제로는 그다지 효과적이지 않았으며, 결국
시간이 한참 흐른 뒤 공학적인 기법으로 보완이 진행되었다. 이후
국립공원 제도에 영향을 미친 옴스테드의 요세미티와 마리포사에 관한
보고서에는 19세기 중반 일어난 원주민 학살과 강제 이주 문제가
다루어지지 않았다는 점 역시 21세기를 살고 있는 우리에게는 중요한
생각의 변곡점이 될 수 있다. 직접적인 원인-결과의 관계라고 보기
힘들다 해도, 당시 도시 사회와 자연-도시의 관계에 관한 생각의 이면에
흩어진 사실을 조심스럽게 주워 모아 보다 어렵고, 복합적인 세상의
모습을 그리는 것은 필요한 작업이다.

　이처럼 비판적 시각에 양쪽 귀를 열어 두고 다시금 옴스테드의 기록과
유산을 둘러보자. 옴스테드는 빠르게 변화하고 확장하는 도시적 사회를
준비하고자 한 선구자이자 이상주의자, 혹은 비저너리visionary였다.
「'그린스워드' 센트럴파크 조성 계획안 보고서」에서 주장한 '목가적 중앙
공원'의 필요성과 이와 연계해 논의한 '파크웨이'의 가치, 「공원과 도시의
확장」에서 주장한 균형 잡힌 도시 확장을 위한 녹지 체계의 삽입, 「모두를
위한 여가 공간」에 드러난 도시민의 일상 속 여가가 가진 중요성, 「백베이
지역 문제와 해결 방안에 관해」에 나타난 인프라로서 공원의 재정립과
다학제적 협업의 가능성, 「나이아가라 보호지역 환경개선을 위한
기본계획」에서 대자연의 가치를 올바르게 보존하고 활용하기 위한
조심스러운 접근과 미래 세대를 위한 안배까지 옴스테드가 펼친 사상과
개념은 오늘날 우리 사회의 모습을 돌이켜볼 때 그 가치가 더욱
구체화된다.

　150여 년이 훌쩍 지난 오늘날 한 가지 확실한 점이 있다면, 시대가
흐를수록 옴스테드의 말과 글에 시공간을 뛰어넘는 무게와 진정성이
실리고 있다는 것이다. 옴스테드가 생각한 도시 사회의 모습과 공원상은
무척 강력한 것이었지만, 동시에 무작정 이상을 좇지 않았음을 재차

강조하고 싶다. 심지어 조경이라는 업역을 하나의 도시 사회적
플랫폼으로 삼아 더 큰 질문을 던지고 해답을 찾고 싶어 했다고 보이기도
한다. 그리고 이 질문들은 여전히 유효하다. 그 끝을 알기 어려울 정도로
빠르게 변화하고 확장하는 도시 세계에서 우리는 어떤 공공 공간을,
공원을, 도시 사회의 문제를 해소하기 위한 장소를 만들어야 할까?
과거와 같이 현재에도, 미래에도 우리 일상을 만들어 나갈 공원을
옴스테드의 시선으로 살펴보길 권하는 이유이다.

부록

옴스테드 연구를 위한 자료와 참고문헌

이 책 2부에서 프레더릭 로 옴스테드의 글을 번역할 때 원본으로 삼은 자료의
출처는 다음과 같다.

1장. '그린스워드' 센트럴파크 조성 계획안 보고서(1858년경)

F. L. Olmsted and Calvert Vaux, *Description of a Plan for the Improvement of the Central Park, "Greensward"* New York, 1858.(Reprinted 1868)

2장. 실용적이지 않은 사상가의 단상(1875년경)

http://hdl.loc.gov/loc.mss/ms001019.mss35121.0479

3장. 정원사들에게 보내는 글(1872년경)

http://hdl.loc.gov/loc.mss/ms001019.mss35121.0320

4장. 공원과 도시의 확장(1870년)

http://hdl.loc.gov/loc.mss/ms001019.mss35121.0472

5장. 모두를 위한 여가 공간(1868-1869년경)

http://hdl.loc.gov/loc.mss/ms001019.mss35121.0471

6장. 백베이 지역 문제와 그 해결 방안에 관해(1886년)

http://hdl.loc.gov/loc.mss/ms001019.mss35121.0258

7장. 나이아가라 보호지역 환경개선을 위한 기본계획(1887년)

http://www.niagaraheritage.org/genplan.htm

프레더릭 로 옴스테드가 북미 전역에 걸친 수많은 작업과 방대한 자료를 남겼던
만큼, 그에 대한 연구와 교육 자료도 다양하다. 이 책에서 언급하고 인용한
참고문헌과 함께, 옴스테드를 연구하고 그의 삶과 작업을 다룬 자료들을
소개한다.

① 옴스테드의 조경 작업 및 생애 전반을 다루는 주요 연구 기관

프레더릭 로 옴스테드 사적지National Historic Site Massachusetts: Frederick Law
Olmsted

https://www.nps.gov/frla/index.htm
옴스테드가 거주하며 설계 사무소를 운영했던 '페어스테드Fairsted' 부지가
사적지로 등록되면서 기존 사무 공간을 박물관이자 전시관으로 활용하고 있다.
소장 자료가 많아 옴스테드 연구의 주요한 사료관으로 이용된다.

미국 국립공원관리청의 역사National Park Service History

https://npshistory.com/
미국 국립공원관리청의 역사뿐만 아니라 관리청이 소장한 자료 중 의미 있는
것을 골라 온라인으로 열람할 수 있는 아카이브이기도 하다. 미국 국립공원의
옛 계획안과 보고서 대부분이 무료로 공개되어 있다.

센트럴파크 컨서번시Central Park Conservancy

https://www.centralparknyc.org/
뉴욕 센트럴파크 컨서번시는 1960, 70년대 센트럴파크의 폐허화에 대한
대응책으로 등장한 비영리법인으로, 1980년부터 센트럴파크의 운영을
담당하고 있다. 공원 민관협력의 대표적인 사례로 연구되고 있으며, 공원
프로그램의 다양화 및 각종 연구도 진행한다. 웹사이트에서 센트럴파크에 대한
기본적인 배경, 역사, 현황, 운영 방식, 공간 등을 한눈에 확인할 수 있다.

옴스테드 네트워크Olmsted Network

https://olmsted.org/
미국 내 옴스테드가 참여했던 프로젝트의 보전, 교육, 유지관리를 맡은 가장 큰
규모의 단체로, 앞에서 언급한 옴스테드 사적지, 미국 국립공원관리청 등이
운영 및 관리에 적극 참여하고 있다. '프레더릭 로 옴스테드 문헌'과 '옴스테드
온라인'과 같은 옴스테드 관련 자료의 통합 아카이빙을 진행하고 있다.

미국 문화경관재단The Cultural Landscape Foundation

www.tclf.org/places/city-and-regional-guides/olmsted
미국 문화경관재단은 사적지로 등록된 여러 프로젝트는 물론, 문화경관에 속한
다양한 공간의 역사 및 배경을 안내하는 홈페이지를 운영하고 있다. 프레더릭
로 옴스테드와 그의 아들들의 프로젝트 다수가 여기 속해 있으며, 옴스테드와
미국의 공원에 관한 여러 글이 올라와 있다. 오늘날 역사문화적 가치를 지닌
북미 경관이라는 관점에서 옴스테드를 살펴볼 수 있다.

프레더릭 로 옴스테드: 공익을 위한 경관Frederick Law Olmsted: Landscapes for
the Public Good

https://olmsted200exhibit.com
2022년 옴스테드 탄생 200주년을 맞이해 구축된 웹사이트이자 온라인
전시장으로, 오크스프링 정원재단Oak Spring Garden Foundation에서 운영한다. 등록
후 온라인 전시 내용을 내려받을 수 있으며, 옴스테드가 참여했던 주요
프로젝트에 대한 설명을 확인할 수 있다.

② 프레더릭 로 옴스테드와 옴스테드 조경설계사무소 관련 아카이브
온라인 옴스테드 연구 가이드Olmsted Research Guide Online, ORGO

https://ww3.rediscov.com/Olmsted/MHomeA.aspx?dir=AR_FRLA
프레더릭 로 옴스테드 사적지 아카이브에서 운영하는 옴스테드 연구 가이드
시스템으로, 옴스테드 사적지 아카이브와 미국 국회도서관이 소장한 관련
자료를 통합적으로 검색할 수 있다. 14만 점 이상의 건축 도면과 스케치가
프로젝트별로 연결되어 있어 직관적인 검색이 가능하다는 장점이 있다.

미국 국회도서관 '프레더릭 로 옴스테드 컬렉션' Library of Congress

https://www.loc.gov/collections/frederick-law-olmsted-papers/about-this-collection/

미국 국회도서관의 '프레더릭 로 옴스테드 컬렉션 Frederick Law Olmsted Papers'은 1940년대 말 옴스테드 주니어가 기증한 상당 분량의 자료를 소장하고 있다. 1777년부터 1924년까지 옴스테드와 그의 가족과 연관된 다양한 자료가 포함되어 있는데, 개인 기록, 편지, 프로젝트별 자료, 에세이와 연설문, 도면 등을 찾아볼 수 있다. 옴스테드가 본격적으로 활동했던 1830년대부터 1900년대의 자료가 상당 부분을 차지하며, 직접 손으로 쓴 기록도 스캔되어 있어 온라인으로 확인이 가능하다. 최근 대부분의 자료가 텍스트화되어 접근이 수월해졌다. 양이 워낙 방대하므로 아래의 가이드를 통해 검색을 시작하길 권한다.
아카이브 검색 가이드: https://findingaids.loc.gov/exist_collections/ead3pdf/mss/2001/ms001019.pdf

뉴욕 공원위원회 보고서 아카이브 Board of Committee Reports and Archive

https://www.nycgovparks.org/news/archive

뉴욕시 공원국의 각종 보고서가 게재되어 있다. '옛 보고서 Historical Reports' 페이지에서는 공원위원회가 센트럴파크 조성을 위해 본격적인 활동을 시작한 1857년부터 발간한 모든 보고서 및 주요 자료를 확인할 수 있다. 1858년부터 센트럴파크 설계가로 활동했던 옴스테드가 작성한 연간 및 분기별 보고서는 물론, 연도별 예산과 공사 진척 상황 등도 파악할 수 있어 공원 관리 및 유지를 살펴보는 데에 흥미로운 자료이다.

뉴욕시립도서관 디지털 컬렉션 New York Public Library Digital Collections

https://digitalcollections.nypl.org/

1911년 개관한 뉴욕시립도서관은 방대한 장서는 물론, 뉴욕 관련 수많은 자료를 온·오프라인으로 공개하는 데 많은 노력을 기울이고 있다. 디지털 컬렉션 웹페이지에서는 디지털 파일로 변환된 상당한 양의 책, 보고서, 도면, 사진 등을 온라인상에서 확인할 수 있다. 옴스테드 관련 자료 중에서도 특히 센트럴파크와 프로스펙트파크의 시각 자료를 다양하게 소장하고 있다.

디지털 연방주 자료관Digital Commonwealth

https://www.digitalcommonwealth.org/
매사추세츠주에 속한 수많은 박물관, 도서관, 아카이브 자료의 공통 디지털
검색 시스템이다. 옴스테드가 설계한 보스턴의 에메랄드 네크리스 공원
시스템을 비롯해, 매사추세츠주 관련 자료 중 온라인에 공개된 내용을 한번에
검색할 수 있다. 특히 주요 시립도서관이나 박물관뿐만 아니라 지역 역사관의
자료도 검색이 가능하므로 옴스테드뿐만 아니라 북미에 관한 여러 연구의
시작점으로 유용하다.

③ 책: 프레더릭 로 옴스테드의 저서

『프레더릭 로 옴스테드 문헌 Papers of Frederick Law Olmsted』시리즈
옴스테드 네트워크에서 1972년부터 진행하고 있는 옴스테드 기록물의
아카이빙 및 출판 프로젝트로, 옴스테드 연구자인 찰스 E. 베버리지Charles E.
Beveridge가 시리즈 편집자이다. 옴스테드의 원문을 가장 체계적으로 정리해 둔,
연구사적으로도 중요한 시리즈이다. 1977년부터 존스홉킨스대학 출판사를
통해 권별로 출판되고 있으며, 최근에는 온라인으로도 공유되고 있다.
https://rotunda.upress.virginia.edu/founders/default.xqy?keys=OLMS-
print&mode=TOC
이 시리즈의 책 목록:

    1권: 성장기The Formative Years 1822-1852

    2권: 노예 제도와 남부Slavery and the South 1852-1857

    3권: 센트럴파크의 조성Creating Central Park 1857-1861

    4권: 연방의 수호, 남북 전쟁과 미국 위생청Defending the Union, The Civil War and the U.S. Sanitary Commission 1861-1863

    5권: 캘리포니아 개척The California Frontier 1863-1865

    6권: 옴스테드, 복스 설계사무소의 나날들The Years of Olmsted, Vaux & Company 1865-1874

    7권: 공원, 정치, 후원자들Parks, Politics, and Patronage 1874-1882

    보완 자료 1권: 공원, 파크웨이, 공원 시스템에 관한 글Writings on Public Parks, Parkways, and Park Systems

『옴스테드: 경관, 문화, 사회에 대한 글 *Olmsted: Writings on Landscape, Culture, and Society*』(2015)

옴스테드 연구자이자 옴스테드 문헌 프로젝트의 편집장인 찰스 베버리지가 편집한 책으로, 옴스테드의 주요 글을 묶어 별도로 출간했다. 기존『프레더릭 로 옴스테드 문헌』이 많은 글을 담아 낸 반면, 이 책은 하이라이트가 되는 글만 선별하여 출판했다는 특징이 있다.

『미국 농부의 영국 도보 여행과 이야기 *Walks and Talks of an American Farmer in England*』(1852)

1851년 영국 여행을 바탕으로 옴스테드가 쓴 여행기를 묶어 출판한 책이다. 그가 조경가로 성장하는 데 매우 큰 영감을 준 버킨헤드 공원에 대한 이야기가 처음 소개되었다.

『해안가 노예주 여행기 *A Journey in the Seaboard Slave States*』(1856)

1853년부터 1854년까지 여행 기자로서 미국 남부를 다니며「뉴욕 데일리 타임스」에 기고한 글을 모아 1856년에 출간했다.

『텍사스 여행기 *A Journey Through Texas*』(1857)

1856년『해안가 노예주 여행기』가 출간될 즈음, 옴스테드는 텍사스로 향했다. 지방 소도시와 대자연을 오가며 남북전쟁이 일어나기 직전 텍사스 주민들의 생각과 일상을 담았다는 점에서 역사학적 가치를 인정받은 책이다.

『미국 산간 오지 여행기 *A Journey in the Back Country*』(1860)

옴스테드의 여행기 중 마지막 책으로, 남북전쟁의 개전 직전 미국 남부의 상황을 상세히 묘사했다. 19세기 미국 북부인으로서 바라본 남부의 노예제, 교육 제도, 종교관, 농업 방식과 지역민의 삶에 대한 솔직한 의견이 실려 있다는 점에서 역사학적 가치를 인정받았다.

④ 책: 프레더릭 로 옴스테드의 삶과 작업

옴스테드가 미국 경관에 미친 영향이 큰 만큼, 그의 삶과 작업에 대한 연구와 책이 매해 새롭게 출판되고 있다. 남부에서 여행 기자로 활동했던 내용, 공원에 대한 그의 생각, 센트럴파크나 에메랄드 네크리스 공원 시스템과 같이 개별 프로젝트를 다룬 책 등 종류도 다양한데, 그중 연구의 시작점으로 삼기 좋은 2차 문헌을 다음과 같이 추천한다.

Tony Horwitz (2019) *Spying on the South: an Odyssey Across the American Divide*. New York: Penguin Books.

Frederick Law Olmsted, Jr. and Theodora Kimball, eds. (1970) *Frederick Law Olmsted, Landscape Architect, 1822-1903*. New York: Benjamin Blom, Inc. Publishers.

Justin Martin (2011) *Genius of Place, The Life of Frederick Law Olmsted*. Cambridge, MA: Da Capo Press.

Witold Rybczynski (1999) *A Clearing in the Distance: Frederick Law Olmsted and America in the Nineteenth Century*. New York: Scribner.

Cynthia Zaitzevsky (1982) *Frederick Law Olmsted and the Boston Park System*. Cambridge, MA: Belknap Press.

⑤ 책: 미국과 뉴욕의 역사

옴스테드뿐만 아니라 미국과 뉴욕의 역사, 혹은 옴스테드 이후 20세기 센트럴파크의 역사를 다룬 수많은 연구서와 책이 출간되었다. 아래 목록에는 국립공원 제도와 같이 19세기 미국의 사회문화적 측면을 다루거나 미국 산업화 과정을 살피는 국내 서적은 물론, 뉴욕시의 역사나 20세기 옴스테드 이후 센트럴파크의 변화를 다루는 책도 포함하였다.

기도 요시유키 (2024) 『남북전쟁의 시대: 19세기』. 이용빈 옮김. 파주: 한울아카데미.

문성민 (2011) 『미국 국립공원제도의 역사』. 파주: 한국학술정보.

월터 리히트 (2004) 『19세기 미국 산업화의 과정과 의미』. 류두하 옮김. 서울: 한국문화사.

Edwin G. Burrows (1998) *Gotham: a history of New York City to 1898.* Oxford and New York: Oxford University Press.

Robert A. Caro (1974) *The Power Broker: Robert Moses and the fall of New York.* New York: Knopf.

Roberta Brandes Gratz (2010) *The battle for Gotham: New York in the shadow of Robert Moses and Jane Jacobs.* New York: Nation Books.

Sara Cedar Miller (2022) *Before Central Park.* New York: Columbia University Press.

Elizabeth Barlow Rogers (1987) *Rebuilding Central Park. A Management and Restoration Plan.* Cambridge, MA and London: The MIT Press.

Roy Rosenzweig and Elizabeth Blackmar (1992) *The Park and the People: A History of Central Park.* Ithaca: Cornell University Press.

Russel Shorto (2005) *The Island at the Center of the World.* Westminster: Knopf Doubleday Publishing Group.

⑥ 이 책의 참고 문헌

김순기 (2025) 「조경유산의 보전·관리 방안 ― 프레드릭 로 옴스테드의 유산 보전 사례를 바탕으로」, 『한국전통조경학회지』 43(3): 17-26.

김민주 (2015) 「프레드릭 로 옴스테드의 공원관에 나타난 복지 개념」, 서울대학교 대학원 석사학위논문.

뉴어바니즘협회 (2009) 『뉴어바니즘 헌장』, 안건혁, 온영태 옮김. 서울: 한울아카데미.

박근현, 배정한 (2012) 「도시미화운동의 조경사적 의의와 현대 도시 재생에 대한 함의」, 『한국경관학회지』 4(1): 41-60.

이용균 (2024) 「'15분 도시'의 핵심 개념과 실천에 대한 비판적 고찰」, 『한국도시지리학회지』 27(3): 31-44.

배정한 (2023) 「다시, 조경의 이름을 묻는다」, 『조경의 미래를 묻다』, 환경조경나눔연구원 엮음. 서울: 한숲, pp. 18-26.

조경진 (2003) 「프레데릭 로 옴스테드의 도시공원관에 대한 재해석」, 『한국조경학회지』 30(6): 26-37.

찰스 왈드하임 (2007) 『랜드스케이프 어바니즘』, 김영민 옮김. 서울: 조경.

찰스 왈드하임 (2018)『경관으로 만드는 도시』. 배정한, 심지수 옮김. 서울: 한숲.

황주영 (2014)「근대적 발명품으로서의 도시공원: 19세기 후반 런던과 파리를 중심으로」. 서울대학교 대학원 박사학위논문.

William Cullen Bryant, "A New Public Park," *The Evening Post,* 3 July 1844.

Congress of New Urbanism (2024) "The Chartre of New Urbanism," https://www.cnu.org/who-we-are/charter-new-urbanism.

Ebenezer Howard (1901) *Garden Cities of To-morrow.* London: Swan Sonnenschein & Co., Ltd.

Colta Ives (2018) *Public Parks, Private Gardens: Paris to Provence.* New York: Metropolitan Museum of Art.

Karen R. Jones (2022) "Green Lungs and Green Liberty: The Modern City Park and Public Health in an Urban Metabolic Landscape," *Social History of Medicine,* 35(4): 1200-1222.

Gregg Mitman (2005) "In Search of Health: Landscape and Disease in American Environmental History," *Environmental History* 10(2): 184-210.

Frederick Law Olmsted (1865) "The Yosemite Valley and the Mariposa Big Tree Grove," L. Dilsaver ed. *America's National Park System: The Critical Documents.* https://www.nps.gov/parkhistory/online_books/anps/anps_1b.htm.

Frederick Law Olmsted (1882) "Trees in Streets and in Parks," *The Sanitarian* 10(114): 513-518

Olmsted, Vaux & Co. (1866) *Preliminary report to the Commissioners for laying out a park in Brooklyn, New York,* Brooklyn: I. Van Ander's Print. https://archive.org/details/preliminaryrepor1866olms.

Frederick Law Olmsted, Jr. (1911) "The City Beautiful," *The Builder* 100(3570): 15-17.

George E. Waring, Jr. (1886) *Report on the Social Statistics of Cities,* U.S. Census Office, Part 1.

이미지 제공

감사의 말

이 책이 나올 수 있도록 도움을 주신 분들이 정말 많습니다. 책을 만들며 처음부터 끝까지 버팀목이 되어 주신 한뼘책방 대표님, 바쁜 틈에도 의견을 나누어 준 연구실 동료들, 수년째 응원을 아끼지 않는 동료들, 저를 아껴 주는 모든 분들. 이리저리 흔들리면서도 옴스테드를 놓지 않도록 용기를 주신 여러 교수님, 조경의 길로 인도해 주시고 아마 이 책을 가장 기다리셨을 배정한 교수님. 그리고 무한한 인내로 지켜봐 주시는 가족 모두에게 감사드립니다.

And last but not least, the late Professor Jean-Louis Cohen, who persuaded me to write about Olmsted, and the greatest mentor one could imagine, Dr. Norbert Baer, the most wonderful, to whom I owe my love of the Big Apple. The gratitude I have is beyond what words can describe.

공원의 탄생
센트럴파크 조경가 옴스테드의 기록

초판 1쇄 발행 2026년 2월 20일
지은이 프레더릭 로 옴스테드, 신명진
편역 신명진
디자인 신병근, 선주리
펴낸곳 한뼘책방
펴낸이 이효진
등록 제25100-2016-000066호
주소 서울시 은평구 은평로21길 14-20
전화 02-6013-0525
팩스 0303-3445-0525
이메일 littlebkshop@gmail.com
SNS @littlebkshop
ISBN 979-11-90635-22-6 93520